作物栽培的化学调控

文廷刚　刘道敏　吴　佳　顾大路　主　编

内 容 简 介

作物化学调控是指通过应用植物生长调节剂，调节植物内源激素水平，影响作物的生长发育进程，使其朝着人们预期的方向发展。目前农业上植物生长调节剂的应用普及还做得不够，至今仍有相当多的种植户未能全面、熟练、灵活地运用植物生长调节剂这一新型科学技术，甚至还存在不少质疑的声音。为此，我们结合化控技术在中国农业生产上的实际应用情况，编写了这本书，希望为作物化控技术的使用和推广提供帮助。本书内容共分三章。第一章主要介绍了化学调控剂的种类及其应用范围；第二章主要介绍化学调控在小麦、玉米等重要粮食作物和经济作物上的应用情况与研究进展；第三章简要介绍了目前市面上常见的化控剂产品种类、研制、施用方法及其功效。本书在作物栽培过程中有很强的实用性和可操作性。本书不仅适合农业科技工作者、农业技术人员使用，更适合广大农民朋友使用。

图书在版编目（CIP）数据

作物栽培的化学调控 / 文廷刚等主编. -- 北京 : 气象出版社, 2022.10
ISBN 978-7-5029-7833-4

Ⅰ. ①作… Ⅱ. ①文… Ⅲ. ①作物－植物生长调节剂－研究 Ⅳ. ①S482.8

中国版本图书馆CIP数据核字(2022)第197568号

Zuowu Zaipei De Huaxue Tiaokong
作物栽培的化学调控
文廷刚　刘道敏　吴　佳　顾大路　主　编

出版发行：气象出版社
地　　址：北京市海淀区中关村南大街 46 号　**邮政编码**：100081
电　　话：010-68407112(总编室)　010-68408042(发行部)
网　　址：http://www.qxcbs.com　**E-mail**：qxcbs@cma.gov.cn
责任编辑：王元庆　**终　　审**：吴晓鹏
责任校对：张硕杰　**责任技编**：赵相宁
封面设计：地大彩印设计中心
印　　刷：三河市百盛印装有限公司
开　　本：787 mm×1092 mm　1/16　**印　　张**：9.25
字　　数：237 千字
版　　次：2022 年 10 月第 1 版　**印　　次**：2022 年 10 月第 1 次印刷
定　　价：66.00 元

本书编委会

策　　划：曹广才（中国农业科学院作物科学研究所）

顾　　问：王伟中（江苏徐淮地区淮阴农业科学研究所）

主　　编：文廷刚（江苏徐淮地区淮阴农业科学研究所）

刘道敏（六安市农业科学研究院）

吴　佳（皖西学院）

顾大路（江苏徐淮地区淮阴农业科学研究所）

副 主 编（按作者姓名的汉语拼音排序）：

陈存武（皖西学院）

都斌斌（皖西学院）

杜小凤（江苏徐淮地区淮阴农业科学研究所）

孙云开（六安市农业科学研究院）

杨文飞（江苏徐淮地区淮阴农业科学研究所）

其他作者（按作者姓名的汉语拼音排序）：

车　阳（江苏徐淮地区淮阴农业科学研究所）

褚　凡（皖西学院）

蒋伟勤（江苏徐淮地区淮阴农业科学研究所）

李　芳（皖西学院）

李　可（江苏徐淮地区淮阴农业科学研究所）

刘　洁（皖西学院）

卢宝伟（皖西学院）

宋佳敏（江苏徐淮地区淮阴农业科学研究所）

文章荣（江苏徐淮地区淮阴农业科学研究所）

张　霞（皖西学院）

张　雷（六安市农业科学研究院）

作者分工

前　言 ………………………………………………………… 文廷刚
第一章
　第一节 ……………………………… 吴佳、陈存武、卢宝伟、刘洁
　第二节 …………………………… 吴佳、都斌斌、褚凡、李芳、张霞
第二章
　第一节 ……………………………… 文廷刚、杜小凤、文章荣、宋佳敏
　第二节 …………………………………… 刘道敏、孙云开、张雷
　第三节 …………………………………… 刘道敏、孙云开、张雷
　第四节 …………………………………… 刘道敏、孙云开、张雷
第三章
　第一节 …………………………………… 文廷刚、顾大路、车阳
　第二节 …………………………………… 顾大路、文廷刚、杨文飞
　第三节 …………………………………… 顾大路、李可、蒋伟勤
全书统稿 ……………………………………………… 曹广才

前　　言

作物化学调控一词大约始于20世纪70年代，是指通过应用植物生长调节剂，调节植物内源激素水平，影响作物的生长发育进程，使其朝着人们预期的方向发展，简称作物化控。自20世纪70年代以来，中国植物生理学家和农学家、化学家在植物激素领域中做了大量研究工作，研制的植物生长物质可有效调控作物的生长发育，并逐步形成了作物生长发育化学调控的技术体系和理论体系。

植物生长调剂作为化控技术的核心内容，可通过调节植物内源激素水平而影响作物的许多生理生化过程。目前，植物生长调节剂在农业、林业、园艺、蔬菜和花卉等领域得到了广泛应用，已成为中国高效农业新技术的一个重要组成部分，并且在作物的优质、高效生产中发挥着重要作用。如休眠萌发、生根繁殖、出苗壮苗、分枝分蘖、株型株高、花芽分化、性别控制、雄性不育、开花受粉、果实发育、产量品质、成熟衰老、退化脱落、贮藏保鲜、抗逆除草等。可以说，凡是有植物生长的地方，就有化控技术发挥作用之处。

中国是一个农业大国，也是世界上开展化控剂应用最早的国家之一。从20世纪30年代对生长素的研究开始，植物生长调节剂便得到了快速的发展，随后又陆续发现了赤霉素(GA)、脱落酸(ABA)、细胞分裂素(CTK)和乙烯等植物生长调节剂。如今植物生长调节剂已在粮食作物、油料作物、经济作物、园林景观和药用植物等各个领域得以应用。随着农业的发展和科技的进步，化控技术在中国发展迅猛，已在农业上发挥着巨大作用，并有着举足轻重的地位。截至2020年3月末，中国登记注册的植物生长调节剂生产企业有396家，有效登记的植物生长调节剂产品1104个，其中原药(193个)和制剂(911个)分别占全部农药原药登记产品、农药制剂登记产品的4.06%和2.48%。据测算，2020年中国植物生长调节剂行业市场规模将达到85.05亿元，成为农药领域发展最快速的市场之一。可见，植物生长调节剂领域有着广泛的发展前景和空间。然而，由于植物生长调节剂的应用普及还做得不够，至今仍有相当多的种植户未能全面、熟练、灵活地运用植物生长调节剂这一新型科学技术，甚至还存在不少质疑的声音。为此，我们结合化控技术在中国农业生产上的实际应用情况编写了这本书，希望为作物化控技术的使用和推广提供帮助。

本书内容共分三章。第一章主要介绍了化学调控剂的种类及其应用范围；第二章介绍了化学调控在小麦、玉米等重要粮食作物和经济作物上的应用情况与研究进展；第三章简要介绍了目前市面上常见的化控剂产品种类、研制、施用方法及其功效。

本书在撰写时参阅了大量相关资料，谨此向作者们表示感谢。由于编者水平有限，疏漏之处在所难免，敬请广大读者批评指正。

文廷刚

2022年4月

目　录

第一章
化学调控剂的种类和应用范围

第一节　化学调控剂的种类

在农业生产实践中，应用化学调控剂来调节植物生长发育是一门重要的科学技术手段。在作物栽培中，化学调控是指以应用植物生长调节物质为手段，通过改变植物内源激素系统，调节植物生长发育，使其朝着人们预期的方向和程度变化的技术。化学调控剂即施用于农作物的植物生长调节剂，是一种低浓度即可影响植物内源激素合成、运输、代谢及作用，可以调节作物生理反应和植物生长发育的活性物质。它们在作物细胞分裂与生长、组织与器官分化、开花与结实、成熟与衰老、休眠与萌发以及离体组织培养等方面分别或相互协调地控制着作物的生长发育与分化。这种调节的灵活性和多样性，可通过使用外源激素或人工合成的植物生长调节剂的浓度和配比变化，进而改变内源激素水平与平衡来实现。

一、按来源划分

(一)内源激素类

植物激素(phytohormone)亦称植物天然激素或植物内源激素，是指植物体内产生的一些微量浓度(1 μmol/L)就能调节(促进、抑制)自身生理过程的活性有机化合物。植物体内产生的激素主要有六大类，即生长素(auxin)、细胞分裂素(cytokinins)、赤霉素(gibberellis)、脱落酸(abscisic acid)、乙烯(ethylene)和油菜素内酯(brassinosteroids)。它们都是些简单的小分子有机化合物，但它们的生理效应却非常复杂、多样。从影响细胞的分裂、伸长、分化到影响植物发芽、生根、开花、结实、性别决定、休眠和脱落等。所以，植物激素对植物的生长发育有重要的调控作用。

1. 生长素类　生长素又称吲哚-3-乙酸(Indole-3-acetic acid，IAA)，是最早发现的一类植物激素。1880 年达尔文(Darwin)认识到在单方向光照下胚芽鞘的尖端产生了某种刺激，引起胚芽鞘的向光弯曲。1928 年温特(Went)以燕麦为实验材料证实了植物激素的存在，并命名为生长素(auxin)，后来鉴定出生长素是吲哚-3-乙酸。此后，大量的实验证明，生长素在高等植物中广泛存在，是植物体内主要的生长素，它主要存在于植物生长旺盛的部位，如植物叶原基、嫩叶、胚胎、花和种子。

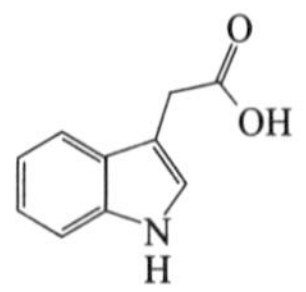

图 1-1　吲哚-3-乙酸化学结构

（1）生长素的种类　除了 IAA，植物体内还发现有其他几种自然发生的具有 IAA 活性的物质（图 1-1），其中一些是吲哚类衍生物，如吲哚-3-乙醇、吲哚-3-乙醛、吲哚-3-乙腈等，这些物质是 IAA 合成的前体物质，在体内通过转变成 IAA，表现出生长素活性。但是有一些植物内源化合物，如从玉米叶片和种子中提取的吲哚-3-丁酸（IBA），从莴苣种子中提取到的一种生长素氯代物，4-氯吲哚-3-乙酸（4-chlorol IAA），具有超强的生长素活性。1990 年报道了一种植物内源芳香酸-苯乙酸（PAA）也具有生长素活性，因为 IBA、4-chlorol IAA 和 PAA 都是植物内源产生的化合物，具有和 IAA 相似的结构，同时具有 IAA 的生物活性，所以人们也认为它们是植物内源生长素。

（2）生长素的分布与运输方式　生长素在细胞之间的运输主要依赖于胚芽鞘、幼茎和幼根的薄壁组织，并伴随着 ATP 能量消耗。这种运输只能从形态上的顶端向下端运输，不能反向运输，因此称为极性运输。对于茎部来说，生长素的极性运输方向是由茎尖运向茎基部，即向基运输；对于根部来说，生长素的极性运输方向是由根基部运向根尖，即向顶运输。极性运输距离短，速度慢，仅为 5～15 mm/h。极性运输产生了生长素的梯度分布，引起极性发育现象，如向性、顶端优势和不定根的形成等。此外，成熟叶片合成的生长素可以通过韧皮部进行非极性运输，即可以向上或者向下运输到其他的器官或组织中。这是一种不需要能量的被动过程，如萌发的玉米幼苗中主要以 IAA-肌醇的形式运输，在经过酶水解后释放出游离的 IAA。乳胚中游离的 IAA 也进行非极性运输。

（3）生长素的合成与代谢

① 生长素的生物合成　凡是植物体内生长旺盛、代谢强烈的部位均能合成生长素。但是一般认为，生长素的主要合成部位是茎尖分生组织、嫩叶以及发育中的种子。在成熟叶片、雄蕊的花粉、雌蕊的柱头和根茎中也能产生生长素，但是数量甚微。例如，目前认为生长素的生物合成途径有两大类，分别是色氨酸途径和非色氨酸途径，并且这两种途径可能并存于植物体内。色氨酸途径是植物体内生长素主要的生物合成途径。

色氨酸转变为生长素时，其侧链要经过转氨作用、脱羧作用和两个氧化步骤。色氨酸途径包括 4 条支路：

第一条：吲哚丙酮酸途径。色氨酸通过转氨作用形成吲哚丙酮酸，再脱羧形成吲哚乙醛，后者经过脱氢变成吲哚乙酸。许多高等植物组织和组织匀浆提取物中都发现了有上述各步骤的酶。本途径在高等植物中占优势，对一些植物来说是唯一的生长素合成途径。

第二条：色胺途径。色氨酸脱羧酶形成色胺，再氧化转氨形成吲哚乙醛，最后形成吲哚乙酸。本途径在植物中占少数。在大麦、燕麦、烟草和番茄枝条中同时存在吲哚丙酮酸途径和色胺途径。

第三条：吲哚乙腈途径。许多植物，特别是一些十字花科植物中存在着吲哚乙腈，在体内腈水解酶作用下，将吲哚乙腈转化为吲哚乙酸。

第四条：吲哚乙酰胺途径。色氨酸在色氨酸单加氧酶催化下形成吲哚乙酰胺，然后经吲哚乙酰胺水解酶作用生成吲哚乙酸。此途径主要存在于形成根瘤和冠瘿瘤的植物组织中。吲哚乙酸生物合成途径具有多样性，吲哚乙酸的合成并不一定要经过色氨酸。用拟南芥的营养缺陷型进行的实验表明，吲哚乙酸可以由吲哚直接转化而来。此外，吲哚乙酸在玉米组织内可由邻氨基苯甲酸经中间产物，吲哚甘油磷酸而合成，这说明非吲哚前体也能合成吲哚乙酸。

② 生长素的降解　生长素在植物体内处于合成与分解的一个动态平衡中。生长素的降解是多途径的，主要有酶氧化降解和光降解两种类型。生物素的酶氧化降解是IAA的主要降解过程，可分为脱羧降解和非脱羧降解。催化IAA侧链脱羧降解的酶是IAA氧化酶或者过氧化物酶。将IAA分解为CO_2和其他产物，如三亚甲基羟吲哚、吲哚醛等。IAA氧化酶普遍存在于高等植物组织中，它们的活性与植物组织器官生长速度呈负相关。如植物组织衰老、IAA氧化酶的活性增强、生长素含量下降。在植物体内另一条生长素氧化降解途径中，IAA侧链保持完整，只有IAA吲哚环被氧化生成羟吲哚乙酸。相对于IAA氧化酶催化的IAA脱羧降解反应，这条路径也称为非脱羧降解途径。体外的IAA在核黄素存在时，可被酸、电离辐射、紫外光和可见光等因子氧化分解，产物是吲哚醛和3-亚甲基吲哚。在田间对植物施用IAA时，上述两种降解过程可能同时发生。所以在大田中一般不用IAA，而是用人工合成的生长素类调节剂。

(4)生长素的生理功能　生长素单独或与其他植物激素共同作用促进植物生长。从细胞水平看，它可以影响细胞的伸长、分裂和分化。从器官水平上看，它可以影响器官的生长、成熟和衰老。简单总结如下：

① 促进植物细胞伸长生长　低浓度IAA诱导生长，高浓度IAA抑制生长。

② 促进根的伸长生长　根对IAA非常敏感，只有在极低浓度下(低于10^{-8} mol/L)，才能促进离体根与完整根的伸长，高浓度抑制根的伸长。

③ 促进器官与组织的分化　低浓度IAA促进韧皮部分化，高浓度IAA促进木质部分化。

④ 引起植物的向性　与植物的向光性和向重力性相关。

⑤ 影响性别分化。

⑥ 促进菠萝开花和瓜类植物雌花的形成。

⑦ 防止花朵等器官脱落和抑制叶片老化。

⑧ 促进维管系统的分化。

⑨ 促进光合产物向果实运输，进而促进果实发育与单性结石。

⑩ 引起植物顶端优势。

(5)生长素的作用机理　生长素最明显的生理效应是促进细胞的伸长生长。IAA作用于细胞时，首先与细胞膜上的激素受体结合，经过复杂的信号转导途径，使细胞壁松弛并合成新的细胞质和细胞壁结构物质，通过增加细胞壁的伸展性来刺激细胞的伸长生长。关于IAA促进细胞伸长的假说主要有3种：

① 酸生长理论　1970年，D. Rayle和R. Cleland、A. Hager提出了酸生长理论(acid growth theory)。IAA通过激活细胞膜上的非活化质子泵(H^+-ATPase)的活性，消耗能量(ATP)向胞外分泌H^+，引起细胞壁环境的酸化，进而激活了一种乃至多种适宜低pH的壁水解酶，如水解果胶质的B-半乳糖苷酶和水解多糖3-1,4-葡聚糖酶的活性成倍增加；纤维素微纤丝的氢键易断裂，联系松弛，因而细胞壁可塑性增加，液泡吸水扩大，体积增大，从而发生不可逆的增长。

② 受体学说　激素受体是指能与激素特异结合的，并能引发特殊生理生化反应的蛋白

质。然而，能与激素结合的蛋白质并非都是激素受体。只可称其为某激素的结合蛋白。激素受体的一个重要特殊性是激素分子和受体结合之后，能激活一系列的胞内信号转导途径，从而使细胞做出反应。目前已经分离得到一些生长素结合蛋白(auxin-binding protein，ABP)，根据其存在的位置分为 3 类，即 ABP1、ABP2、ABP3，分别位于内质网、质膜和液泡上。目前认为定位于内质网的 ABP 是最可能的生长素受体，有证据表明，只质膜上也存在着生长素结合蛋白。

③ 基因激活假说　在生长素所诱导的细胞生长过程中，不断有新的原生质成分和细胞壁物质合成，这种过程可能持续几个小时。由核酸合成抑制剂、放线菌素 D(Actinomycin D)和蛋白质合成抑制剂亚胺环己酮(Cycloheximide)的实验得知，生长素所诱导的生长，是由于它促进了新的核酸和蛋白质的合成，于是提出了生长素作用机理的基因激活假说。该学说认为，生长素诱导与生长有关的基因的表达，从而引起了生长。

2. 赤霉素类　赤霉素(Gibberellins，GAs)广泛存在于植物界，迄今为止已分离出 70 多种，不是给每一个化合物一个特定的名称，而是编号，如 GA_1、GA_3、GA_5、GA_7 等，其中 GA_3 是研究最广泛、最深入的。19 世纪末，日本水稻苗出现异常徒长的现象，之后发现这种现象是起源于真菌病害。1926 年，有科学家用赤霉菌培养液处理未受感染的水稻植株，也能刺激到水稻苗的徒长。说明赤霉菌所分泌的某种化学物质能够引起这种病害。1938 年，科学家从赤霉菌中分离并结晶到了这种物质，定名为赤霉素。1954 年。英美科学家分别从赤霉菌培养液中提取并鉴定到了赤霉酸(Gibberellic acid，GA_3)。1955 年，日本学者重新分析他们早期得到的赤霉素产品，并提取了 3 种赤霉素，即 GA_1、GA_2 和 GA_3。此后，又陆续在其他高等植物中发现了存在多种赤霉素，说明赤霉素类化合物是高等植物的天然产物。现已证实，赤霉素是植物界普遍存在的一类植物激素。到 2000 年底，在植物和真菌中已经发现有 127 种不同结构的赤霉素，按其顺序分别简写为 GA_1、GA_2、GA_3……GA_{127}。

(1)赤霉素的种类　在植物激素中，仅有赤霉素类是根据其化学结构来分类的。赤霉素类基本结构是赤霉素烷，它是一种双萜，由 4 个异戊二烯单位组成，还有 4 个碳环(图 1-2)。根据赤霉素分子中碳原子数目的不同，可分为 C_{19} 和 C_{20} 两类赤霉素，GA_1、GA_2、GA_3、GA_7、GA_9、GA_{29} 等属于 C_{19} 类赤霉素，GA_{12}、GA_{13}、GA_{25}、GA_{37} 等属于 C_{20} 类赤霉素。C_{19} 赤霉素都是由 C_{20} 赤霉素转变而来的，但前者所包含的种类多于后者，且生理活性也高于后者。各种赤霉素都含有羧酸，所以赤霉素呈酸性。

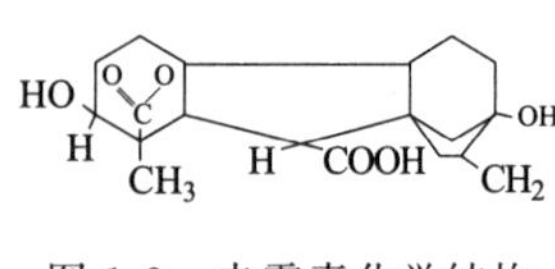

图 1-2　赤霉素化学结构

赤霉素有游离态赤霉素和结合态赤霉素之分，结合态赤霉素是赤霉素与其他物质(如葡萄糖)结合形成赤霉素葡萄糖酯和赤霉素葡萄糖苷，无生理活性，是一种赤霉素储存和运输的形式，在植物不同发育时期，结合态赤霉素和游离态赤霉素可以相互转化，从而发挥其生理作用。

(2)赤霉素的分布与运输方式　赤霉素广泛分布于被子植物、裸子植物、蕨类植物、褐藻、绿藻、真菌和细菌中。赤霉素与生长素一样，较多存在于植物生长旺盛的部位，如近端嫩叶、根尖、果实和种子中。同一种植物中往往含有多种赤霉素，有的植物多达 20 多种。甚至每个器官或组织都含有 2 种以上赤霉素。

赤霉素的运输主要通过木质部和韧皮部。赤霉素的运输没有极性，可以双向运输。根尖合成的赤霉素沿着导管向上运输，而嫩叶产生的赤霉素则沿着筛管向下运输。不同植物运输速度差异很大。

(3)赤霉素的合成与代谢

① 赤霉素的生物合成　在高等植物体内,赤霉素的生物合成部位至少有 3 处,发育着的果实和种子、茎端和根部,其中发育着的果实和种子是赤霉素生物合成的主要部位。赤霉素在细胞中的合成部位是微粒体、内质网和细胞质可溶性部分等。赤霉素是通过类萜途径合成的,其生物合成前体甲瓦龙酸,经过一系列的酶促反应过程,最终形成赤霉素。所以,可以通过调控赤霉素合成酶基因的表达,来改变赤霉素合成酶的种类,实现不同类型赤霉素的生物合成。

② 赤霉素的降解　赤霉素合成以后在体内的降解很慢,其活性代谢主要是靠 2β-羟化反应,该反应能使活性的赤霉素不可逆地失去生物活性。

(4)赤霉素的生理功能　赤霉素的生理功能简单归纳如下:

① 促进茎节的伸长生长　促进茎的伸长主要是与细胞壁的伸长性有关。

② 打破休眠　促进种子的萌发。

③ 促进植物抽薹开花　促进瓜类雄花的发育。

④ 增强坐果率。

⑤ 诱导单性结石。

⑥ 促进细胞分裂与分化。

⑦ 延缓植物成熟和衰老。

(5)赤霉素的作用机理　大量研究表明,赤霉素的受体位于细胞质膜上。G 蛋白、$_c$GMP、Ca^{2+} 及 CaM 和蛋白激酶都不同程度参与了赤霉素响应的信号转导过程,信号通过信息传递途径到达细胞核,调节细胞伸长和蛋白质形成。

① 赤霉素促进茎伸长的机制　茎的伸长与细胞数目的增加以及细胞的伸长有关。赤霉素可以促进 G1 期细胞进入 S 期,以及相应地缩短了 G1 期和 S 期,从而缩短了植物细胞分裂的时间。Ca^{2+} 降低了细胞壁的伸展性,而赤霉素可以降低细胞壁 Ca^{2+} 的水平,来促进细胞壁的伸长。

② 赤霉素与酶合成相关　赤霉素不但能诱导 α-淀粉酶的合成,也能诱导其他水解酶,包括蛋白酶、β-1,3-三葡萄糖苷酶、木葡聚糖内转糖基酶(XET)等的形成。赤霉素诱导酶的合成是由于它促进了相关基因的转录,即赤霉素是编码这些酶的基因的去阻抑物。

③ 赤霉素调节生长素水平　许多研究表明,赤霉素可以降低肾上腺素氧化酶的活性,并促进蛋白酶的活性,使蛋白质水解,进一步使得生长素的合成前体(色氨酸)增多。赤霉素还能促进束缚型 IAA 释放出游离 IAA,可以增加内源 IAA 的水平,从而促进生长。所以赤霉素与生长素在促进生长、诱导单性结石等方面都具有相似的效应。

3. 细胞分裂素类　细胞分裂素 (Cytokinin,CTK) 因促进细胞分裂而得名。早在 20 世纪初到 20 世纪 50 年代,许多科学家就在不同的植物组织中发现了可以促进细胞分裂的物质。直到 1955 年,C. O. miller 和 F. Shoog 等偶然将从鲱鱼精细胞中发现了能诱导细胞分裂的物质,它们分离出这种活性物质,并命名为激动素(图 1-3)。1956 年,Miller 纯化出了激动素结晶,并鉴定出其化学结构为 6-呋喃氨基嘌呤。尽管植物中不存在激动素,但是许多实验发现植物体内广泛分布着能促进细胞分裂的物质。1963 年,Letham 从未成熟的玉米粒中分离出一种类似于激动素的细胞分裂促进物质,命名为玉米素。1964 年确定其化学结构为 6-(4-羟基-3-甲基-反式-2-丁烯基氨基)嘌呤。分子式为 $C_{10}H_{13}N_{50}$,相对分子质量为 129.7。玉米素是最早发现的植物天然细胞分裂素，其生理活性远远强于激动素。1965 年，F. Shoog 等提议将来源于植物的，其生理活性类似于激动素的化合物，统称为细胞分裂素。目前在高等植物中已至少建立出 30 多种细胞分裂素。

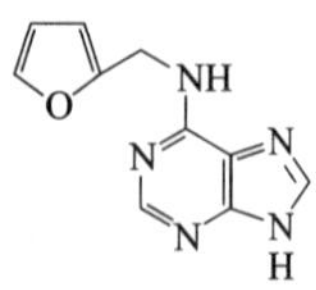

(1)细胞分裂素的种类　细胞分裂素是腺嘌呤的衍生物。当第 6 位氨基和第 2 位碳原子及第 9 位碳原子上的氢原子被取代后，则会形成各种不同的细胞分裂素。天然存在的细胞分裂素可分为游离的细胞分裂素和 tRNA 中的细胞分裂素。

图 1-3　激动素化学结构

游离的细胞分裂素有：植物体内分布最广的玉米素；黄花羽扇豆中发现的二氢玉米素；从菠菜、豌豆和荸荠球茎中分离的异戊烯基腺苷等，它们都具有生物活性。

在 tRNA 中的细胞分裂素有：异戊烯基腺苷；玉米素腺苷；甲硫基异戊烯基腺苷；甲基硫玉米素核苷等。它们结合在 tRNA 上，构成 tRNA 的组成成分。tRNA 中的细胞分裂素可能没有生物活性，只有从 tRNA 解离出来才能发挥作用。所以 tRNA 中的细胞分裂素可能是游离态细胞分裂素的来源之一。

(2)细胞分裂素的分布与运输方式　细胞分裂素普遍存在于植物的各个器官和组织中，特别是植物活跃的细胞分裂部位，如根尖、种子、果实和茎尖。细胞分裂素在植物体内的运输不是极性运输。细胞分裂素有两种存在形式，即游离型和结合型。结合型的细胞分裂素只有转化为游离的细胞分裂素才能发挥作用，大量的在根尖合成的细胞分裂素经过木质部运送到地上部分，主要以玉米素和玉米素核苷的形式运输。少数在叶片等器官中合成的细胞分裂素从韧皮部运输或者几乎不向外输送。

(3)细胞分裂素的合成与代谢

① 细胞分裂素的合成　植物因感染而产生的冠瘿瘤细胞会产生大量的生长素和细胞分裂素，这个过程已经成为研究细胞分裂素合成代谢的典型实验系统。一般认为根尖是细胞分裂素合成的主要部位，合成过程是在细胞的微粒体中进行的。细胞分裂素的生物合成有两条途径，第一是由 tRNA 水解产生，第二是从头合成。从头合成途径是细胞分裂素合成的主要途径。

高等植物的细胞分裂素是从头直接合成的。一般认为异戊烯基焦磷酸（Δ^2- iPP ）是细胞分裂素合成的前体，它与腺苷-5′-磷酸（5′-AMP ）起缩化反应，形成异戊烯基腺苷-5′-磷酸盐[9R-5′P]iP，这是细胞分裂素合成的关键步骤。催化此步骤的酶是 Δ^2-异戊烯基转移酶（Δ^2-isopentenyl transferase，2-iPT）（亦称细胞分裂素合酶，cytokinin synthase ），已分别从烟草愈伤组织和冠瘿瘤组织中分离鉴定。[9R-5′P]iP 是细胞分裂素合成过程中重要的中间产物，进一步去磷酸化，脱去核糖，可产生[9R]iP 及 iP ，然后在细胞分裂素氧化酶（cytokinin oxidase ）作用下产生玉米素及其衍生物，所以[9R-5′ P]iP 是植物组织中其他天然细胞分裂素的前体。

② 细胞分裂素的代谢　植物组织中细胞分裂素的降解，主要是由细胞分裂素氧化酶催化进行的。在降解时，该酶以 O_2 为氧化剂，催化细胞分裂素 N^6 上不饱和侧链（异戊烯基侧链）裂解脱落，释放出游离的腺嘌呤或游离的腺嘌呤核苷，从而细胞分裂素失去活性。

细胞分裂素还可以与各种小分子物质如糖和氨基酸结合，从而影响细胞分裂素的含量及活性。与细胞分裂素结合的主要有三大类物质，第一类是核糖；第二类是氨基酸（丙氨酸），这两种结合物都非常稳定，没有生物活性，这也是细胞分裂素的一种钝化形式；第三类是葡萄糖，细胞分裂素与葡萄糖的结合物在适当条件下可以水解释放出高活性的细胞分裂素，提供植物生长发育的需要，所以它可能是细胞分裂素的储存形式。

(4)细胞分裂素的生理功能　细胞分裂素的生理作用及其广泛，表现为：

① 促进细胞分裂和诱导细胞体积扩大　在生长素存在的条件下促进细胞分裂。

② 诱导营养芽及花芽的分化。

③ 促进侧芽的生长和发育，减弱或消除顶端优势。

④ 促进子叶膨大。

⑤ 促进种子发芽和发根　细胞分裂素与生长素浓度的比例较高时，诱导芽的形成，反之则诱导根的形成。

⑥ 促进结果。

⑦ 促进叶片扩大。

⑧ 抑制叶绿素降解，延缓叶片衰老。

⑨ 促进营养物质的移动。

⑩ 诱导营养物质向它所在的部位运输。

此外，细胞分裂素还有促进色素的合成(叶绿素、苋红素等)、增加雄花的分化、诱导气孔开放、刺激块茎的形成、解除种子休眠和促进萌发等作用。

(5)细胞分裂素的作用机理

① 受体及信号转导途径　细胞分裂素在植物生长发育过程中起着重要的调节作用，但目前从分子水平上阐明细胞分裂素作用机理的知识还比较贫乏。细胞分裂素受体已经得到确定，是定位于质膜上的双组分蛋白，在膜外侧是细胞分裂素的结合区域，膜内侧是具有组氨酸激酶活性的活性区域。细胞分裂素结合受体后进行磷酸化作用，使某些抑制子得以解除，再经过一系列信号转导途径，最终增强与生长有关的靶基因的表达，引起生长反应。磷酸化和去磷酸化可以被相互反馈抑制，避免了过度生长。

② 细胞分裂素对转录和翻译的调控　细胞分裂素结合蛋白在核糖体的定位，显示细胞分裂素可能参与调节蛋白质的合成。实验证明，它能调节基因活性，促进 mRNA 和新的蛋白质的合成。它还可以改变合成蛋白质的种类，即增加了一些蛋白质的合成，而抑制了另外一些蛋白质的合成。

早在 20 世纪 60 年代就已经明确酵母丝氨酸 tRNA 中的反密码子，邻近部位有细胞分裂素的存在。因此，曾设想，位于 tRNA 上的细胞分裂素有可能在翻译水平发挥调节作用。后来许多研究工作证实，tRNA 中的细胞分裂素的修饰可能会影响到密码子的识别。靠近 tRNA 反密码子的细胞分裂素可能在遗传信息→RNA→tRNA→核糖体的过程中起着协助识别和协调的作用。后来，人们又提出了另外一种细胞分裂素的作用模式。细胞分裂素处理的植物组织能够维持含细胞分裂素的 tRNA 不受破坏，从而能够保证植物体内进行正常的蛋白质合成。

4. 脱落酸类　脱落酸(Abscisic acid，ABA)是一种由 15 个碳原子组成的脂肪族环状化合物，属于半倍半萜类(图 1-4)。由类胡萝卜素在质体中合成，并通过血管和薄壁组织扩散。脱落酸是一种植物生长抑制剂，它能促进种子发育和休眠。如果植物叶片遭到外界水分的胁迫，ABA 含量会立即增加，引发气孔关闭。1963 年，美国科学家从未成熟的棉桃中分离出一种能够促使棉桃早熟脱落和最终脱落的物质，称为脱落素Ⅱ。几乎同时，英国科学家也从桦树叶片中分离出一种能导致芽休眠的物质，称为休眠素。后来证实脱落素Ⅱ和休眠素是同一种物质，1965 年确定其化学结构，1967 年在第六届国际生长物质会议上统一称为脱落酸。

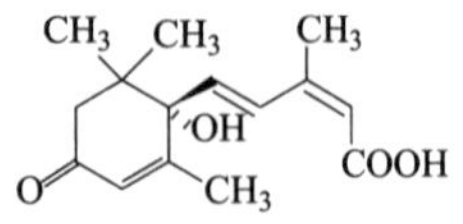

图 1-4　脱落酸化学结构

(1)脱落酸的种类　脱落酸是一种以异戊二烯为基本单位的含有 15 个碳原子的倍半萜羧酸。其中 C_1 为不对称碳原子，因此脱落酸有两种旋光异构体，即左旋型和右旋型。由于 C_2 与 C_3 之间的双键，脱落酸又可以形成两种几何异构体，即 2-顺式(cis)和 2-反式(trans)。顺式脱落酸有生理效应，而反式脱落酸生理活性极弱，植物体内天然的脱落酸是右旋顺式的。脱落酸因其化学合成品的价格极其昂贵，迄今仍然不能广泛应用于农业生产中。

脱落酸在植物体内有两种存在形式，即游离型和结合型。游离型脱落酸可与葡萄糖形成 ABA-β-D-葡萄糖酯，结合型脱落酸无生物活性。

(2)脱落酸的分布与运输方式　脱落酸广泛分布于植物界，包括被子植物、裸子植物、蕨类和苔藓。此外，在绿藻和某些真菌内也有脱落酸。脱落酸存在于植物的各个器官，如根、茎、叶、花、果实和种子中，在正常生长的组织中脱落酸的含量很低，但在成熟和衰老组织或即将进入休眠状态的器官中脱落酸的含量很高。在逆境条件下，植物内源的脱落酸含量激增。

脱落酸的运输不具有极性。所以脱落酸在植物体内既可以通过木质部，又可以通过韧皮部运输。一般叶片内合成的脱落酸主要通过韧皮部下运到根部，而根系内合成的脱落酸主要通过木质部运送到茎叶。脱落酸在植物体内的运输速度很快，在茎中或在叶柄中的运输速度大约是 20 mm/h。脱落酸主要以游离的形式运输，也有部分是以脱落酸糖苷的形式运输。

(3)脱落酸的合成与代谢

① 脱落酸的生物合成　脱落酸主要合成部位是根尖和萎蔫的叶子。在细胞内合成脱落酸的主要场所是根细胞的前质体和绿色细胞的叶绿体。脱落酸的生物合成主要有两个途径。

C_{15} 的直接途径：由甲瓦龙酸(MVA)生成法呢基焦磷酸(FPP)，再形成脱落酸。需要在短日照条件下进行。

C_{40} 的间接途径：从甲瓦龙酸经紫黄质通过光氧化或生物氧化形成叶黄氧化素而合成脱落酸。这条途径是干旱胁迫下脱落酸生物合成的主要途径。富含类胡萝卜素的叶片也可能主要通过这条途径合成脱落酸，目前普遍认为高等植物体内脱落酸合成的主要途径是 C_{40} 间接途径。

② 脱落酸的代谢　植物体内脱落酸的代谢具有多条途径。而脱落酸的降解主要通过氧化和结合作用这两条途径进行。

氧化降解途径：脱落酸在单加氧酶的作用下，首先形成 8′-羟基脱落酸，该物质极不稳定，很容易氧化形成略有活性的红花菜豆酸。进一步被还原为完全失去活性的二氢红花菜豆酸。

结合失活途径：脱落酸有 3 种结合态 ABA-葡萄糖酯、ABA-葡萄糖苷和 ABA-酰胺。其中以 ABA-葡萄糖酯和 ABA-葡萄糖苷为脱落酸运输的主要形式。结合态脱落酸和游离态脱落酸在植物体内可以相互转化，处于动态平衡状态。

(4)脱落酸的生理功能　根据植物对脱落酸的生理反应，脱落酸的作用为：

① 引起叶片气孔关闭，降低蒸腾作用。

② 增强植物抗逆性　逆境使植物体内的 ABA 含量增加，抗逆性增强。

③ 促进种子的正常发育(ABA 诱导合成胚胎发育晚期的丰富蛋白)。

④ 促进和维持种子休眠，抑制种子萌发。

⑤ 促进器官脱落　脱落酸不能直接引起脱落，它可以促进乙烯的产生，催促果实成熟与脱落。

脱落酸还有许多其他的生理作用，适宜浓度的 ABA 能够促进体外培养的植物胚状体的正常化、同步化，提高成株率；此外，ABA 还可以调节植物器官的分化；ABA 可以抑制 GA 诱导的 α-淀粉酶和其他水解酶的合成，并在转录水平上抑制 GA 诱导的 α-淀粉酶 mRNA 的积累。

(5)脱落酸的作用机理

① 脱落酸调节气孔运动　脱落酸通过质膜或者胞内受体介导的信号转导途径，打开 Ca^{2+} 通道，激活 K^+ 外流通道和阴离子外流通道，钝化 K^+ 内流通道，提高保卫细胞水势，促进保卫细胞失水，导致气孔关闭；另一方面，ABA 可以直接改变细胞膜、液泡膜等生物膜的性质，干预某些离子的跨膜运动，使保卫细胞内 K^+、Cl^- 外渗量急剧上升，从而在短时间内使得内部的渗透物质急剧减少，导致水势上升，气孔关闭。

② 脱落酸对基因表达的调控　当植物受到逆境的胁迫时，体内的 ABA 水平急剧上升，同时，出现多个特殊基因表达的产物，如编码 LEA 蛋白、渗调蛋白的基因，这些基因可在植物全株表达。在植物体内，ABA 还参与蛋白的磷酸化/去磷酸化途径和肌醇信号途径。

5. 乙烯　乙烯(Ethylene，ETH)是一种简单的气态碳氢化合物，当植物的根、花、成熟果实和幼苗等组织受到胁迫时会大量产生，并由产生部位扩散到空气中，从而影响周围的植物。早在 1864 年就有关于燃气路灯漏气会促进附近的树落叶的报道，暗示了某种物质可以引起植物老化。直到 20 世纪初期，Dimitry Neljubow 才首先证实是照明气体中的乙烯在起作用，还发现乙烯能引起黄化豌豆苗的三重反应。20 世纪 60 年代末期，乙烯被确认为植物内源激素之一。高等植物的各个部位都能产生乙烯。乙烯是简单的烯烃类物质，是一种不饱和烃(图 1-5)，是各种植物激素中分子结构最简单的一种，在常温下是气体，相对分子质量为 28，比空气略轻。种子植物、蕨类、苔藓、真菌和细菌都可以产生乙烯。

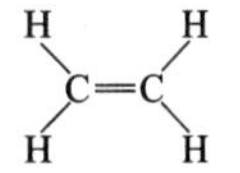

(1)乙烯的运输　乙烯是气态激素，在植物体内运输较差。短距离运输可以通过细胞间隙扩散，扩散距离非常有限。例如，在植株细胞受到感染后，该细胞产生的乙烯会向周围细胞扩散，诱导细胞的抗逆性和衰亡反应。长距离运输主要依靠其直接前体物质 1-氨基环丙烷-1-羧酸(1-aminocyclopropane-1-carboxylic acid，ACC)在木质部溶液中运输。例如，根系在淹水条件下，植物上部叶片会发生乙烯诱导的典型反应——偏上生长。因为根系淹水后，根部产生大量的 ACC 由于缺氧而无法转变为乙烯，积累到一定量后，便通过蒸腾流向上运输，运输到地上部以后迅速转变为乙烯发挥作用。这里 ACC 可以作为一个乙烯运输的化学信号，是乙烯长途运输的载体。

图 1-5　乙烯化学结构

(2)乙烯的合成与代谢

① 乙烯的生物合成　高等植物几乎所有的部位都能合成乙烯，在叶片衰老、器官脱落、果实成熟和逆境条件下，乙烯的合成量大大增加。乙烯的合成前体为甲硫氨酸(Methionine，

Met),其直接前体为 ACC。来自于 ATP 的腺苷基团与 MET 结合,经过甲硫氨酸腺苷转移酶催化,形成了 *S*-腺苷甲硫氨酸(*S*-adenosyl-methionine,SAM),接下来,SAM 被裂解为 5′-甲硫基腺苷(5′-methylthioadenosine MTA)和 ACC,MTA 通过循环再生成甲硫氨酸,ACC 在 ACC 氧化酶(ACC oxidase)的催化下氧化生产乙烯。

② 乙烯生物合成的调节　多种因素均能刺激乙烯的产生,主要原因是它们诱导了 ACC 合酶的生成。蛋白质和 RNA 合成抑制剂均能阻断 ACC 合酶的诱导。ACC 除了形成乙烯外,也可以转变为非挥发性的 N-丙二胺-ACC(N-malonyl-ACC,MACC),此反应是不可逆的,当 ACC 大量转向 MACC 时,乙烯的生成量则减少,因此,MACC 的形成有调控乙烯的作用。在成熟的果实中乙烯可以促进 ACC 转化为乙烯,而在其他组织中乙烯则抑制 ACC 合酶的作用。在乙烯合成过程中,ACC 合酶是关键酶。乙烯合成不需要提供大量的甲硫氨酸,但是需要大量的底物 ATP。生长素可以诱导乙烯生物合成,从而增加乙烯的量。

③ 乙烯的降解　在植物组织内,乙烯可以氧化降解为 CO_2,或者氧丙环(ethylene oxide)和 1,2-亚乙基二醇(ethylene glycol)。在一些组织中以上两种降解途径同时存在。乙烯也会与其他物质结合形成可溶性代谢物,如乙烯葡萄糖结合体。乙烯降解是乙烯自我调节的过程,目的是除去乙烯,维持体内平衡。

(3)乙烯的生理功能　乙烯的主要作用是促进果实成熟和叶片脱落。在雌雄同株的植物中,赤霉素和乙烯的浓度决定花的性别:高浓度的乙烯促进雌性花的产生,而赤霉素诱导雄蕊花的产生。乙烯对植物的作用可以分为:

① 三重反应和偏上性生长　这是乙烯对植物生长的典型效应。三重反应指的是,抑制茎的伸长生长、促进根或茎的横向增粗和茎失去负向地性横向生长;偏上性生长造成了茎横生和叶下垂。

② 促进果实成熟和叶片衰老　催熟是乙烯最主要和显著的效应。

促进叶片和果实脱落:乙烯能促进细胞壁降解酶合成,促进细胞衰老和细胞壁的分解,引起离层区近茎端的细胞膨胀,迫使叶片、花果机械脱落。

促进开花和雌花分化。

诱导扦插植物不定根的形成和根毛的发生。

促进根的生长分化。

打破种子和芽的休眠。

诱导次生物质的分泌,如橡胶树的乳胶等。

(4)乙烯的作用机理

① 乙烯基因层面的调控　经乙烯处理后植物组织内的多种酶,如过氧化物酶、果胶酶、几丁质酶、β-1,3-葡聚糖酶、纤维素酶等的含量、活性有明显提高,进而促进叶片脱落。此外,乙烯的短期快速效应可能是对膜透性加大所致,而长期慢效应则是乙烯引起特异 mRNA 的合成,进而翻译形成新的酶类,产生细胞反应。

② 乙烯的信号转导途径　乙烯的受体是多基因编码的,存在多种受体,都具有乙烯结合位点。其中,受体 ETR1 由 738 个氨基酸组成的多肽,其 N 端为疏水的受体活性区域,C 端含有一组氨酸激酶活性区域,当乙烯与受体结合后,组氨酸激酶被激活,并进行自我磷酸化,通过磷酸化级联反应将信号经过起负调节作用的蛋白因子 CTR1(丝氨酸/苏氨酸蛋白激酶)传递到具有通道作用的跨膜蛋白 EIN2(乙烯不敏感 2)上,EIN2 被激活,继续将信号传递到细胞核

中的转录因子 EIN3 上，从而诱导靶基因表达，最终实现乙烯对细胞分化和生长的调节。

6. 油菜素甾醇类 对油菜素甾醇类化合物(brassinosteroids，BRs)的系统性研究始于20世纪60年代。美国科学家在60多种植物花粉的提取液中寻找促生物质，1970年在油菜花粉中发现新的生长物质，能引起菜豆幼苗节间发生伸长、弯曲及裂开等反应，但是，这种反应不同于IAA或者GA引起的生长反应，经鉴定，这种物质属于固醇类化合物，称为油菜素(brassins)，1979年，分离出油菜素内酯(brassinolids)。此后，科学家们从许多种植物中分离鉴定出油菜素内酯及其类似物，统称为BRs，虽然BRs在植物体内的含量极少，但是其生理活性极强。1998年第16届国际植物生长物质年会上，油菜素内酯被正式确认为第六类植物激素。

(1)油菜素内酯的种类 目前，已经发现了60多种天然的油菜素甾醇类化合物。其基本结构为一个甾体核，在其C-17位上有8～10个碳原子的侧链(图1-6)。根据其B环上含氧功能团的性质，又分为内酯型、酮型和脱氧型3类。

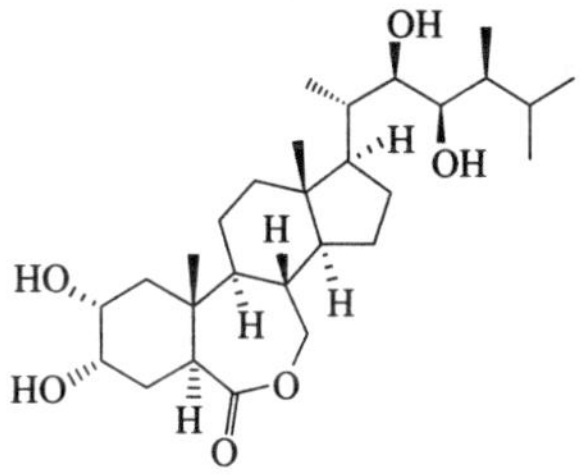

(2)油菜素内酯的分布与运输方式 油菜素内酯在植物界分布很广，但各个组织中的含量不同，鲜花粉和种子中的含量为1～1000 ng/kg，茎秆和枝条中的含量为1～100 ng/kg，果实和叶片中的含量为1～10 ng/kg，根中的含量尚不清楚。

图1-6 油菜素甾醇类化合物化学结构

(3)油菜素内酯的合成与代谢 油菜素内酯的生物合成途径十分复杂。利用同位素标记和突变体进行试验探究，结果表明油菜素内酯的合成途径简单表述为：菜油甾醇(campesterol)→campestanol→cathasterone→茶甾醇(teasterone)→油菜素内酯。其中催化菜油甾醇到campestanol反应酶的基因为DET2(甾醇-5α-还原酶)，催化cathasterone到茶甾醇反应的酶基因为CPD(一种含细胞色素P450的甾醇羟化酶)。

(4)油菜素内酯的生理功能 油菜素内酯生理功能的研究具有很长的历史，积累了大量的资料。研究表明，油菜素内酯在植物的光形态建成和其他一些生长发育过程中起着重要的调节作用。这些过程包括一些光诱导的基因表达、细胞伸长生长、叶片和叶绿体衰老以及开花诱导等。

① 促进细胞伸长和分裂的功能 不依赖IAA。

② 提高光合作用 油菜素内酯可以促进小麦叶片RuBP羧化酶的活性和促进光合产物向穗部运输。

③ 增强植物的抗逆性 油菜素内酯能提高水稻、黄瓜、茄子等抗低温和抗病的能力，素有“逆境缓和激素”之称。

④ 抑制根系生长。

⑤ 促进植物向地性反应。

⑥ 促进木质部导管分化；抑制叶片脱落。

(5)油菜素内酯的作用机理 经油菜素内酯处理可以提高RNA聚合酶的活性，促进核酸和蛋白质的合成；也可以通过与质膜上的受体结合来活化H^+-ATPase(DET3)的活性，还可以影响细胞膜的结构和功能，通过细胞壁磷酸化来促进细胞伸长生长。油菜素内酯可增强小麦 Rubisco 活性，并促进光合产物向穗部运输，具有增产效应。油菜素内酯通过加速淀粉降解以及维持较低的细胞透势，从而有助于细胞生长。

7. 其他激素　长期的研究还发现了其他许多具有显著植物生理调节活性的植物内源物质，如茉莉酸、茉莉酸酯、水杨酸、多胺等。但是，由于这些物质的生物合成和生理作用等方面还存在着许多有待研究的问题，目前只被当作是植物生长调节物质而不是植物激素来看待。

(1)茉莉酸(jasmonic acid，JA)　JA 广泛存在于各种植物中。目前在 150 属 206 种植物(包括真菌、苔藓和蕨类)中都有发现。研究证明，茉莉酸(酯)是抗性相关的植物生长物质，尤其在植物受到创伤时，受创的信号系统诱导其在细胞内合成，进而诱导一系列与抗逆有关基因的表达。具有抑制生长和萌发、促进生根、促进衰老、抑制花芽分化、提高抗逆性等作用。

(2)水杨酸(salicylic acid，SA)　SA 即邻羟基苯甲酸，植物体内的 SA 除了游离形式之外，还可以以葡萄糖苷的形式存在。SA 最典型的生理作用是诱导植物产生系统获得性抗性，此外，SA 可以诱导某些植物开花。具有诱导开花、增强抗逆性和抗病性、促进侧生生长和增加分枝性等作用。

(3)玉米赤霉烯酮(Zearalenone，ZEN)　玉米赤霉烯酮，首先从玉米赤霉菌的培养物中分离得到。之后，从小麦、玉米、棉花等 10 多种植物的不同器官中检测出玉米烯酮的存在，发现其在春化作用、花芽分化、营养生长及抗逆中具有重要作用。

(4)寡糖素(oligosaccharin)　寡糖指的是少于 12 个糖基组成的糖链。植物细胞中许多游离的寡糖也具有广泛的生物活性，尤其是在调节植物对逆境的防御功能方面具有重要意义。具有生物活性的寡糖统统称为寡糖素。寡糖素可以作为激发子刺激植保素的产生、诱导活性氧迸发、诱导乙烯合成、诱导病程相关蛋白合成以及诱导逆境信号分子产生。寡糖素还可以调节植物正常细胞的生长发育。

(5)系统素(systemin，SYS)　系统素首先是从受伤的番茄叶片中分离出的一种 18 个氨基酸组成的多肽，是植物感受创伤的信号分子，在植物防御反应中起着重要的作用。系统素是植物中发现的第一种多肽类的生物活性物质，在植物体内具有良好的运输性，可以诱导植物抗逆基因的表达，在植物防御机制中扮演着重要角色。

(6)多胺(polyamine)　多胺是植物体内一类具有生物活性的低分子量脂肪族含氮碱，含两个以上氨基，包括赖氨酸和精氨酸。其中，以腐胺、亚精胺和精胺分布最广，主要分布于植物的分生组织内，有刺激细胞分裂、促进生长、防止衰老和提高抗逆性的作用，在花芽形成与开花、花粉管生长、胚胎发生、果实生长、不定根发生等生理过程中具有显著作用。

(7)三十烷醇(1-triacontanol，TRIA)　TRIA 是具有 30 个碳原子的长链饱和脂肪醇。广泛存在于植物的蜡质层中，也可从蜂蜡中获得，故亦称之为蜂蜡醇(myricyl alcohol)。TRIA 可以延缓衰老、促进细胞分裂、增强多种酶的生物活性。

(8)乙酰胆碱(acetylcholine，Ach)　过去一直以为 Ach 仅仅是动物的神经递质，现在大量资料表明，Ach 在植物体内也普遍存在，并具有重要的生理效应。Ach 可以调节种子萌发和植物生长发育、引发丝瓜卷须的快速弯曲运动、提高气孔导度等。

(二)外源激素类

植物激素的化学结构已为人所知，人工合成的相似物质称为生长调节剂，也称为外源激素。

1. 外源吲哚乙酸(IAA)　外源生长素，具有低浓度促进、高浓度抑制的作用，其生理作用往往与内源 IAA 浓度有关。如当果实成熟时，内源 IAA 浓度较低，外源 IAA 可延缓离层形成，防止果实脱落，延长挂果时间，而果实正在生长时，内源 IAA 浓度较高，外源 IAA 可诱导植物体内 ETH 的合成，促进离层形成，具有疏花疏果的作用，在组织培养中使用，可以诱导愈伤组织扩大和生根。

2. 吲哚丁酸(IBA)　外源生长素，与 IAA 作用相似，但不易在植物体内运输，其作用往往停留在处理部位，因此，主要用于插条生根，能促进不定根的形成，IBA 诱导的插条生根细而疏，分叉多。

3. a-萘乙酸(NAA)　一种高效、应用广泛的植物生长调节剂。具有促进苗木生根和种子发芽出苗、加速籽粒灌浆、防止落花落果以及果树疏花疏果的作用。NAA 可以诱导出粗壮、肉质的多分枝根系，而 IBA 能诱导细而疏、分叉多的根系，故 NAA 和 IBA 混合使用，生根效果更好。

4. 萘乙酸甲酯(MENA)　一种萘乙酸盐，具有生长素活性，具有挥发性，可以抑制窖藏马铃薯发芽，延长休眠期。

5. 2-萘氧乙酸(NOA)　其生理活性与萘乙酸相似，主要用于促进植物生根、防止果实脱落、刺激果实膨大，且能克服空心果，适用作物有番茄、秋葵和一些果树等。

6. 2,4-二氯苯氧乙酸(2,4-D)　外源生长素类调节剂。生理活性高，有低浓度促进、高浓度抑制的效果。低浓度有生根、保绿、促进果实生长、提高坐果率，增加产量等作用。高浓度施用可使植物发生药害，甚至死亡，因此，高浓度 2,4-D 可作为内吸性除草剂。

7. 2-甲-4-氯丁酸(MCPB)　外源生长素类生长调节剂，低浓度可防止落果，多用于果树上，高浓度作为除草剂使用。

8. 外源赤霉素 GA_3　GA_3 可由叶、花、嫩枝、果实吸收，在植物体内运输到起作用的部位，可以改变一些作物雌、雄花的比例，诱导单性结实，促进坐果，打破种子休眠，抑制衰老，对水稻制种花期不育有特别的功效，对很多农作物具有增产作用。

9. 6 苄氨基腺嘌呤(6-BA)　第一个人工合成的细胞分裂素类调节剂，曾用于农业、果树和园艺作物从发芽到收获的各个阶段。但 6-BA 在植物体内运动性较差，生理作用仅局限于处理部位及附近，可用于小麦、果树等作物，在疏花疏果、保花保果、促进无籽果实形成、延缓衰老等方面发挥重要作用。

10. 玉米素　人工合成的玉米素有刺激细胞分裂、促进叶绿素形成、促进光合作用、蛋白质合成、延缓植物衰老、提高作物抗性、促使植物早熟丰产等作用，主要用于调节水稻、玉米、大豆、番茄、马铃薯和果树等作物的生长发育。

11. 氯吡脲　具有细胞分裂素活性的植物生长调节剂，是目前促进细胞分裂活性最高的一种人工合成激动素，其生理活性是 6-BA 的 10 倍，可由植物的根、茎、叶、花、果实吸收，然后运输到起作用的部位，具有促进细胞分裂、增加细胞数目、增大果实、促进组织分化和发育、促进侧芽萌发、延缓衰老、促进坐果、改善果实品质等作用，应用十分广泛。

12. N-(2-氯-4-吡啶基)-N′-苯基脲(CPPU)　外源细胞分裂素，促进果实膨大效果十分明显，常用于瓜果类植物。

13. 二苯脲　具有类似细胞分裂素的生理作用，但是活性稍弱，常用于核果类果树。

14. 外源脱落酸(ABA)　施用外源 ABA 可以提高水稻幼苗的抗冷性，减缓或防止低温伤害;提高可溶性糖的含量;促进弱势籽粒结实灌浆。

15. 乙烯利(2-氯乙基膦酸)　外源乙烯与内源乙烯的生理作用相同,在 pH 值 4 以上可以分解,释放出乙烯,具有促进果实成熟、促进果实脱落、促进雄花发育、打破种子休眠、增加分蘖、使植株矮壮等作用,主要应用于棉花、玉米、水稻、高粱、大麦、西瓜、苹果、梨等作物的催熟;也用于控制水稻徒长,增加分蘖。

16. 油菜素内酯(BR)　BR 可以明显增强农作物的抗逆性,施用极低浓度的 BR 可以促进粮食作物和多种蔬菜的生长,增加产量。浸种处理能提高水稻分蘖数,分蘖期施用可以有效抑制分蘖,提高成穗率,灌浆期喷施可以提高水稻的千粒重和亩产。对小麦、玉米、棉花、大豆等作物也有明显的增产作用。

17. 外源 2,4-表油菜素内酯(2,4-EBL)　2,4-EBL 是具有植物生长调节作用的甾醇类化合物,目前生产上应用的是一些化学复制品。外施低浓度的 2,4-EBL 可以平衡植物内源激素水平,具有增强植物营养生长、促进植物分裂和生殖生长、增加植物的营养体生长和促进受精的作用。用于小麦浸种可促进其根系生长,用于玉米可增强其光合作用,提高产量。用于瓜、果、蔬菜、马铃薯等,具有保花保果、增大果实和改善品质等作用。

18. 亚精胺　一种三胺类植物生长调节剂。外源施用可以促进细胞分裂和生长,同时也刺激形成分化,有助于维管束的形成。施用亚精胺还具有促进核酸和蛋白质的生物合成、促进生长、促进花芽分化、提高抗逆性、延缓衰老等作用。

19. 甲苯酞氨酸　作为植物生长调节剂,可增加花和果实的数量,增加番茄和豆花数量,减少落花落果,从而达到增产的作用。常用于番茄、樱桃、梅树等作物上。

二、按作用划分

植物生长调节剂种类有很多,按其作用不同,一般可分为三大类,即植物生长促进剂,如萘乙酸苄基腺嘌呤、赤霉素、吲哚乙酸、乙烯利等;植物生长延缓剂,如多效唑、烯效唑、吡啶醇、矮壮素、氯化胆碱等;植物生长抑制剂,如脱落酸、抑芽丹等。

(一)植物生长促进剂

植物生长促进剂的基本特征是促进细胞分裂、分化和伸长生长,也能促进植物营养器官生长和生殖器官发育,如生长素类调节剂。它们在体内不会被生长素氧化酶所降解,因而比较稳定,而且通常比生长素具有更强的生理活性,因此,这类化合物在生产上得到了广泛的应用。另外,植物生长促进剂还包括细胞分裂素类和赤霉素类调节剂,如 6-BA、KT、CCPU、萘乙酸苄基腺嘌呤、赤霉素、吲哚乙酸、乙烯利等。

1. 生长素类促进剂　人工合成的生长素类物质包括 3 类,一是生长素结构相似的吲哚衍生物,如吲哚丙酸(indole propionic acid ,IPA)、吲哚丁酸(indole butyric acid ,IBA);二是萘的衍生物,如 α-萘乙酸(α-naphthalene acetic acid ,NAA)、萘乙酸钠、萘乙酰胺、萘氧乙酸(naphthoxyacetic acid ,2,4,5-T);三是氯代苯的衍生物,如 2,4-二氯苯氧乙酸(2,4-dichlorophenoxyacetic acid ,2,4-D)、2,4-D 丁酯、2,4,5-三氯苯氧乙酸(2,4,5-T)、4-碘苯乙酸(4-iodophenoxyacetic acid,商品名增产灵)等。像萘乙酸、2,4-D 等人工合成的生长素类调节剂,由于原料丰富,合成工艺简单,可以大量生产,不会受到吲哚乙酸氧化酶的破坏,因而与内源 IAA 相比效果更稳定些,因此,在农业上得到了广泛的推广和应用。

生长素类的调节剂在农业上的应用有以下几个方面:(1)促进插枝生根。(2)防止器官脱落。(3)促进节实。(4)促进菠萝开花。(5)促进黄花雄花发育。另外,使用较高浓度的生长素可以抑制窖藏马铃薯发芽,也可以疏花疏果,代替人工和节省劳动力,并能纠正水果大小年现象,平衡年产量,还可以杀除杂草。但是,在使用过程中要注意防止高浓度生长素残留所带来的副作用。

2. 赤霉素类促进剂　科研与生产上应用最多的赤霉素是 GA_3。GA_3 是一种固体粉末,难溶于水。使用时可用少量的乙醇溶解,然后加水稀释到所需要的浓度。GA_3 在低温和酸性条件下较稳定,遇碱则中和失效,故不能和碱性农药混合使用。

3. 细胞分裂素类促进剂　常用的人工合成的细胞分裂素类物质主要有 3 种,一是激动素(KT),二是 6-苄基腺嘌呤(6-BA),三是 6-苯基腺嘌呤。这 3 种物质均不溶于水,易溶于强酸、强碱。使用时可用 0.1 mol/L 的 HCl 溶解,加水稀释至所需要的浓度。它们主要用于组织培养、花卉及果蔬保鲜等方面。

(二)植物生长抑制剂

植物生长抑制剂的基本特征是抑制顶端分生组织和细胞的分裂及伸长,促进侧枝的分化和生长,使植物丧失顶端优势,增加侧枝数目,或者抑制某一生理生化过程。通常,外施生长素类调节剂等可以逆转这种抑制效应,而外施赤霉素类调节剂则无效。常用的植物生长抑制剂有以下几种:

一是三碘苯甲酸(TIBA),它可以抑制顶端分生组织细胞分裂,使植株矮化,生产上多用于大豆。

二是整形素(9-羟基芴-9-羧酸),它能抑制顶端分生组织细胞分裂和伸长、茎伸长和腋芽滋生,使植株矮化成灌木状,常用来塑造木本盆景。

三是青鲜素,也叫马来酰肼(maleic hydrazide ,MH),其作用与生长素相反,能抑制茎的伸长和生长,还可以抑制鳞茎和块茎在贮藏中发芽的现象,有适宜的剂量范围和安全的间隔期,因此,不宜施用在食用作物上。

四是增甘磷,它可以抑制植株生长,主要用于甘蔗和甜菜的催熟及增糖作用。

五是抑芽唑,主要抑制茎秆生长,提高作物产量,还具有杀菌的作用。

(三)植物生长延缓剂

植物生长延缓剂的基本特征是抑制或延缓植物的生理或生化过程,使植物的生长过程减慢,主要通过抑制内源赤霉素的生物合成,从而抑制顶端分生组织的细胞伸长,使节间缩短,植株变矮,但不影响顶端分生组织的生长,不减少细胞数目和节间数,也不影响叶片的发育和叶片数目,一般也不影响花的发育。外施赤霉素和生长素可以逆转生长延缓剂的抑制作用,不同种类的生长延缓剂抑制赤霉素生物合成过程的不同环节。植物生长延缓剂一般都是抗赤霉素物质,施用后植株矮小、变粗、节间缩短、叶面积变小、叶厚、叶色变深绿。农业生产上常用于培育壮苗和矮化、防倒伏等。常用的植物生长延缓剂有以下几种:

1. 矮壮素(CCC)　CCC 是氯化氯代胆碱的简称。可抑制细胞伸长,但不影响细胞分裂、生长,能有效控制植物徒长,缩短植物节间,使植株变矮、变粗、变壮。农业生产上可以提高小麦、水稻、棉花等作物的抗倒伏、抗寒性和抗旱性。同时,叶色加深、叶片加厚,光合作用增强,从而提高坐果率,改善品质,提高产量。它不易被土壤所固定或被土壤微生物分解,一般土壤施用效果比较好。

2. 2-甲-4-氯丁酸(MCPB) MCPB 可以通过植物的茎、叶吸收,运输到其他部位。高浓度引起药害,可作为除草剂;低浓度可防止收获前的落果现象,适用于苹果、梨和橘子等果树的调节。

3. 调节胺(DMC) DMC 能够抑制植物茎、叶疯长,促进提前开花,防止蕾铃脱落。主要用于旺长的棉田,调控棉花的株型,防止疯长,增强光合作用,增加结铃和铃重。在玉米和小麦上也有所应用。

第二节 化学调控剂的施用范围

植物化学调控剂广泛应用于如小麦、玉米、水稻、马铃薯、甘薯等主要粮食作物,以及棉花、花生、向日葵等经济作物,还应用于果树和蔬菜。本书内容不涉及果蔬类作物。

一、施用于小麦

(一)常用种类

矮健的壮苗和适宜的叶面积指数是小麦优质高产的重要保障。植物化学调控剂在小麦的生长发育过程中发挥重要的作用。应用于小麦的化学调控剂种类众多。如 α-酮戊二酸、多效唑、麦巨金、麦业丰、调环酸钙 EA、矮壮丰、壮丰安、苯醚甲环唑、烯效唑、水杨酸(SA)、壳寡糖、劲丰、麦健、脱落酸、水杨酸、矮壮素、外源 6-BA 等。

1. α-酮戊二酸 α-酮戊二酸(α-ketoglutarate,α-KG)的化学名称为 2-氧代-1,5 酮戊二酸,又称 α-羰基戊二酸,是一种短链羧酸分子,分子式为 $C_5H_6O_5$,相对分子质量为 146.1,白色或微黄色结晶,是三羧酸循环重要的中间产物。其化学性质稳定,在溶液中表现较好的稳定性和溶解性,易溶于水、醇,极难溶于醚,易潮解。Sauer 等(2008) 证明,α-酮戊二酸是植物氨同化必需的碳架及信号分子,广泛参与了植物碳、氮代谢的调节,维生素、蛋白质以及氨基酸的合成,外源 α-KG 还具有促进生长、调节机体能量代谢等多种生理作用。目前已有的 α-KG 的生产方法,主要包括化学合成法和微生物发酵法,但目前应用较广的还是化学合成法。

付莹等(2017)研究表明,α-KG 的化学合成法以琥珀酸和草酸二乙酯为原料,与浓盐酸混合,静置过夜后,再通过 140 ℃蒸馏浓缩,剩余物冷却结晶,得到 α-KG,收率为 75%,或者由酰基氰化物水解得到 α-KG。但化学合成法存在大量缺点,如使用有毒化合物(如氰化物)、产生有毒废物、需要含重金属催化剂、产生副产物以及严重腐蚀设备等,产生一系列资源浪费和环境污染等问题。微生物发酵因具有成本低、产量高、生产过程环保和可持续等优点,越来越受到科学界的关注。1946 年,Lockwood 和 Stodola 对荧光假单胞菌(*pseudomonas* fluorescens)胞外积累的 α-KG 进行了初步的研究,研发了利用葡萄糖发酵合成 α-KG 的新途径。随后 Asai 等人发现多种原核微生物菌种能在体内大量积累 α-KG。Tsugawa 和 Maldonado 等人对微生物发酵产生 α-KG 的过程进行改进和完善,先后发现了解脂亚罗酵母及其最适底物和培养条件,培育了谷氨酸脱氢酶弱化菌株并筛选得到了一株能过量累积 α-KG 的菌株。

李莹等(2012)研究了外源喷施 5 mmol/L 的 α-酮戊二酸可以显著增加小麦的千粒重和产量,促进干旱胁迫条件下冬小麦干物质的积累,提高旗叶叶绿素含量并延缓其降解速度,加速冬小麦体内有机物的转运率,提高小麦植株的灌浆速率,延长其有效灌浆期,从而提高小麦籽粒的重量,能有效改善干旱胁迫下冬小麦的生长状况,实现增产。

孙倩等(2014)等证明低水氮条件下,外源喷施一定浓度的 α-酮戊二酸能增强水氮胁迫下小麦幼苗的氮素同化能力,提高叶绿素含量,促进干物质的积累,延缓了冬小麦叶片叶绿素的降解速度,提高了氮肥的偏生产能力,缓解了低水氮对小麦产生的胁迫作用,使其生长与发育状况良好,最终提高产量。

2. 多效唑　多效唑(paclobutrazol,PP_{333})是一种新型的高效低毒植物生长延缓剂,属三唑类化合物,化学名称是:(2RS,3RS)-1-(4-氯苯基)-4,4-二甲基-2-(1H-1,2,4-三唑-1-甲基)戊-3-醇。纯品为白色结晶,在水中溶解度为 35×10^{-6},在甲醇中的溶解度达到 15%,丙酮中溶解度为 11%,二甲苯中溶解度为 6%,纯品在 25 ℃下可稳定 6 个月以上,稀溶液的稳定性不受 pH 值和光的影响。

多效唑由江苏省农药所和建湖县农药厂于 1984 年共同研发,江苏省农业科学院在兴化县和建湖县农业科学研究所进行生物学效应大田试验。结果表明,多效唑能有效矮化水稻植株,矮化程度因剂量多少而异,矮化范围在 5%～60%,且效果稳定,重现性好,无药害,具有广谱性。可抑制植物体内赤霉素的生物合成,从而减弱植物顶端优势,达到缩短茎节、控制矮化的效果,对作物有促进花芽、提高坐果率、增加分蘖、使植株矮壮、根系发达、提高抗逆性和抗病性、增加产量和品质的作用。

鱼彩彦等(2007)用多效唑浸种,使小麦的单株分蘖增加,在拔节初期喷施多效唑,能使小麦株高降低。

陈晓光等(2011)研究表明,喷施多效唑显著提高小麦茎秆苯丙氨酸转氨酶(PAL)、酪氨酸解氨酶(TAL)和肉桂醇脱氢酶(CAD)的活性、木质素含量、茎秆抗折力和抗倒伏指数提高,倒伏面积和倒伏程度降低。

邵庆勤等(2018)证明,多效唑能同步增加成熟期干物质在籽粒和茎鞘中的积累量及茎鞘的干物质分配比例,实现小麦高产和抗倒性间的协调,适宜喷施时期为倒五叶时期。

3. 烯效唑　烯效唑又称高效唑(S-3307),属于广谱、高效的植物生长调节剂,兼有杀菌和除草作用。其化学名称是:(E)-(RS)-1-(4-氯苯基)-4,4-二甲基-2-(1H-1,2,4-三唑-1-甲基)8 戊-1-烯-3-醇。原药为无色结晶晶体。

烯效唑是赤霉素合成抑制剂,可以降低植物生长素的水平,抑制细胞伸长,使植株矮化,防止倒伏。其活性是多效唑的 6～10 倍,但其在土壤中的残留量仅为多效唑的 1/10,因此对后茬作物影响小,可通过种子、根、芽、叶吸收,并在器官间相互运转,但叶吸收向外运转较少。

杨文钰等(2005)研究表明,小麦播前使用烯效唑拌种,能使小麦苗期分蘖早生,同时根系活力增强。表现为控上促下,延缓小麦纵向生长,促进横向生长,具有明显的壮苗效果。

罗峰等(2011)用不同烯效唑溶液对小麦进行浸种处理,发现烯效唑能影响小麦种子呼吸强度,促进其根系活力,抑制茎的生长,并促进根的发育。此外,烯效唑还能使幼苗叶绿素含量增多,增强幼苗抗性。

杨文钰等(2005)研究了不同品种、不同施氮条件下烯效唑干拌种对小麦根、叶生理功能的影响。结果表明,烯效唑提高了根系活力,使根系对磷的吸收增加了 20.2%,并促进分蘖,且叶面积显著增加,光合能力增强,单株对 CO_2 的同化能力提高了 25.9%,^{14}C 同化物分配给根系和分蘖节的比例提高。生育后期,根、叶中超氧化物歧化酶(SOD)的活性增强,表明烯效唑干拌种对小麦根、叶功能具有很好的调节作用。

4. 麦巨金　麦巨金是中国农业大学农学与生物技术学院植物生长调节剂教育部工程研究中心与浩伦农业科技集团共同开发研制的小麦化控剂新产品。主要是针对麦类作物产量低下、瘪粒瘪壳、容易发生倒伏三大技术难题而开发的新型小麦增产、防倒伏专用调节剂。施用安全方便，无残留，不影响后茬作物。

李成庆(2013)的研究表明，施用新型小麦专用抗倒伏化学调控剂麦巨金的小麦(济麦22)平均株高比对照矮8.8 cm，第1、2、3、4节及穗下节间分别减少3.2 cm、2.3 cm、1.6 cm、1.3 cm、0.4 cm，显著提高了小麦茎秆的抗倒伏能力，穗数、穗粒数、千粒重显著增加，增产效果明显。张俊杰(2011)的研究表明，麦巨金对洲元9369、烟农24和DH5188也具有明显的矮化和提高抗倒作用。

李春喜等(2009)、李金霞等(2010)、邵云等(2011)、吴儒刚等(2017)研究表明，在小麦(冀5265，西农979，郑州9023，德抗961)拔节期喷洒麦巨金能有效抑制小麦株高，明显提高麦株基部第1、2节间充实度，有效增加拔节至成熟期小麦叶面积系数和旗叶叶绿素含量，提高小麦叶片的光合作用和籽粒灌浆速率，起到增产作用。

马少康等(2010)研究表明，在小麦起身期喷施麦巨金对小麦蛋白组分和加工品质有明显的正调节效应，其中对清蛋白、干湿面筋含量和吸水率的影响达显著水平。崔凤娟等(2014)研究也表明，在拔节期、孕穗期和灌浆期分别喷施喷洒麦巨金，可明显降低株高、缩短基部节间长度，显著提高茎秆抗折力，并提高单位面积产量。

5. 麦业丰　麦业丰是由中国农业大学作物化学控制研究中心独创性研究试验成功的小麦抗逆防倒化控产品，是小麦超高产栽培的关键性技术，为中国小麦大面积持续高产稳产提供了可靠保障。麦业丰具有定向调控，促根增蘖，提高抗干旱、抗过高过低温等适应能力；还具有壮秆防倒、只缩短麦株基部节间长度、不影响整株高度的作用；能有效提高小麦品质等功能。

吴玲玲(2010)研究表明，喷洒麦业丰，可以缩短小麦第1、2节间长度，减少小麦最大群体，还可以增加亩穗数和穗粒数，提高千粒重，从而提高小麦的产量。

韩巧霞等(2007)认为，喷洒麦业丰有降低小麦株高和抑制基部第1、2节间伸长的作用，且750 mL/hm^2 的喷洒剂量对小麦株高的控制及增产效果都比较好。

周青等(2003)通过小麦拔节期前喷施不同浓度的麦业丰，表明了麦业丰具有抑制小麦植株纵向生长、促进横向生长、提高植株抗倒伏能力、延缓植株衰老、促进植株后期物质生产和积累，以及提高产量等作用。

杨洪兵等(2001)研究了麦业丰对滨海盐碱地覆膜冬小麦生长及产量的影响，结果表明，麦业丰对该地小麦地上部第1和第2节间伸长有明显的抑制作用，可以使小麦地上部高度降低，茎秆更加粗壮，抗倒伏能力增强。且单株黄叶数明显减少，单株叶面积增加，产量显著提高。

6. 调环酸钙EA　调环酸钙化学名称为3,5-二氧代-4-丙酰基环己烷羧酸钙，属于环己烷羧酸类的一种新型的植物生长调节剂，纯品为无味白色粉末。由日本组合化学工业有限公司和德国巴斯夫公司联合开发，并在日本、美国和德国等国家申请专利，最初在果树和蔬菜上应用，用来控制新枝的过量生长、增加果树和蔬菜的产量等。中国对调环酸钙的研究始于2001年，现在主要用于水稻、小麦抗倒伏、果树控梢，其原药及制剂已在中国登记。调环酸钙作为绿色植物生长调节剂，通过叶面处理，促进植物发育、侧芽生长、调控花期、提高植株坐果率，有效控制植株徒长，从而达到提高产量和品质的效果。此外，调环酸钙还能调节植株新陈代谢，提高作物抗逆性。相比三唑类延缓剂，它对轮作植物无残留、毒性，对环境无污染，被誉为替代三唑类延缓剂的理想药剂，具有一定的应用前景。

郭世保等(2016)在小麦(山农 15 号、郑麦 9023)拔节前施用 10%的调环酸钙泡腾颗粒剂，用量为 10～100 g/亩[*]，可有效矮化植株高度、缩短节间长度、增加茎秆粗度，并能增加穗的长度，提高千粒重和产量。

陈俊华等(2016)研究发现，5%调环酸钙泡腾颗粒剂可显著降低小麦株高，增大近基部小麦节间直径，并能提高小麦千粒重和产量。

7. 矮壮丰　矮壮丰是江苏省作物栽培技术指导站与扬州春泉生化科技有限公司联合开发的安全型增产抗倒伏化学调控剂。喷施在作物上，吸收速度快，加快作物对钾的吸收率，利于植物干物质积累，增强叶片光合功能，提高养分运转，并防止倒伏、抗早衰，增加作物产量。

杨云娣(2019)于小麦拔节期或拔节期和始穗期喷施矮壮丰可有效增加植株的穗长，第 1 节间茎径增粗，导致管壁增厚，节间长度缩短，能明显增加小麦的产量。

陈开平等(2016)分析了喷施不同剂量的矮壮丰对宁麦 13 化学调控效果及产量的影响。结果表明，矮壮丰主要作用于基部第 1、2 节间，对穗下节无影响，甚至会促进穗下节伸长，导致控高效果不明显，而矮壮丰和多效唑配合施用效果好。

李成等(2008)证明小麦喷施矮壮丰能直接起到控制小麦高度和防止小麦倒伏的作用。

8. 壮丰安　壮丰安是一种新型植物生长化学调节剂，由多效唑与缩节胺配制而成，两者比例为 1∶5，含 20%有效成分的乳油，主要用于防止小麦倒伏。它低毒、低残留，而且只缩短小麦基部节间长度，不影响整个株高，具有壮苗、促根、抗逆、防倒、增产等多种效果，可促进根系发育，提高根系活力，防止后期早衰和倒伏。

于运华等(1998)研究表明，壮丰安处理会减少冬小麦春生 1～5 叶片生物长度、宽度及叶面积。控制小麦前期疯长，能增加小麦旗叶的长度、宽度及叶面积，还会增加叶绿素以及可溶性蛋白的含量，能提高作物过氧化物酶、过氧化氢酶和超氧化物歧化酶活性，改善叶片的综合症状，改善小麦灌浆状况，最终实现产量的提高。

李华伟等(2015)研究表明，小麦返青期喷施壮丰安可有效降低小麦节间长度，增加茎秆粗度和充实度。

9. 苯醚甲环唑　苯醚甲环唑是三唑类低毒杂环杀菌剂，其分子式为 $C_{19}H_{17}C_{12}N_3O_3$。纯品为白色粉末，有轻微香味，原药为灰白色粉状物，易溶于有机溶剂，在土壤中移动性小，缓慢降解。苯醚甲环唑具有保护、治疗和内吸活性，杀菌谱广，是甾醇脱甲基化抑制剂，抑制细胞壁甾醇的生物合成，阻止真菌的生长。苯醚甲环唑还具有内吸传导的特点，渗透作用强，施药后 2 h 内，就会被作物吸收，并有向上传导的特性，可以保护新生的幼叶、花、果，可提高作物的产量，并保证品质。苯醚甲环唑具有耐雨水冲刷、药效持久的特点。

1989 年 Ciba-Geigy 公司在甲环唑的基础上开发出苯醚甲环唑，1999 年先正达公司首次登记了 10%苯醚甲环唑水分散粒剂，到 2005 年苯醚甲环唑的销售额为 1.35 亿美元，2007 年销售额为 1.95 亿美元，2016 年全球销售额为 3.30 亿美元。历年市场呈稳步增长的趋势。

杨涛等(2016)研究表明，在小麦灌浆中后期喷施苯醚甲环唑可以有效提高小麦籽粒内源

---

* 1 亩=666.67 m^2，下同。

激素 GA 的含量，调节小麦籽粒灌浆速率，延长了籽粒灌浆持续期，增加了小麦千粒重，提高了小麦产量。

赵伟(2014)在小麦灌浆中后期喷施25%苯醚甲环唑，能有效延长小麦茎、叶、穗的光合作用时间，达到很好的防病、增产作用。

10. 水杨酸(SA)　水杨酸又名柳酸，简称SA，其分子式为 $C_7H_6O_3$，相对分子量为138.12，纯品为白色针状结晶或结晶粉末，有辛辣味，易燃，见光变暗，在空气中稳定。微溶于冷水，易溶于热水、乙醇、丙酮，水溶液呈酸性，与三氯化铁水溶液生成特殊紫色。SA是一种植物体内含有的苯酚类植物生长调节剂，可被植物的叶、茎、花吸收，有相当的传导作用。

水杨酸最早是从柳树皮中分离得到的，称作柳酸，广泛用作防腐剂、媒染剂及分析试剂。它的衍生物乙酰水杨酸就是医学上常用的阿司匹林。

11. 劲丰　劲丰谷德(原名劲丰)是江苏徐淮地区淮阴农业科学研究所根据水稻生长发育规律及对生产上水稻倒伏因素主次关系的研究，突破传统控制水稻倒伏的技术框架，创新抗倒思路而研发的既增产又防倒的高科技新产品。劲丰是利用B族维生素与微量元素为主体复配研制的稻麦增产抗倒营养剂，其核心是使水稻中后期强根、壮秆、护叶、增粒、增重。产品的特点是延长后期功能叶时间，提高其光合效率，加速光合产物向穗部运输，增加千粒重，提高基部节间的充实度与膨压，使抗倒性大大提高。此外，在水稻始穗期应用劲丰谷德，既能抑制穗下节间长度，又不影响穗子的生长发育，克服了在不倒伏情况下使用化控剂引起减产的弊端，从而达到抗倒与增产的有机统一；可使水稻后期根系活性提高1倍以上，极大地改善后期的营养状况。目前该产品在江苏、浙江、安徽、黑龙江等省都有应用，使用技术简单，使用时期易掌握，操作方便，且在水稻中后期使用，可以减少肥料的使用量，节省成本，又能防止水稻早衰，明显增加水稻产量；提高水稻茎秆抗折能力，防止倒伏的发生。

劲丰谷德在小麦中后期使用，能延长上部叶片功能期，提高光合效率，减少基部养分向上输送，提高基部节间的充实度和膨压，同时可降低穗下节间长度，且对小麦生长无任何不良影响，达到了增产与抗倒的统一。

文廷刚等(2016)研究了劲丰对小麦各营养器官花后干物质积累动态、花前和花后干物质再转运及产量的影响。结果表明，劲丰处理能增强小麦灌浆期中后期上部功能叶片和节间的干物质积累，并促进其灌浆后期干物质转运。劲丰还能促进花前和花后两个时期暂贮干物质的输出，降低成熟期干物质在各个营养器官中的分配量和比例，促进干物质向籽粒分配，提高了籽粒产量、总生物量和收获指数。

杨文飞等(2011)研究在小麦后期应用劲丰的生物学效应。结果表明，抽穗喷施劲丰后，小麦株高降幅达到15%～20%，植株茎秆变粗，各节间缩短，节间壁厚增加，抗折力与充实度提高，小穗数、穗粒数以及千粒重增加，增产约为7%～9%。

12. 麦健　麦健(4.2%1-naphthylacetic acid AS)是河南省农业科学院小麦研究中心研制成功的新一代植物生长调节剂。主要用于小麦、水稻、花生等作物上，具有增产、抗逆、提高品质等多重功效。2003年正式登记为“麦健”。中式名：丰优素，研发代号：BN，系采用多种生物活性物质复合而成的新型安全、高效、广谱型植物生长调节剂，对小麦、蔬菜、大豆、油菜等作物具有明显的增产、提高抗逆能力和提高营养、加工品质的作用，同时具有价格低廉、使用简便、高效等特点。

麦健剂型先进，水溶性能好，施用后作物能迅速吸收，能显著提高作物的抗逆性，对冻害后弱苗恢复有显著的促进作用，可以增加小麦穗粒数和籽粒饱满度，显著提高产量。还可以提高小麦加工品质。

关立等(2007)研究了麦健(丰优素)对小麦产量因素及其容重的影响。结果表明，在灌浆盛期末喷施丰优素可显著提高小麦千粒重，对穗粒数、单穗重和容重也有不同程度的促进作用。田间观察还表明，喷施丰优素对延长小麦后期叶片功能、抵御干热风有一定作用。

邵运辉等(2009)研究表明，麦健施用在不同类型的小麦品种上，均有利于产量的增加，且碳、氮代谢更加合理，籽粒活性增强。

13. 脱落酸　脱落酸(ABA)又称脱落素，是一个15碳的倍半萜烯化合物，化学式为$C_{15}H_{20}O_4$，属于抑制生长的植物激素，因能促使叶子脱落而得名，广泛分布于高等植物中。纯品为白色晶体，难溶于水，易溶于甲醇、乙醇等有机溶剂。脱落酸有顺式与反式两种构型，只有顺式才有生理活性，顺式脱落酸对光敏感，在紫外光下慢慢变成反式，失去活性。

脱落酸由类胡萝卜素在质体中合成，并通过血管和薄壁组织扩散。脱落酸是一种植物生长抑制剂，它能促进种子发育和休眠。1963年，美国科学家从未成熟的棉桃中分离出一种能够促使棉桃早熟脱落和最终脱落的物质，称为脱落素Ⅱ。几乎同时，英国科学家也从桦树叶片中分离出一种能导致芽休眠的物质，称为休眠素。后来证实脱落素Ⅱ和休眠素是同一种物质，1965年确定其化学结构，1967年在第六届国际生长物质会议上统一称为脱落酸。

脱落酸具有多种生理功能，如使芽进入休眠状态、促使马铃薯形成块茎等，对细胞的伸长有抑制作用。它可以提高植物的抗旱和耐盐力，对开发利用中低产田以及植树造林、绿化沙漠等有极高的价值。

14. 矮壮素　矮壮素化学名称为氯化-2-氯乙基三甲基铵。是一种植物生长延缓剂。20世纪60年代开始，中国就已经采用矮壮素(CCC)来抗小麦倒伏。矮壮素纯品为白色或浅黄色结晶，有鱼腥味，可溶于低级醇，难溶于乙醚及烃类有机溶剂。矮壮素原粉易吸潮，易溶于水，遇碱分解，其水溶液性质稳定。矮壮素是赤霉素的拮抗剂，可经叶片、幼枝、芽和根系进入植物体内，使用矮壮素后，能有效控制植株徒长，缩短植株节间，使植株长得矮、壮、粗，促使根系发达，增强抗倒伏能力。同时可使作物的光合作用增强、叶绿素含量增多、叶色加深、叶片增厚，使作物的营养生长转化为生殖生长，从而提高某些作物的坐果率，改善品质，提高产量。矮壮素能提高植物根系的吸水能力，影响植物体内脯氨酸的积累，有利于提高植物的抗逆性，如抗旱、抗寒、抗盐碱及抗病害等能力。矮壮素可经由叶片、幼枝、芽、根系和种子进入到植物体内。因此，可以拌种、喷洒、浇灌。根据不同作物选择不同的施药方法，以期达到应有效果。

贺笑等(2018)研究了用矮壮素浸种对藜麦幼苗生长的影响。结果表明，3000 mg /L矮壮素处理藜麦幼苗的株高降低17.11%、茎粗增加60.14%、茎秆抗折力增加32.86%、根系活力增加19.52%、叶绿素含量增加49.43%、可溶性糖含量增加10.34%，为矮壮素浸种藜麦的最适质量浓度。

郭建芳等(2020)为明确不同浓度矮壮素对藜麦抗倒伏的应用效果，进行了不同浓度矮壮素对藜麦主要性状及产量的影响试验，分析各浓度与藜麦茎秆抗倒性、节间长度、倒伏表现率等性状的相关性。结果表明，喷施不同浓度的矮壮素对藜麦有一定的增产作用，其中，矮壮素浓度为1.00%～1.25%时，茎秆基部抗折力增加显著，植株较矮，节间缩短，根冠直径和茎秆直径增粗，倒伏指数下降明显。

15. 外源6-BA　外源细胞分裂素6-苄氨基嘌呤(6-BA)是第一个人工合成的细胞分裂素。

纯品为白色微针状结晶粉末，难溶于水，微溶于乙醇、丙酮等有机溶剂中，在酸、碱条件下稳定。可以被发芽的种子、根、嫩枝、叶片吸收；可以将氨基酸、生长素、无机盐等向处理的部位调运。可以抑制植物叶内叶绿素、核酸、蛋白质的分解；保绿防老，有促进生根、疏花疏果、保花保果，形成无籽果实、延缓果实成熟及延缓衰老等作用。目前 6-BA 在果树保花保果和促进花芽分化上大量应用。

王兴等(2013)研究了外源 6-BA 对小麦种子萌发及越冬期植株冻害的缓解作用。结果表明，外源 6-BA 可以提高小麦种子的发芽势和发芽率，减缓其分蘖节的膜质过氧化，同时可以降低部分小麦品种体内 GA 含量，提高冬麦抵御低温的能力。

杨东清等(2014)为了揭示持绿型小麦品种的灌浆特性和籽粒蛋白质含量对外源激素的响应，认识植物激素调控籽粒灌浆和蛋白质合成的作用机制，在小麦盛花期开始，连续 4 d 喷施 6-BA，发现持绿型小麦品种汶农 6 号的灌浆期(t3)、活跃生长期(D)、平均灌浆速率(G_{mean})、最大灌浆速率(G_{max})、千粒重(TGW)和产量(GY)均大于非持绿型济麦 20，且强势粒的各项灌浆参数均大于弱势粒。表明喷施外源 6-BA 使小麦内源激素水平变化，促进籽粒灌浆，增加粒重和产量，提高籽粒谷氨酰胺合成酶(GS)活性和蛋白质含量，改变蛋白质组分。

16. 缩节胺　缩节胺(Pix)，又称甲哌𬭩，纯品为无色或白色结晶，在潮湿的空气中易吸湿结块。含有效成分 90%的原粉外观为白色或灰白色结晶体，相对密度为 1.87。不可燃，不爆炸。50 ℃以下储存稳定期两年以上。有效成分 97%的原粉，外观为白色或浅黄色结晶，常温储存稳定期两年以上。属于低毒类植物生长调节剂。20 世纪 80 年代初期，由北京农业大学研发而成，是一类植物生长延缓剂，可延缓植物生长，使植物节间缩短、株型紧凑、叶色深厚、叶面积减少，并增强叶绿素的合成，可控制植株旺长。缩节胺还可以促进种子萌发，提高植物细胞膜的稳定性，增加植株的抗逆性。

任永峰等(2018)探究了缩节胺对藜麦农艺性状及产量的影响。研究结果表明，用缩节胺处理藜麦可以抑制植株叶面积的增长，使得藜麦茎秆增粗，效果较好。

黄春明等(1998)研究表明，在春小麦拔节初期喷施缩节胺，可以起到控制小麦株高节间长度，从而达到抗倒伏的目的。

17. 三十烷醇　三十烷醇，又称蜂花醇，是一种天然的长链植物生长调节剂，可从蜂蜡中或者植物蜡质材料中提取，纯品为白色鳞片状晶体。相对分子量为 438.8，相对密度为 0.777，难溶于水，在室温下水中的溶解度约为 10 mg/kg。难溶于冷乙醇、甲醇、丙酮，可溶于乙醚、氯仿、三氯甲烷，性质较稳定。

王菲菲(2018)探究了三十烷醇微乳剂对小麦生长和产量的影响，于小麦抽穗至扬花期喷施 2 次。结果表明，该药剂对小麦生长、增产的促进效果明显，在小麦"一喷三防"中具有广阔的推广应用前景。

王同岁(2019)也探究了 0.1%三十烷醇微乳剂对小麦生长及产量的影响，结果表明，0.1%三十烷醇微乳剂对小麦生长有很好的壮苗增产作用，而且安全无害，对有益生物无明显不利影响，可以在小麦生产上进一步示范推广。

姚维传等(2002)研究喷施三十烷醇对干旱胁迫下小麦苗期生长及产量的影响，结果表明，小麦二叶期喷施三十烷醇能促进小麦根系伸长，加大根冠比，还可以提高叶绿素含量，施用后可显著提高产量。

(二)施用时期、方法和效果

1. 多效唑　在麦苗1叶1心期、小麦起身至拔节前期每亩用15%的多效唑可湿性粉剂40 g,加水50 kg喷施,有增加小麦分蘖、控制茎秆徒长、增强光合作用、提高抗逆性等作用。多效唑的矮化效果与气温息息相关,气温高,矮化效果好,随着气温的降低,用量需增加。一般多效唑不易产生药害,但是如果用量过高,出现对小麦的生长过度抑制的现象,可增施氮或者喷施赤霉素来缓解。

2. 烯效唑　使用烯效唑拌(闷)种,可使小麦分蘖提早,年前的分蘖明显增多(平均单株分蘖0.5～1.0个),成穗率提高。用5%的烯效唑可湿性粉剂4.5 g,加水22.5 L,直接喷到麦粒上,边喷边搅拌,手感潮湿而无水流为宜,稍稍摊晾后直接播种。或者在容器内堆闷3 h后播种。也可在小麦拔节前10～15 d或者抽穗前10～15 d每公顷用5%烯效唑可湿性粉剂400～600 g加水400～600 L均匀喷施。注意用药量不可过高,抑制过度。烯效唑浸种发芽推迟8～12 h。另外,烯效唑使用浓度一般只有多效唑的1/10,温度高时,用药量增大。

3. 矮壮素　用于小麦浸种或拌种。使用0.3%～0.5%的矮壮素药剂浸泡小麦种子6～8 h,能提高小麦幼苗叶绿素含量和光合速率,促进小麦根系生长及干物质积累,增强小麦抗旱能力,提高产量;分蘖末至拔节初期喷施50%矮壮素水剂稀释的160～350倍液,每亩喷施100 kg,能有效控制茎基部第1～3节间伸长,使得小麦节间缩短、茎秆变粗、叶色变深,叶片变大、变宽厚,提高作物抗倒伏能力。小麦变矮壮的同时,不影响穗的正常发育,可实现17%的增产。但是要注意,不要在拔节以后施用,此时施用会影响穗的发育,易造成减产。此外,矮壮素施用不当,易造成幼穗发育推迟、小麦出粉率降低等问题。

4. 调环酸钙　在小麦、大麦拔节前5～10 d,每亩用有效成分3 g叶面喷施,节间明显缩短,表明调环酸钙可在作物体内移动,依次抑制新生节间的伸长,药效长达30 d左右。调环酸钙可使节间缩短、株高降低、抗倒伏能力增强,同时可以增加每穗的粒数,达到增产的目的。

5. 缩节胺　缩节胺与多效唑复配可以降低多效唑的使用剂量。生产上推荐使用3～6 mL/10 kg种子进行拌种。小麦拔节始期,施用200 mg/kg的缩节胺稀释液于叶面均匀喷施,能有效降低株高、增加茎秆强度、防止小麦旺长与倒伏、提高结实率、增加千粒重和产量。在小麦返青拔节前(3～4叶期),每亩用25～30 mL,20.8%的缩节胺和烯效唑微乳剂进行叶片喷施处理后能降低小麦茎基部1～3节间长度,增加干物质重量,提高了茎秆的质量,有利于旗叶光合作用和利用茎秆干物质再分配,实现8%～13%的增产。注意施用过迟,容易引起药害。如果施用3 h内降雨,则影响药效,且不能与碱性农药混用。

6. 麦业丰　于小麦播种前用20%麦业丰乳油2～4 g兑水0.5 kg搅匀后拌种10 kg,晾干后播种,可使小麦幼苗鲜重增加10%～25%,根系粗、长,叶片肥、厚。三叶期喷施麦业丰,越冬前次生根增加2～3条,分蘖平均增加1～2个。冬前分蘖始期,每亩用20%麦业丰乳油25～30 g兑水30 kg,于叶面均匀喷施,旺长田麦业丰量可增加至40 g,能有效防止麦苗旺长。小麦起身期,每亩用20%麦业丰乳油35～50 g兑水30 kg,于叶面均匀喷施,旺长田麦业丰量可增加至60 g,可显著缩短近基部第1、2节间,但穗下节间延长,可调整株型,利于通风,既不影响小麦整体高度,又能有效抗倒伏,后期小麦成穗率、结实率提高,光合作用增强,千粒重显著提高。注意要把握好施用时期,春季施用不超过拔节始期,否则会抑制中上部节间的正常伸长和幼穗分化,造成减产。喷雾要均匀,重喷和漏喷均不利于药效发挥。

7. 麦巨金　在小麦返青期、起身期或拔节初期使用,每亩用30 mL兑水30 kg均匀喷雾,施用一次，就可以全面调节小麦苗期生长，有效控制基部1～3节间长度，提高茎秆厚度和弹性，促进分蘖，培育壮苗，施用后小麦根系发达，叶片增厚，颜色浓绿，抗倒伏，抗干旱效果得到明显改善。同时，麦巨金还可以调节小麦营养生长和生殖生长，增强光合能力和同化物向籽粒运输，促进和加快灌浆，全面改善产量构成因素，在不降低品质的基础上，有效改善小麦穗部性状，使得麦穗整齐，亩穗数、穗粒数和千粒重显著提高，平均增产15%～25%。干旱、苗弱的小麦田，可每亩20 mL减量施用。麦巨金克服了多效唑和矮壮素等产品残留高、表皮增厚等不良后果，减少对后茬作物的危害。

8. 麦健　于小麦返青期、灌浆期施用，尤以扬花后一周内使用效果最佳，每亩用量50 mL原液兑水30～40 kg，全株均匀喷洒，以麦穗和上部叶片为重点。具有增加营养物质积累和产量、提高植株抗逆能力和加工品质等多重作用。注意喷施时应选择晴朗无风天气进行，若6 h内遇降雨应即时补喷。

9. 6-BA　于小麦播种前用6-BA 100倍液浸种16～24 h后捞出，晾至半干即可播种，结合苗期叶面喷施，可显著提高种子发芽率，促进分蘖，增加有效穗数、穗粒数和千粒重，能有效提高小麦亩产量。使小麦每亩苗数增加13.1%，增产率达13.4%。注意严格按照规定浓度使用，以免产生副作用。

10. 三十烷醇　小麦播种前用0.2～0.5 mg/kg的三十烷醇溶液浸种4～12 h，一般每15 kg麦种喷三十烷醇1L，喷后堆起，闷种2～4 h后晾干，即可播种。用三十烷醇处理小麦种子可提高种子中酶的活性，促进酶的代谢，有利于物质运输，为生长发育提供了能量，提高了发芽势，使出苗早而整齐，增加分蘖，使得小麦根系发达，吸肥力强，单株分蘖增多1.2个，每亩增穗1.8万穗，增产4.3%～7.1%。注意严格按照规定浓度使用，以免产生副作用，三十烷醇可与杀虫、杀菌剂混用。

二、施用于玉米

(一)常用种类

常用于玉米的化学调控剂种类众多，如玉米健壮素、玉黄金(胺鲜酯)、矮壮素、高玉金、丙·莠·滴丁酯、乙烯利、聚糠萘合剂、乙矮合剂(乙烯利＋矮壮素)、外源激动素(KT)、外源24-表油菜素内酯、多效唑、外源亚精胺、叶面宝等。

1. 玉米健壮素　玉米健壮素是一种植物生长调节剂的复配剂，呈液态，无色、透明，无残留，对玉米籽粒无不良影响。主要成分以乙烯利为主剂，并与多种植物生长营养物质组成复合制剂，为无色透明酸性液体状(pH<1)，能溶于水和乙醇，具有轻度腐蚀性。遇碱性物质发生化学反应，生成磷酸盐并放出乙烯，同时失去药效。喷施后易被玉米叶片吸收。

玉米健壮素是江苏徐淮地区淮阴农业科学研究所研制的。李敏等(2007)的研究证明，使用玉米健壮素后，能有效降低株高30～60 cm，降低穗位15～20 cm，茎秆增粗0.1～0.2 cm，使得植株株型矮健，增强了植株抗倒伏作用。同时植株叶片增厚、叶面变宽，叶色浓绿，叶绿素含量和光合速率明显提高。还能改善根系状况，营养根增多10条以上，气生根增加13～20条。另外，喷施玉米健壮素后，叶鞘变短，叶角变小，玉米群体光照条件得到改善，形成群体大、个体小的群体结构。秸秆硬度增加，能有效改善玉米棒秃尖缺粒的问题，促进早熟，起到有利于抗倒伏和增产作用。

申占保(2013)的研究表明，对于玉米品种浚单20而言，在大喇叭口期喷施玉米健壮素，能有效降低玉米的株高、穗位高，对防止玉米倒伏的作用明显，但不利于生殖生长，会导致减产。如果喷施过晚，可以实现增产，但是防止倒伏作用不明显。

2. 玉黄金　玉黄金是一种植物专用型植物生长调节剂。它的主要成分是30%胺鲜酯和乙烯利的水剂。该产品由浩伦农业科技集团与中国农业大学作物化控中心共同研发，是目前国际上最新型、应用最广泛的玉米专用型植物生长调节剂。施用后，能提升玉米光合作用速率和植物酶的活性，可以促进植株根系生长，气生根数目增加，茎秆变短、变粗，植株整体矮化，防止倒伏。同时，能提高玉米抗病、抗寒、抗旱、抗倒伏等综合能力。每亩使用20 mL就可以对玉米生长、发育、开花、结果起到很好的调节作用，使用后玉米亩增产100～200 kg，平均亩产可提高20%以上。

魏湜等(2015)研究表明，玉黄金能缩短玉米节间长度、降低株高和穗位、提高抗倒伏性能；玉黄金处理后明显改善茎部性状，增强玉米抗倒性能，茎秆性状优化有利于营养物质和水分向地上部运输，提高茎秆对穗部性状和籽粒产量的贡献率。

席凯鹏等(2017)研究了不同浓度玉黄金对不同种植密度条件下玉米抗倒性及产量的影响，结果表明，玉黄金处理显著降低了玉米株高和穗位高，显著增加了茎粗，增强了玉米抗倒性，种植密度、玉黄金浓度以及2个因素的互作，均对玉米产量有极显著的影响，即随着密度增加产量增高。

3. 矮壮素　矮壮素(CCC)是一种季铵盐类植物生长调节剂。分子式为$C_5H_{13}C_{12}N$。外观为白色结晶，有鱼腥臭，易潮解。易溶于水，在常温下饱和水溶液浓度可达80%左右。不溶于苯、二甲苯、无水乙醇，溶于丙醇。在中性或微酸性介质中稳定，在碱性介质中加热能分解。矮壮素是一种优良的植物生长调节剂，可用于小麦、水稻、玉米等作物，抑制作物细胞伸长，但不抑制细胞分裂，能使植株变矮、茎秆变粗、叶色变绿，可使作物耐旱耐涝，防止作物徒长倒伏，抗盐碱。

矮壮素1957年由美国氰胺公司开发。1964年中国上海农药所进行合成，商品为50%或40%液剂。陈育华(2015)通过试验证明，玉米应用密高(高密度玉米专用施矮壮素)可促进玉米矮化，防止后期倒伏，对提高产量、增加效益有明显效果。玉米田施用密高可使玉米增收123.8 kg/亩，增产16.67%。增产因素主要表现在穗粒数增加、千粒重提高。增产机理在于玉米喷施矮壮素后降低了植株高度，减少了玉米植株内的养分消耗，使玉米地下根系数增加，增强了玉米根系对土壤水分、养分的吸收，使玉米籽粒数的分化增加。籽粒的灌浆有充分的水分、养分供应，增强抗旱能力与抗倒性能，从而达到增重、增产的效果。

马葵阳等(2005)试验结果表明，玉米在13～14片叶(大喇叭口时期)喷施矮壮素1∶1000倍液，经济效益高，投入产出比大(1∶50倍)，方法简单易行，值得推广应用。

马正波等(2021)研究表明，矮壮素配合氮肥全基施对华北夏玉米氮素利用具有明显的促进效应，说明经矮壮素处理后，不仅可以提高玉米生育期内功能叶硝酸还原酶、谷氨酰胺合成酶、谷氨酸合成酶和可溶性蛋白含量，还能明显促进玉米氮素代谢，实现玉米增产效应。

4. 乙烯利　乙烯利是一种有机化合物，分子式为$C_2H_6ClO_3P$，为白色针状结晶，易溶于水、甲醇、丙酮、乙二醇、丙二醇，微溶于甲苯，不溶于石油醚。用作农用植物生长刺激剂。乙烯利是一种优质高效植物生长调节剂，具有促进果实成熟、刺激伤流、调节部分植物性别转化等效应。20世纪70年代中期，上海植物生理研究所首先推出乙烯释放物质乙烯利

(CEPA)的研究成果,北京农业大学等先后应用乙烯利在促进水稻、小麦、棉花等作物成熟上获得成功。

夏玉米抗倒伏性能受多因子共同作用,增加种植密度会导致倒伏率上升,喷施乙烯利可显著提高茎秆强度和基部节间木质素合成与积累,提高抗倒伏性能。耿文杰等(2022)证明浚单20(玉米品种)种植密度为90000株/hm^2时喷施乙烯利对木质素代谢和抗倒伏性能的改善作用最显著,产量最高。

刘文彬等(2017)通过试验说明了乙烯利主要是促进型调节剂,促进蛋白质和核酸的合成,在促进作物根系生长、调控株型结构、提高抗逆能力和增加产量等方面具有明显的作用。

5. 聚糠萘合剂　聚糠萘合剂(PKN)是聚天冬氨酸、激动素和萘乙酸的复配剂,属于植物生长促进剂类,可显著提高作物的抗逆性。PKN是一种抗冷调节剂,是针对东北春玉米产区的低温冷害特点而研制的。

裴志超等(2014)施用聚糠萘合剂,显著增强了玉米茎秆自身的性状,改善其力学性状,使其可以耐受更高的外力胁迫,从而有效地实现抗倒伏。同时灌浆后期聚糠萘合剂促使玉米茎秆中的养分向穗部转移,对穗部供应更加充分,穗部性状得到了显著改善,实现了抗倒伏性与丰产性的协同表达。

解振兴等(2010)用聚糠萘合剂处理玉米植株,株高和穗位高不同程度地降低。随施氮量的增加,PKN处理基部节间长缩短,但在不施肥情况下对基部节间长度表现为促进作用。茎粗较对照增加,在450 kg/hm^2氮肥处理下茎粗增加了1.9 mm。PKN处理提高了不同施肥水平下的玉米叶片的叶绿素含量和叶面积指数,尤其在灌浆期到成熟期。叶绿素含量在不施氮肥和150 kg/hm^2的水平下比对照分别高出12.0%和24.3%,叶面积指数在150 kg/hm^2的水平下比对照高0.82。

6. 乙矮合剂(乙烯利+矮壮素)　乙矮合剂(Ethylene-Chlormequat-Potassium,主要成分:乙烯利和矮壮素)是一种抗倒伏增产调节剂。乙矮合剂由中国农业科学院作物科学研究所栽培生理实验室研制。

李玲等(2007)用乙矮合剂处理玉米植株,与对照相比,玉米的株高降低10.1～15.8 cm,穗位高降低10.6～32.8 cm,穗高比幅度0.5～1.2。说明乙矮合剂降低了玉米植株的重心,增强了玉米的抗倒伏能力。与对照相比,吉单209(玉米品种)茎秆密度的增加幅度为0.244～1.862 mg/cm^3,郑单958(玉米品种)茎秆密度增加幅度为0.496～1.374 mg/cm^3。表明乙矮合剂能增加玉米茎秆的密度,提高茎秆的强度,减小玉米茎倒伏的概率,提高抗倒伏能力。

卢霖等(2015)用乙矮合剂处理夏玉米,在7.5万株/hm^2、9.0万株/hm^2、10.5万株/hm^2密度下,2013年和2014年中单909(玉米品种)千粒重的增加幅度为0.95%～6.99%,有效穗数的增加幅度为2.04%～13.01%;浚单20(玉米品种)在2013年生长季有效穗数增幅为7.17% ～51.02 %,2014年有效穗数的增幅为4.31%～5.91 % ,2年千粒重的增幅为1.33 %～ 5.96 %。该实验使有效穗数和千粒重增加从而提高产量。

7. 外源激动素(KT)　激动素是一种内源的细胞分裂素,化学名称为6-糠基氨基嘌呤(或N6-呋喃甲基腺嘌呤),分子式为$C_{10}H_9N_5O$。不溶于水,溶于强酸、碱及冰醋酸中;除具有促进细胞分裂的作用外,还具有延缓离体叶片和切花衰老、诱导芽分化和发育及增加气孔开度的作用。

1955年,美国科学家斯库格(F·S·Skoog)等在做烟草髓部组织培养时,发现酵母提取液可以促进植物细胞分裂，后来证实起作用的为脱氧核糖核酸分解产物，并分析出其成分，即激动素。

李小艳等(2013)研究表明，激动素对玉米的株高、穗位节茎粗均有影响。4 mg/L、8 mg/L 的激动素使玉米株高分别提高了 11.6%、10.3%，穗位节茎粗分别增加了 8.1%、14.5%。4 mg/L、8 mg/L 的激动素可使玉米成熟期叶片中叶绿素分别增加 14.5%、11.9%，使可溶性蛋白分别增加 38.5%、49.9%。蛋白质水解加速和叶绿素逐渐丧失是植物叶片衰老明显的特征，这说明激动素延缓了玉米叶片的衰老。

李东等(2017)证明 KT 处理，降低了春玉米叶片淀粉含量和总淀粉酶活性，增加了叶片蔗糖和可溶性糖含量，这说明此阶段调节剂处理能够加快叶片内淀粉的分解，利于产生更多的蔗糖运输到籽粒中。叶面喷施 KT 显著增加了春玉米的穗重、粒重、穗行数、行粒数和单粒重，最终提高了玉米籽粒产量。

8. 外源 24-表油菜素内酯　油菜素甾醇(brassinolide，BR)是植物中最早发现的一类甾醇类激素，参与调控植物多方面的生长发育过程，在促进种子萌发、幼苗生长、提高光合作用效率、延迟器官衰老和提高抗逆性等方面具有重要的调节作用。商用较多是 24-表油菜素内酯(24-epibrassinolide，EBR)，能显著提高植物的抗逆性。

闫慧萍等(2016)研究了外源 EBR 对玉米种子萌发的影响。结果表明，外源 EBR 可有效促进盐和低温胁迫下玉米种子的萌发和幼苗生长，增加玉米幼苗生物量积累，提高盐和低温胁迫下玉米叶片中抗氧化酶活性，降低其体内活性氧含量，减少胁迫下电解质外渗，从而减轻盐和低温对植株造成的伤害。

赵小强等(2021)用 18% PEG-6000 模拟干旱胁迫处理(DS)下施加 1.0 mg/L 外源 EBR(DS+EBR)后，发现青贮玉米品种的苗长和苗鲜重均会显著升高($P<0.05$)，是 DS 处理下的 1.08～1.18 倍和 1.12～1.23 倍。说明施加外源 EBR 能改善不同环境(正常供水和干旱胁迫)下青贮玉米幼苗的生长，以维持其正常的生理代谢进程，且外源 EBR 对干旱胁迫下青贮玉米的干旱缓解能力更强。

9. 多效唑　多效唑是一种植物生长调节剂，具有延缓植物生长、抑制茎秆伸长、缩短节间、促进植物分蘖、增加植物抗逆性能、提高产量等效果。多效唑是 20 世纪 80 年代研制成功的三唑类植物生长调节剂，是内源赤霉素合成的抑制剂。也可提高水稻吲哚乙酸氧化酶的活性，降低稻苗内源 IAA 的水平。明显减弱稻苗顶端生长优势，促进侧芽(分蘖)滋生。适用于水稻、麦类、花生、果树、烟草、油菜、大豆、花卉、草坪等作物，使用效果显著。多效唑(Multi-effect Triazole，MET)是英国帝国化学公司出的一种高效低毒的植物生长延缓剂和广谱性杀虫剂。

宁淑香等(1999)研究表明，多效唑处理玉米后，由于植株体内赤霉素和 IAA 含量减少，使细胞体积小于对照，细胞质相对浓缩，从而使细胞保水能力增强。经多效唑处理后，植株叶片叶绿素含量和光合强度在干旱条件下均明显高于对照，这可能是通过保护叶绿体膜系统的正常结构和功能实现的，从而使植株在水分胁迫条件下保持了较高的光合强度，增加了植株的抗旱能力。

朱林波等(2014)研究结果显示，施用 600 mg/L 多效唑处理增加玉米幼苗地上部和地下部的生物量，分别增加了 28.2% 和 44.2%，显著高于对照。

王娟(2014)用多效唑处理玉米，结果分析表明，在玉米第 9 片叶时，对其喷施 500 倍液多效唑溶液，对玉米的株高、穗位具有明显降低作用，而且茎粗也有所增加，从而提高了玉米的抗倒伏能力，对玉米起到了增产作用。

10. 外源亚精胺　亚精胺(spermindine,Spd)，又称三盐酸亚精胺，是一种多胺。广泛分布在生物体内，是由腐胺(丁二胺)和腺苷甲硫氨酸生物合成的。Spd 能有效缓解多种非生物胁迫对植物体造成的伤害，如低温胁迫、盐胁迫、干旱胁迫、低氧胁迫、淹水胁迫、重金属和高温胁迫等。荷兰科学家列文·虎克早在 1678 年就已从人的精液中得到了磷酸精胺结晶，1888 年德国化学家 Albert Ladenburg 和 Abel 首先将其称为"精胺"。

李丽杰等(2015)研究表明，与单纯干旱处理相比，干旱胁迫下进行外源 Spd 处理，先玉 335(玉米品种)的地上部干重与鲜重、根部干重与鲜重和株高分别增加了 16.7%、36.9%、12.3%、29.3%和 11.8%，而丰禾 1 号(玉米品种)则分别增加了 31.2%、40.6%、21.7%、33.5%和 19.1%。可见，外源 Spd 能有效缓解干旱胁迫对玉米幼苗尤其是不耐旱品种丰禾 1 号生长的抑制作用。干旱胁迫 36 h 和 60 h 时，外源 Spd 处理下先玉 335 相对于 PEG 处理相对含水量分别提高 3.6%和 9.6%，而丰禾 1 号则提高了 4.7%和 19.3%。这些结果表明，外源 Spd 具有减缓叶片失水的作用。

僧珊珊等(2012)研究发现，喷施外源 Spd 后，玉米产量明显增加，且不同品种在不同生育阶段的增产幅度不同，其中 DH662(玉米品种)在苗期、穗期和花粒期控水 2 d 后叶面喷施外源 Spd (T2)，产量分别比淹水 2 d(T1)增加 16.3%、9.4%和 4.6%，XD20(玉米品种)则分别比淹水 2 d(T1)增加 10.8%、7.7%和 3.8%，以苗期和穗期处理间产量增加显著。表明淹水胁迫对玉米苗期的产量影响最大，且外源 Spd 对玉米苗期的调控效应最明显。

11. 叶面宝　叶面宝是新型多效植物生长调节剂，内含植物生长所必需的养分和促进生长的调节剂等成分，具有促进花芽提早分化、增粗茎秆、抗倒伏、使用安全、成本低等特点。喷施植物后，能促进其呼吸作用，增强新陈代谢活化功能，提高植物对养分的运转能力和吸收能力。1983 年由广西化工研究院研制。

姜书贤等(1991)研究夏玉米喷施叶面宝增产效果。实验表明，拔节期喷施叶面宝，玉米的穗行数和穗粒数明显增加，喷 10000 倍液、6000 倍液和 15000 倍液，穗粒数分别较对照增加 40 粒、30 粒、35 粒。抽雄前和灌浆期喷施 10000 倍液叶面宝能使千粒重明显增加，抽雄前喷施的提高 7 g，灌浆期喷施的提高 10 g。目前叶面宝对玉米起作用的有关研究相对较少，但从黄献洪等(2009)、田长录等(2009)和蒋双静等(2000)研究的叶面宝对蚕桑、樟子松、夏栽生菜等植物的相关数据来看，叶面宝具有增产、促进苗高和地径的生长、降低成本等特点。

12. 缩节胺　缩节胺是一种人工合成的植物生长调节剂。其作用效果对植物营养生长有延缓作用，缩节胺可通过植株叶片和根部吸收，传导至全株，可降低植株体内赤霉素的活性，从而抑制细胞伸长，顶芽长势减弱，控制植株纵横生长，使植株节间缩短，株型紧凑，叶色深厚，叶面积减少，并增强叶绿素的合成，可防止植株旺长，推迟封行等。缩节胺能提高细胞膜的稳定性，增加植株的抗逆性。

Ahmad(2020)研究结果表明，缩节胺通过增强玉米基部茎壁穿刺强度和茎秆抗折力，增加干物质密度、茎秆直径和木质素的积累，从而增强了茎秆的机械强度，获得了较强的抗倒伏能力。同时茎秆抗折力和茎壁穿刺强度与植株倒伏率之间存在显著的负相关关系。此外，缩节胺处理后玉米植株高度较对照明显降低，并且随处理浓度增加，玉米倒伏率、株高、节间长和重心高度均呈现降低的趋势。说明缩节胺处理增强了茎秆木质素含量及其相关酶的活性，最终获得了较高的玉米籽粒产量，其中以 2.0 g/kg 浓度的处理效果最好。

李建华(1998)在玉米小喇叭口期喷施缩节胺后，与未喷施相比，其株高明显缩短，节数减少，株高缩短 20 cm，节数少 2 节。由于喷施缩节胺后的玉米植株缩短、节数减少、茎秆变粗，提高了抗倒伏能力，叶片变大色浓，增强了光合作用，增强了光合产物从而也提高了单位面积的产量。据测定，喷施缩节胺，玉米亩产 780 kg，未喷施亩产 709 kg，喷施后亩增产 71 kg，增产 10%。

13. 玉米壮丰灵　玉米壮丰灵是一种玉米专用型促控结合的植物生长调节剂，由几种植物生长调节剂复配而成。该产品可使玉米茎增粗，根系发达，增强吸收和光合能力，适度控制过旺的营养生长，使株高、穗位降低，叶片收敛，塑造理想的丰产株型。

于佩锋等(2004)研究表明，玉米壮丰灵矮化玉米植株、降低穗位效应最明显，株高比对照降低 47 cm、穗位降低 14 cm，增产最显著为 21.6 %，百粒重增加较明显，比对照增加 2.5 g。从综合效果分析，玉米壮丰灵抗倒能力强，空秆率低，成熟提早 4～5 d。

李世民等(2011)在玉米上喷施芸苔乙烯利(玉米壮丰灵)，发现株高比对照低 49.2 cm，穗位降低 21.2 cm，气生根多 0.4 层，茎粗增加 0.2 cm。穗长比对照增加 0.9 cm，行粒数增加 2.2 粒，百粒重增加 1.3 g，水分降低 2.8 个百分点，公顷产 11526.0 kg，比对照增产 987.0 kg，增产 9.4%。

14. 胺鲜酯　胺鲜酯是美国科学家于 20 世纪 90 年代发现的具有广谱和突破性效果的高能植物生长调节剂，化学式为 $C_{12}H_{25}NO_2$。胺鲜酯能提高植物过氧化物酶和硝酸还原酶的活性，提高叶绿素的含量，加快光合速度，促进植物细胞的分裂和伸长，促进根系的发育，调节体内养分的平衡。

王晨霞等(2020)试验明确了胺鲜酯对玉米种子的促进作用，施用胺鲜酯后，玉米的发芽势、发芽率、发芽指数和活力指数均显著大于对照组。浓度为 8 mg/L 的胺鲜酯对玉米种子的作用效果明显，其胚根长和胚轴长分别比对照增加 15.8%和 20.2%。

聂乐兴等(2010)用胺鲜酯处理玉米植株，提高了玉米各个生育时期功能叶片的谷氨酰胺合成酶(GS)活性，在灌浆期以前差异最为显著；叶片中硝酸还原酶(NR)活性控制着整个同化进程，其强弱在一定程度上反映了光合、呼吸及蛋白质合成和氮代谢活性，胺鲜酯处理提高了玉米功能叶 NR、GS 活性，为玉米同化物积累和高产提供了保证。由实验数据可以看出，胺鲜酯在不同时期处理在穗长与对照相差不大的情况下，减少了秃尖长，增加了行粒数，表明在相同的种植密度条件下，胺鲜酯不同时期处理对单株产量、总体产量均有增产作用。

15. 吨田宝　吨田宝调节剂是针对中国春玉米栽培土壤干旱、土地瘠薄地区，在玉米生长中长期存在的不抗倒伏、秃尖、空秆三大技术难题研究出的一种新型玉米抗逆、增产、抗倒伏专用系列调节剂、调理剂产品。吨田宝为中国农业科学院作物科学研究所国家发明专利产品。

景先尤(2018)研究了不同浓度吨田宝施用对玉米生产的影响，通过 5 个处理小区的试验可以看出，随着喷施浓度的增加，玉米产量也随之增加，喷施 1 次、2 次、3 次、4 次分别比不施吨田宝每公顷增产 367.5 kg、468 kg、1101 kg、1500 kg，增产 3.9%、4.9%、11.6%、15.8%。

樊海潮等(2017)试验结果表明，KP 和吨田宝处理都不同程度地降低了株高、穗位高、穗高系数、重心高度以及基部节间长度，而增加了茎粗和茎粗系数，这些玉米形态性状的改变都提高了玉米茎秆的抗倒伏能力。

(二)施用时期、方法和效果

1. 玉米健壮素　在1%玉米抽雄点，每亩用玉米健壮素250 mL(600～800 mg/kg)叶面喷施。施用能够有效抑制玉米秸秆节间伸长，促使茎秆增粗、根系发达，增强玉米抗倒伏能力，缩短生育期，提高百粒重。注意只适合在玉米株高超过2 m的品种上使用，只需要喷一次药，喷雾要均匀。长势弱和株型矮的品种不适用，不能与碱性农药及化肥混用，要随配随用。

2. 玉黄金　在玉米拔节初期，当玉米长到8～10叶期，植株高度为0.6～1.0 m时，喷施效果最佳。可喷施两次，第二次在穗分化之前喷施，此次用量为第一次喷施量的2/3。尽量在早上或晚上喷施，此时玉米叶片不打卷，喷施效果最佳。如喷施后5 h内遇大雨可重喷，但需减少用药量。

3. 矮壮素和玉米健壮素两期化控　在玉米拔节前，叶龄指数为30%的时候，每亩使用矮壮素150～200 mL兑水30 kg进行叶面喷雾，控制株高，使植株生长健壮，增强植株抗倒性；在玉米11叶1心时，叶龄指数在50%～60%的时候，使用玉米健壮素20～30 mL兑水15～20 kg，叶面均匀喷雾。

4. 乙烯利　在拔节期，每亩用乙烯利450 mL进行叶面混合喷施处理，可提高玉米孕穗期叶片中叶绿素含量，同时，蔗糖含量显著增加，增强了玉米孕穗期叶片光合产物的供给，显著缩短了收获期玉米秃尖长，并显著提高了玉米穗长、穗粒数和产量。

5. 聚糠萘合剂　在分苗期（4展叶）和大喇叭口期（12展叶），每亩施入氮肥150 kg(1000 mg/kg)，可提高不同施肥水平下的玉米叶片的叶绿素含量和叶面积指数，叶面积指数在150 kg/hm^2的水平下比对照高0.82，表明聚糖萘合剂处理可以在氮肥供应水平低时延缓玉米叶片的衰老。

6. 乙矮合剂　拔节期喷施900 mL/hm^2乙烯利和矮壮素螯合生长调节剂(康丰利，KFL)，调节剂与水的浓度比例为1∶500。有效降低谷子株高，增加茎粗、茎秆强度、茎秆维管束数量和机械组织厚度，提高植株抗倒伏能力，同时提高叶片SPAD值、叶面积指数、叶片光化学性能、干物质重，从而提高产量。

7. 外源激动素(KT)　于7叶期进行叶面喷施调节剂，每亩KT喷液量为450 L(浓度20 mg/L)。叶片蔗糖和可溶性糖含量比对照分别增加84.64%；喷施调节剂后第21～30 d，KT降低了叶片淀粉含量和淀粉酶活性，叶片淀粉含量下降幅度为0.16%～31.10%，淀粉酶活性下降幅度为7.58%～45.83%。可见，叶面喷施KT可以提高玉米产量，促进叶片生育后期的生理活性，延缓叶片衰老。

8. 外源24-表油菜素内酯(EBR)　萌发和早期幼苗，EBR处理浓度10 μmol/L。EBR浸种处理后，种子的发芽势、活力指数和幼苗鲜质量均显著高于未经EBR预处理的，分别比未经EBR预处理提高22.2%、14.1%和9.1%。经EBR预处理的种胚的一氧化氮(NO)水平分别比未经EBR预处理的升高85.7%、37.9%、24.4%和22.7%。

9. 多效唑　处理在拔节期（7～9片叶）喷施，每次每公顷喷施药液675 L(300 mg/L和600 mg/L)。能改善玉米的群体结构，提高光能利用率；施用300 mg/L和600 mg/L多效唑处理玉米幼苗叶绿素b含量及叶绿素a+b含量均显著增加，叶绿素b含量分别增加66.7%和64.9%，叶绿素a+b含量分别增加35.1%和65.3%，说明多效唑增加了玉米的叶绿素含量；促进玉米幼苗的生长，降低玉米幼苗重金属含量，提高其对重金属的耐性。

10. 外源亚精胺　当幼苗 2 叶 1 心时，对叶片喷施 0.4 mmol/L 亚精胺。亚精胺处理缓解了冷胁迫导致的玉米叶片叶绿素含量的下降，降低了电解质外渗和 MDA 含量，提高了玉米幼苗叶片脯氨酸和可溶性糖含量，显著提高了抗氧化酶 SOD、CAT 和 GR 的活性；显著提高了冷胁迫下玉米叶片中 Hsp70 和 Hsp90 的基因表达水平和蛋白含量。

11. 叶面宝　每亩喷施叶面宝 50 kg。以拔节期喷施效果最佳，平均亩产 491.3 kg，比对照(清水)增产 8.5%；以喷施 10000 倍液效果最佳，平均亩产 491.3 kg，比对照增产 8.5%。拔节期喷施叶面宝使玉米的穗行数和穗粒数明显增加，较对照增加 0.7 行和 40 粒，千粒重增加 7～10 g。

12. 缩节胺　玉米处于小喇叭口期时喷缩节胺，每亩喷 10 g。玉米小喇叭口期喷施缩节胺后，与未喷者相比，其株高明显缩短，节数减少；由于喷施缩节胺后的玉米植株缩短、节数减少、茎秆变粗，提高了抗倒伏的能力，叶片变大色浓，增强了光合作用，增加了光合产物，从而也提高了单位面积的产量。

13. 玉米壮丰灵　在玉米大喇叭口后期(抽雄前一周)，每公顷喷施玉米壮丰灵 525 g。喷施的处理，株高比对照低 49.2 cm，气生根多 0.4 层，茎粗增加 0.2 cm；穗长比对照增加 0.9 cm，行粒数增加 2.2 粒，百粒重增加 1.3 g，水分降低 2.8 个百分点，公顷产 11526.0 kg，比对照增产 987.0 kg，增产 9.4%。

14. 胺鲜酯　于玉米 6 叶期在叶面喷施 8%胺鲜酯(每公顷取 300 mL 胺鲜酯，用 450 kg 水稀释，均匀喷施于叶面)。喷施胺鲜酯后，玉米茎秆弹性模量、抗弯折强度、穿刺强度和抗压强度均显著增加；茎秆纤维素、半纤维素和木质素含量分别提高 7.0%～9.2%、9.2%～14.0%和 7.9%～12.9%；且缩短了第 3 节节间长，增加茎粗，降低玉米株高；在玉米种植高密度下喷施胺鲜酯的效果增加。

15. 吨田宝　喷施时间为 6 展叶期，吨田宝用量为 50 mL/亩，用喷雾器人工茎叶喷雾，喷液量 15 kg/亩。随着喷施浓度的增加，玉米产量也随之增加，最高增产幅度达 1500 kg/hm^2，增幅达 15.8%；喷施吨田宝后各处理的株高和穗位比清水(CK)都有不同程度的降低，穗长、穗粗和茎粗等方面都优于清水；喷施抗倒型吨田宝的处理，在根量和气生根方面，明显好于对照。

三、施用于水稻

(一)常用种类

1. 多效唑　多效唑是一种抑制型三唑类植物生长调节剂，具有延缓植物生长、抑制茎秆伸长、缩短节间、促进植物分蘖、增加植物抗逆性能、提高产量等效果，是内源赤霉素合成的抑制剂，主要通过根系吸收。

徐富贤等(2020)研究了多效唑对杂交中稻群体产量和抗倒伏性的影响。结果表明，随着施氮量和移栽密度的增加，稻谷产量增加，倒伏风险增加。施用多效唑后植株抗力增强，但产量因穗粒数下降而减产。在不同施肥处理下施用多效唑对产量影响各异，即低施氮量下因穗粒数减少而减产，中施氮量下产量差异不显著，高施氮量下则因植株未倒伏、籽粒灌浆结实正常，较未施多效唑处理植株发生倒伏后的结实率和千粒重高而增产。因此，肥力水平高和施氮量高的稻田于最高苗期施用多效唑有利于高产和控制后期倒伏。

顾春军等(2018)研究了多效唑对籼粳稻浦优 201 株高及产量的影响，从控高率来看，喷施多效唑≥675 mg/L，为敏感浓度，主茎节间数为4个；喷施多效唑<675 mg/L，属于钝感浓度，主茎节间数为5个；从水稻干物质积累量来看，第3节达到最大，主要积累在前3节。从生育期来看，敏感浓度处理有不同程度的影响，多效唑处理浓度高，生育期延迟。

2. 外源激素复配剂　很多植物生长调节剂在植株生长过程中具有很好的调节作用。例如胥明（2015）指出，促使插条生根常用的人工合成的生长素有吲哚丁酸（IBA）、萘乙酸（NAA）2，4-D等。由于不同生长素诱发生根机理不同，效果也有差异。IBA作用强烈，诱发根多而长，NAA诱发根少而粗，此外，IBA传导扩散性差，更有利于较长时间滞留在愈伤组织上，诱导生根亦更持久。因此，根据特定需要，由不同外源激素按照不同比例调配而成的复配剂具有更好的应用效果。

张文学等（2012）将赤霉素、6-BA和芸苔素这3种外源激素按照不同比例组合成4种复配剂，并探究了这4种复配剂对早稻籽粒灌浆特性的影响。试验表明，外源激素复配剂的喷施，使得灌浆后期提高了弱势粒库的生理活性，促进了籽粒中蔗糖的转化、淀粉的合成，加速了籽粒的灌浆充实。相对于强势粒而言，外源激素对弱势粒的作用更大，能大幅度提高弱势粒的起始生长势、平均灌浆速率和最终粒重，明显促进淀粉合成与籽粒灌浆，减少弱势粒的秕粒率，提高产量。

李建民等（2005）试验发明了植物生长调节剂乙烯利与缩节安的复配剂，剂型为水剂，乙烯利与缩节安比例为4∶1，由中国农业大学经两年预备试验自行筛选配制。处理与对照相比，在籽粒形成初期前，复配剂处理的N、P、K流量要略高于或相当于对照，特别是在抽雄期N、P、K流量都要高于对照。

3. 赤霉素　赤霉素（GAs）是一类非常重要的植物激素，参与许多植物生长发育等多个生物学过程。1938年，日本薮田贞治郎和住木谕介从赤霉菌培养基的滤液中分离出这种活性物质，并鉴定了它的化学结构，命名为赤霉酸。现已知，植物体内普遍存在赤霉素，是调节植株高度的激素。最早是由日本植物病理学家黑泽英一研究水稻恶苗病时发现的。1935年被正式命名为赤霉素。

GAs是调节植物生长发育不可缺少的植物激素之一，调控植物生长发育多个过程，包括种子萌发、茎和叶柄的伸长、花的诱导以及花器官发育等。大量研究表明，尽管GA_3是农业生产最为常用的赤霉素。但张芳等（2022）证明了在多数植物体内GA_1和GA_4具有更为广泛的生理活性，且在拟南芥和水稻中，GA_4生物活性约为GA_1的1000倍。

黄升财等（2019）发现赤霉素GA_4是水稻矮化特征的重要调节因子，半矮化型突变体水稻株高比野生型减少56.59%，有效分蘖数高出47.44%，差异均达到极显著水平。突变体的表皮毛消失且花发育迟缓，雄蕊变小。尽管突变体分蘖数较高但结实率明显降低，仅为野生型的12.62%，且种子长度和宽度均减小，差异极显著。通过显微镜观察茎的纵切切片，发现突变体细胞长度减少23%，差异极显著。外源喷赤霉素后突变体的株高、有效分蘖、结实率、种子大小、表皮毛和茎秆细胞长度均有不同程度的恢复，说明植物体内赤霉素合成不足可能是引起水稻矮化的主要原因。朴日花等研究表明，赤霉素合成代谢途径发生突变，会导致赤霉素含量发生改变，进而影响植物的生长发育，造成株高矮小。水稻矮秆表型很大程度上归因于体内赤霉素活性的降低。

4. 外源脱落酸（ABA）　脱落酸是一种有机物，分子式为$C_{15}H_{20}O_4$，是一种抑制生长的植物激素，因能促使叶子脱落而得名。可能广泛分布于高等植物。除促使叶子脱落外尚有其他作用，如使芽进入休眠状态、促使马铃薯形成块茎等。对细胞的延长也有抑制作用。1963 年，美国艾迪科特等从棉铃中提纯了一种物质能显著促进棉苗外植体叶柄脱落，称为脱落素Ⅱ。英国韦尔林等也从短日照条件下的槭树叶片提纯一种物质，能控制落叶树木的休眠，称为休眠素。1965 年证实，脱落素Ⅱ和休眠素为同一种物质，统一命名为脱落酸。

杨云云等(2021)研究表明，脱落酸对水稻种子萌发期耐高温胁迫具有诱抗效应。萌发初期，水稻种子在 30 ℃的环境和 40 ℃的高温环境下均能够正常萌发，且高温处理对种子萌发具有促进作用，发芽率略高于对照处理；在萌发初期，对照条件和高温胁迫下，ABA 浸种对种子萌发有抑制作用，2 个品种的发芽率略低于非 ABA 浸种处理。随着萌发进程的推进，不管 ABA 浸种与否，与对照相比，高温胁迫均抑制了水稻种子的萌发。研究表明，水稻种子或幼苗经 ABA 预处理后能够提高盐胁迫下幼苗的生长发育和最终产量；水稻幼苗经外源 ABA 浸根预处理后，能够提高抗氧化清除能力，抑制 ROS 的过量积累，进而提高对碱胁迫的抗性和苏打盐碱水田中的产量。种子在萌发前利用外源 ABA 浸种能够起到提高抗氧化清除能力的作用，降低由极端高温胁迫而引起的 ROS 过量积累，从而缓解细胞损伤，促进高温胁迫下水稻幼芽及幼根的生长。

5. 萘乙酸　萘乙酸简称 NAA，是一种广谱性植物生长调节剂，属类生长素物质，具有内源生长素吲哚乙酸的作用特点和生理机能。可通过叶片、树枝的嫩表皮、种子等部位进入到植株体内，随营养流输导到起作用的部位。低浓度时，具有促进细胞分裂与扩大、诱导形成不定根、提高坐果率、防止落果、改变雌雄花比率等作用；高浓度时，可引起内源乙烯的生成，有催熟增产作用。

刘玲等(2011)试验证明，使用 0.0001～0.0100 mg/L NAA 溶液浸种处理有利于水稻幼苗的生长发育，能促进水稻幼苗的生长，提高水稻幼苗中的叶绿素、POD 和 CAT 含量，提高水稻幼苗的抗逆性，有利于它的发育。

马跃峰等(2000)研究表明，α-萘乙酸对水稻具有明显的促生根、促高和增加分蘖的作用，且随浓度的增高而效果增大，随移栽后时间的延长而效果降低。萘乙酸 5～20 ppm* 浸秧的产量比空白对照增加 0.74～2.53 kg/30m^2，折合 16.44 ～56.22 kg/亩，增产率达 4.3%～14.8%，增产效果随浓度的增大而增高。20 ppm 的增产效果 14.8%显著高于其他处理。5 ppm、7 ppm、10 ppm 的增产效果依次为 4.3%、6.7%、9.8%，均显著高于空白对照。

6. 细胞分裂素　细胞分裂素(cytokinin，CTK)是从玉米或其他植物中分离或人工合成的植物激素。一般在植物根部产生，主要分布于进行细胞分裂的部位，如茎尖、根尖、未成熟的种子、萌发的种子、生长着的果实内部，是一类促进胞质分裂的物质，促进多种组织的分化和生长。与植物生长素有协同作用，是调节植物细胞生长和发育的植物激素。1955 年，美国斯库格等在研究植物组织培养时，发现了一种促进细胞分裂的物质，被命名为激动素。激动素在植物体中并不存在。之后在植物中分离出了十几种具有激动素生理活性的物质。现把凡具有激动素相同生理活性的物质，不管是天然的还是人工合成的(现已有人工合成的植物生长调节剂)统称为细胞分裂素。

宫彦龙等(2017)施用低浓度 CTK 处理水稻穗部，发现可以促进穗粒数的增加；穗长增加可能是由于施用外源 CTK 改变了穗部 CTK 的水平和分配，刺激了穗轴伸长。CTK 可使叶片

* 1 ppm=0.0001%。

中叶绿素和可溶性蛋白上升，这从一定程度上延缓了叶片的衰老，延长了花粒期光合作用时间，有利于籽粒胚乳干物质的形成，使籽粒更加饱满，减少顶端瘪粒的数目，因此，单穗籽粒数增多，结实率提高。

刘杨等(2012)发现 CTK 是调控植物侧芽生长的直接因子，直接进入侧芽调控其生长；CTK 通过调控分蘖芽中 OsTB1 等基因的表达来调控水稻分蘖芽生长。

7. 乙烯利　乙烯利是农业生产中广为应用的一种低毒的植物生长调节剂，具有加速成熟、衰老、脱落以及促进开花等生理效应。

母德伟等(2022)研究了 ETH 处理水稻对水稻根系生理方面的影响，发现 ETH 除了对根系渗透调节物质有积极作用外，还增强了根系的 SOD(超氧化物歧化酶)、APX(抗坏血酸过氧化物酶)和 CAT(过氧化氢酶)的活性，并通过减少 MDA 的积累，缓解膜脂过氧化水平以增强水稻幼苗的耐盐性。相关分析表明，ETH 主要通过增加双优 2088 的 CAT 活性和 IR29 的 APX 活性，来降低其体内的 MDA 含量，缓解盐胁迫带来的氧化伤害，促进水稻根系的生长和发育。

李金涛等(2020)研究表明，乙烯通过剂量效应调节了生长素合成基因、生长素极性运输基因，影响了水稻根系中生长素合成与分布，进而参与水稻初生根、侧根和根毛的发育调控。

8. 三十烷醇　三十烷醇(TA)是一种有机物，分子式为 $C_{30}H_{62}O$，白色至灰白色粉末。三十烷醇是一种适用范围相当广泛的植物生长促进剂，对水稻、棉花、麦类，大豆、玉米、高粱、烟草、甜菜、花生、蔬菜、花卉、果树、甘蔗等均有较好的增产效果，增产幅度在 10%以上。还是一种高效、快速的植物生长促进剂，在很低的浓度下对植物生长有显著的促进效果。

范秀珍等(2003)研究表明，在水稻种子萌发过程中，TA 具有提高种子的呼吸强度、促进淀粉酶的形成等生理效应，从而使种子的贮藏物质淀粉在淀粉酶的水解作用下分解成可供利用的有机物质，并显著提高种子的脱氢酶活性。叶绿体是植物进行光合作用的场所，进行电镜观察后发现叶绿体形态发生显著改变：叶绿体的类囊体片层增多，叶绿素含量增加，则光合速率提高，这应是 TA 具有提高水稻产量的物质基础。

刘德盛等(2002)试验表明，水稻在三叶期喷施 0.5～2.0 mg/L TA 乳粉，经 2 周后可观察到水稻苗的株高、单株总根数、单株白根数、白根占总根数（%）、百苗带蘖(%)、百苗鲜重及百苗干重等生长指标都比对照的稻株明显提高；从实验的考种结果可以看出，水稻喷施 TA 乳粉后，其亩有效穗、穗粒数、穗实粒数、结实率、千粒重、晒干率等产量构成因素发生了一系列有利于高产优质的变化；此外，水稻经 TA 处理后，光合速率可比对照提高 13.4%～23.4%，在 TA 的作用下 ATP 不但有积累，而且还可促进 CO_2 同化形成有机物质。

9. 增产灵　增产灵学名为 4-碘苯氧乙酸，是一种类似吲哚乙酸生理作用的人工合成的植物生长刺激剂，有促进植株生长、发育、开花、结实，防止蕾铃脱落，增加铃重，缩短发育周期，提早成熟等多种作用。毒性低，没有副作用，对多种作物有增产效应，目前已大面积推广应用。但对增产效应的生理分析不多。在不同地区、不同作物和不同生育期喷洒增产灵，其增产效果也不同。

尹统利等(1981)研究了增产灵对水稻生长发育的影响。由实验数据可见，秧苗喷洒增产灵移栽本田 21 d 后，与对照相比，株高增高 4.17 cm，根系增长 3.84 cm，单株干物增重 33.7%。实验结果表明，水稻施用增产灵无论单株分蘖数以及有效分蘖数都有显著提高，特别是有效分蘖率的提高，即增加了单位面积上收获的穗数，这是提高水稻产量的主要构成因素之一。据收获时的采样分析，每亩总穗数比对照多47000余穗。此外，增产灵还有促使水稻提前抽穗的作用，一般提前抽穗5～7 d。

傅家瑞(1977)研究表明，增产灵对水稻的增产幅度达8.8%，结实率和千粒重均比对照高。

(二)施用时期、方法和效果

1. 多效唑　多效唑最佳施用时期是水稻最高苗期，最佳施用量为每公顷3 kg可湿性粉剂(含多效唑15%)。施用多效唑后植株抗力增强，但产量因穗粒数下降而减产。在不同施肥处理下施用多效唑对产量影响各异，即低施氮量下因穗粒数减少而减产，中施氮量下产量差异不显著，高施氮量下则因植株未倒伏、籽粒灌浆结实正常，较未施多效唑处理植株发生倒伏后的结实率和千粒重高而增产。

注意事项：尽量用于肥力水平高和施氮量高的稻田，在最高苗期施用。

2. 外源激素复配剂　在水稻始穗期(10%的稻穗穗顶露出剑叶叶鞘达1 cm时)及齐穗(80%的稻穗穗顶露出剑叶叶鞘达1 cm时)后一周进行叶面喷施。GA_3 10 mg/kg +6-BA 25 mg/kg+BR 0.05 mg/kg处理对促进籽粒灌浆的效果比较突出。本试验中的GA_3+6-BA+BR处理后弱势粒的平均灌浆速率最大，活跃灌浆期最长，有效地促进了弱势粒的灌浆充实，提高了粒重和充实率，最终的增产幅度也最大。

3. 赤霉素　于开花后15 d喷施45 g/hm^2 GA，在处理后采集水稻叶片样品。有效抑制水稻旗叶MDA含量的上升，降低旗叶的脂质过氧化速度，减少MDA对细胞结构的破坏，对延缓细胞衰亡有一定作用；GA调控后淀粉和蔗糖代谢相关基因发生变化，前期研究表明，在水稻生育后期进行外源GA处理能有效提高稻草中的非结构性碳水化合物(NSC)含量。

4. 外源脱落酸(ABA)　齐穗后，叶面喷施外源ABA溶液(5×10^{-5} mol/L)，全穗空瘪粒粒率增加，千粒重增加；稻谷的碾磨品质得到改良，稻谷的精米率普遍增加，整精米率增加，ABA对精米率有显著影响，对整精米率有极显著影响，对糙米率没有显著影响。稻米的外观品质得到部分改良，籽粒粒长、长宽比增加，大部分浓度处理垩白粒率减小，部分浓度处理稻米垩白度减小，透明度不变或减小。

5. 萘乙酸(NAA)　在分蘖期喷施200 mg/L的NAA，均匀喷施叶片表面。喷施NAA处理水稻根干重比对照高出28.3%；根系活跃吸收面积高达80.377%，说明NAA能够增加水稻根系活力；喷施NAA的株高达93 cm，产量较对照高出68 kg/亩；且施用NAA使水稻生育期提前1 d。

6. 细胞分裂素　于始穗期喷施1次，喷施浓度为每公顷750 g细胞分裂素加750 kg清水(1000倍液)，均匀喷施于稻穗及叶片上。始穗期喷施1次的处理结实率为90.3%，比喷施清水结实率提高2.6%，每公顷增加产量285.0 kg，喷施1次的增产效果大于喷施2次的；在粒重方面，喷施1次和喷施2次千粒重均为26.9 g，比喷施清水千粒重26.8 g增加0.1 g。

7. 乙烯利　水稻处于乳熟后期(已满仁，用力手压能喷出白色乳浆)时喷施40%复方乙烯利，用量在1.50～2.25 kg/hm^2。千粒重提高了6.37%～7.55%；从喷施后到进入可收割的完熟期比对照提早了4～5 d。

8. 三十烷醇(TA)　在水稻幼穗分化初期和孕穗期各喷施1～2 mg/L，均匀喷施，若喷后6 h遇雨则需重喷。TA提高光合能量代谢水平，提高氮素代谢水平，有利于形成产量的骨架——碳水化合物，提高硝酸还原酶的活力，促进氨基酸、蛋白质的合成，增加植株的全氮量。

处理比对照平均增产干谷 0.949 t/hm^2，增产率为 15.4%，而且谷粒较饱满，出米率较高，品质也有所提高。

9. 增产灵　在孕穗期或抽穗期施用，施用剂量为 187.5 mL(mg)/hm^2。喷施后比清水对照组增收稻谷 15%，实粒数比对照增加 10.1 粒，千粒重比对照增加 1.4 g，穗长增加 1.8 cm，但结实率不高。在一定程度上促进植株生长，增强分蘖力并提高了水稻产量。

四、施用于其他粮食作物

粮食作物是谷类作物（包括稻谷、小麦、大麦、燕麦、玉米、谷子、高粱等）、薯类作物（包括甘薯、马铃薯、木薯等）、豆类作物（包括大豆、蚕豆、豌豆、绿豆、小豆等）的统称。

（一）常用种类

1. 外源萘乙酸(NAA) 施用于谷类和马铃薯

萘乙酸（1-Naphthaleneacetic acid，NAA），是一种有机化合物，分子式为 $C_{12}H_{10}O_2$。广谱性植物生长调节剂，属类生长素物质，性质稳定，但易潮解，见光变色，应避光保存。萘乙酸分 α 型和 β 型，α 型活力比 β 型强，通常所说的萘乙酸即指 α 型。熔点为 134.5～135.5 ℃。不溶于水，微溶于热水，易溶于乙醇、乙醚、丙酮、苯和醋酸及氯仿。萘乙酸钠盐能溶于水，在一般有机溶剂中稳定。它可通过叶片、树枝的嫩表皮、种子等部位进入到植株体内，随营养流输导到起作用的部位。低浓度时，具有促进细胞分裂与扩大、诱导形成不定根、改变雌雄花比率等作用；高浓度时，可引起内源乙烯的生成，有催熟增产作用。

闫书春(1992)总结了 NAA 的制备方法，主要有 4 种。第一种，萘与氯乙酸在催化剂溴化钾及三氧化二铁（或单独用铝粉）作用下发生缩合反应制成；第二种，萘与醋酸酐在高锰酸钾作用下合成；第三种，用甲醛、硫酸、盐酸使萘首先氯甲基化制得氯甲基萘，然后用氰化钾的酒精溶液使之变成氰甲基萘，最后水解成 α-萘乙酸；第四种，由甲胺、甲醛和氰化钾反应生成 2-甲氨基乙腈，之后与苯甲酰氯、萘甲醛作用，然后酸化后制得萘乙酸。目前以第一种方法最为适宜，因其所需原料不多，生产技术简单，操作比较安全，容易普及推广。

李永才等(2012)发现，萘乙酸适用于多种作物：在谷类作物上使用，能增加分蘖、提高成穗率和千粒重，例如在小麦中用 20 mg/kg 药液浸种 10～12 h，风干播种，拔节前用 25 mg/kg 喷洒 1 次，扬花后用 30 mg/kg 药液喷剑叶和穗部，可防倒伏，增加结实率；在薯类作物上的应用也较为广泛，比如甘薯上用 10 mg/kg 药液浸秧苗下部(3 cm)6 h 后栽插，可提高成活率，增产。

范芳等(2013)发现在马铃薯中施用 10 mmol/L 萘乙酸或 40 mg/kg α-萘乙酸甲酯可以有效抑制马铃薯发芽。

梁冰(2013)和钟晓斌(2012)研究发现，2.4%复硝酚钠·萘乙酸悬浮剂能增加马铃薯出苗率、株高、产量，提高抗旱能力。

卢翠华等(2009)研究表明，萘乙酸也用于马铃薯茎尖组织脱毒培养、马铃薯花药培养、马铃薯原生质体培养中诱导不定根的生成，也在试管苗移栽和扦插中作为生根水使用。

2. 吲哚丁酸(IBA)施用于马铃薯

吲哚丁酸是一种有机物，分子式为 $C_{12}H_{13}NO_2$，纯品为白色结晶固体。原药为白色至浅黄色结晶，熔点 124～125 ℃（纯品）、121～124 ℃（原药），溶于丙酮、乙醚和乙醇等有机溶剂，难溶于水，溶解度水中(20 ℃)50 mg/L，苯＞1000 g/L，丙酮、乙醇、乙醚为 30～100 g/L，氯仿

0.01～0.10 g/L,在中性、酸性介质中稳定,在碱金属的氢氧化物和碳酸化合物的溶液中则成盐,主要用于插条生根剂,也可用于冲施、滴灌,冲施肥增效剂、叶面肥增效剂,植物生长调节剂,用于细胞分裂和细胞增生,促进草本和木本植物根的分生。

王大全(1999)在实验室制备吲哚丁酸,一般是在反应器中加入吲哚、氢氧化钾、聚乙二酸和干燥过的四氢萘,混合物在室温搅拌半小时后,加入 γ-丁内酯,然后加热回流 4 h。反应体系中的水分由分水器除去。冷却后用水将固体全部溶解,分出有机层用盐酸酸化,析出大量灰白色固体。抽滤、水洗、干燥后得吲哚丁酸粗品,粗产率为 92.6%。经乙醇水重结晶后,得白色鳞片状晶体就是 3-吲哚丁酸。

赵增国等(2004)发明一种植物生长素 3-吲哚丁酸合成新工艺,解决了原料成本高、不易得、工艺繁杂、造成的污染大等问题。技术方案:以廉价水杨酸为原料,步骤如下:(1)在常温常压下,以聚合物氢化催化剂对水杨酸进行催化氢化;以有机超强酸为催化剂进行酯化,其水杨酸与乙醇的摩尔比为 1∶20～1∶80;(2)在 70 ℃下,用聚合物氧化试剂进行氧化反应,邻羟基环己基甲酸乙酯与聚合物氧化试剂的摩尔比为 1.0∶1.5～1∶2;(3)在－5～10 ℃进行缩合反应,产物在水浴条件下进行碱性水解,室温下酸化,其环己酮-2-甲酸乙酯与苯胺的摩尔比为 1∶1;(4)经菲希尔(Fischer)重排,加热 225～230 ℃,进行脱羧反应。该发明是一种原料廉价、易得、反应条件温和、合成步骤简单、聚合物氢化催化剂和氧化剂可反复使用、避免重金属污染的环保、节能型独具特色的植物生长素 3-吲哚丁酸合成新工艺。

吲哚丁酸作为植物生长调节剂,对提高马铃薯扦插苗成活率有很好的效果。罗海波等(2000)用不同浓度的 NAA、IBA、IAA 及配置比研究其对马铃薯扦插苗的生根、生长的影响,结果显示,以 IBA(100 mg/kg)处理扦插苗生根多,成活率最高达 95%。

杨春等(1998)研究不同浓度 NAA、IBA、GA_3 混合使用对马铃薯脱毒扦插苗成活率的影响,发现 50 mg/L NAA ＋ 50 mg/L IBA ＋ 3 mg/L GA_3 的组合为扦插处理最佳组合,成活率最高,生根最好,长势最强。

3. 外源吲哚乙酸(IAA) 施用于甘薯

吲哚乙酸(indoleacetic acid,IAA),又称萮乙酸,分子式为 $C_{10}H_9NO_2$,是一种杂环化合物。外观为白色结晶性粉末,熔点 165～169 ℃,易溶乙醇,溶于丙酮和乙醚,微溶于氯仿,不溶于水。它属于一类重要的植物激素——生长素。这种无色的固体很可能是最重要的植物生长素。它是吲哚的衍生物,是在吲哚环上加上羧甲基后得到的物质。吲哚乙酸在植物的叶芽和嫩叶等分生组织中广泛存在,通过韧皮部的长距离运输,自上而下地向基部积累。根部也能生产生长素,自下而上运输。

吲哚乙酸有维持植物顶端优势、诱导同化物质向库(产品)中运输、促进坐果、促进植物插条生根、促进种子萌发、促进果实成熟及形成无籽果实等作用,还具有促进嫁接接口愈合的作用。属植物生长促进剂。主要作用方式是促进细胞伸长与细胞分化。在甘薯中,后猛等(2013)发现,吲哚乙酸对甘薯产量和品质性状有一定的影响,吲哚乙酸能够显著提高甘薯苏薯 8 号的块根烘干率,显著增加徐 1901 的大中薯率,降低其单株结薯数,还可以显著减少徐薯 28 的 T/R 比值,还可以有效增加食用型甘薯淀粉或可溶性糖含量,这对于改善食用型甘薯品种的食用和加工品质具有重要的理论意义。

4. 赤霉素(GA) 施用于甘薯。

1934 年,TeijiroYabuta 等最先从恶苗病菌的发酵滤液中分离获得有效成分的非结晶体,发现该成分能促进水稻的徒长，并于1938年正式命名为赤霉素(Gibberellin，GA)。赤霉素属于生物体内的一类四环二萜类化合物。它的化学结构比较复杂，至今已发现100多种。在高等植物中赤霉素的前体一般认为是贝壳杉烯，其基本结构是赤霉素烷，有4个环。在赤霉素烷上，由于双键、羟基数目和位置不同，形成了各种赤霉素。自由态赤霉素是具19C或20C的一、二或三羧酸。结合态赤霉素多为萄糖苷或葡糖基酯，易溶于水。

赤霉素是一种天然的植物生长调节剂。常见具有生物活性的主要有赤霉素GA_1、GA_3、GA_4、GA_7等，作物体内的赤霉素主要集中分布在作物的新芽、嫩叶、根尖以及未发育成熟的种子和果实等生长旺盛的部位，它主要是在萌发的种子、生长的芽叶、开放的花朵、膨大的果实、生长的根系中合成，并通过作物的皮部组织按照由根部向上、由植株顶端向下的途径输送到作物植株上的各个旺盛生长发育部位。实验室制备赤霉素主要以分离提纯赤霉素GA_3为主，包括两种方法。方法一：一种利用磁性树脂分离提纯赤霉素GA_3的工艺(胡永红 等，2016)，其具体步骤如下：(1)将含赤霉素GA_3的溶液用酸调节pH至2.0～5.0，加入助滤剂过滤，得滤液备用；其中含赤霉素GA_3的溶液为赤霉素工业生产中含赤霉素GA_3的分离残液。(2)将磁性树脂装入垂直安置的树脂柱，置于可调磁场中，磁感应强度为1.3～1.8 T，将步骤(1)得到的滤液以2～5 BV/h的流速流过树脂柱。(3)吸附结束后，改变外加磁场，先用体积浓度为15%～20%的乙醇溶液以0.5～1.2 BV/h的流速流过树脂柱，解吸除杂，弃去解吸液；再用体积浓度为70%～75%的乙醇溶液以2～3 BV/h的流速对树脂柱进行解吸，得解吸液。(4)将步骤(3)得到的解吸液浓缩结晶。方法二：采用藤仓赤霉菌978液体发酵生产赤霉素GA_3(纪晓俊 等，2017)：具体方法如下：将藤仓赤霉菌978接种到试管斜面PDA培养基中，在28 ℃条件下静置培养3～4 d。用20 mL无菌水洗-下孢子，将孢子悬浮液按照接种量为5%转接至种子培养基，在28 ℃、摇床转速180 rpm条件下培养36 h，获得种子液。按照接种量为5%将种子液转接至发酵培养基，在28 ℃、摇床转速180 rpm条件下培养7 d。发酵结束后，检测发现发酵液中菌体干重17 g/L，GA_3含量2080 mg/L。

作物体内的内源赤霉素，对作物的生长发育有很好的加速与促进作用，尤其在刺激细胞伸长、伸长茎秆、扩大叶片、促进种子萌发、诱导花芽尽早分化等方面具有非常显著的效果。农业上常用的赤霉素一般是人工合成的外源赤霉素。在马铃薯、红薯等地下块茎、块根类作物播种前，按照0.5～1.0 mg/kg的用量方法浸泡种薯块2～3 h，可以有效加快种薯的萌芽出苗；对于留种的块茎类作物，在地下块茎成熟采收前15～25 d，按照用20～40 mg/kg的用量方法喷施1次，能够使块茎在收获后再播种时尽早萌发。

5. 玉米健壮素施用于大麦等

玉米健壮素，又名经烯腺·乙利水剂，它是一种激素复配剂，由多种植物生长剂组配而成(杨华应，2000)。其中主要成分为39.5%的乙烯利和0.3%～0.6%的轻烯腺，但是属于植物生长延缓剂类。乙烯利的化学名称是2-氯乙基膦酸，分子式为$C_2H_6ClO_3P$，是一种高效安全的植物生长调节剂。它易被植物吸收，在植株体内逐渐释放出乙烯，增强植株的过氧化酶活性，从而减少顶端优势，增加有效分蘖，使植株矮化健壮，防止倒伏。

玉米健壮素的组成主要以有机化合物乙烯利为主，乙烯利的制备方法主要包括以下4种：(1)亚磷酸二乙酯加热至90 ℃，通氮30 min。加入少许引发剂，通入氯乙烯，控制加成反应温度，得2-氯乙基亚膦酸二乙酯。然后将加成产物加入浓盐酸水解，于120～130 ℃，回流24 h，制得乙烯利，蒸出部分水分，即得粗品，可配制剂型。该法原料易得，设备简单，投资少，操作简便，未反应原料易回收，以三氯化磷计总收率60%。(2)由三氯化磷与环氧乙烷直接加成，经分子重排、酸解合成乙烯利。加成温度20～25 ℃，分子比1∶3(环氧乙烷过量)，重排反应220～230 ℃，酸解温度160～170 ℃。此法为国内主要生产方法。产物中混有一些杂质，但生产要求不高。(3)由乙烯、三氯化磷和空气(或氧气)，在低温或高压下直接合成2-氯乙基二氯亚磷酰，水解得乙烯利。此法生产过程简单，成本低，但设备要求较高，操作要求严格。(4)由二氯乙烷和三氯化磷在无水$AlCl_3$催化下形成络合物，加水分解成2-氯乙基二氯亚磷酰，进一步加水生成乙烯利。此法产品纯度较高，但操作复杂，收率尚低。

玉米健壮素是农业生产上常用的一种植物生长调节剂，其生理作用机制主要是通过阻碍植物体内赤霉素的生物合成，从而抑制植株体内细胞分裂和伸长，在植株形态上表现为节间长度缩短，植株高度降低，茎秆粗壮，叶色加深。

蒋祝成等(2008)初次将玉米健壮素在大麦上使用，发现玉米健壮素的作用机制对大麦的生殖生长非但没有抑制作用，相反，起到了促进花器官的构建及籽粒的形成，增加了库容量，即增加了每穗总粒数，从而促进了产量的提高。在返青期和拔节期喷施玉米健壮素，对大麦植株高度的降低均能起到明显的作用，每穗粒数的增加也较为明显。

6. 丁酰肼(B9) 施用于马铃薯

丁酰肼又称B9，为植物生长延缓剂，具有杀菌作用，应用效果广泛，可用作矮化剂、坐果剂、生根剂和保鲜剂。但需要注意的是，自1987年以来，有一些实验结果表明，丁酰肼对人类有毒，能够引起癌症。经过学者从多方面的研究比较，确定为致癌物质。1992年，世界卫生组织(WHO)进行第二阶段评估，认为产品中的偏二甲基肼＜30 mg/kg时可以使用，但需要注意的是，勿食用刚处理过的谷类及蔬菜等。

李玖玲(2018)和马海兰(2018)都研究了丁酰肼对马铃薯试管苗生长的影响，浓度越大的丁酰肼对马铃薯的抑制作用越明显，降低马铃薯试管苗的成活率。但是不添加丁酰肼的马铃薯试管苗在120 d后会全部死亡，当添加浓度为50 mg/L的丁酰肼时，马铃薯试管苗会部分成活，但成活率也很低，而当浓度达到20 mg/L时，马铃薯试管苗的成活率可达到94.67%。对此，浓度为20 mg/L的丁酰肼最适宜保存离体的马铃薯。由此可见，丁酰肼可以有效缩短试管苗的节间距，且随着浓度的增加，可用节数也逐渐减少。

7. 多效唑和烯效唑施用于甘薯

多效唑(paclobutrazol，PP_{333})是一种三唑类高效低毒植物生长延缓剂，主要是通过抑制赤霉素的合成，减缓植物细胞分裂和伸长，从而抑制新梢和茎秆的伸长或植株旺长，缩短节间，促进侧芽(分蘖)萌发，增加花芽数，提高坐果率，增加叶片内叶绿素含量、可溶性蛋白和核酸含量，降低赤霉素和吲哚乙酸含量，提高光合速率，降低气孔导度和蒸腾速率，使植株矮壮，根系发达，提高植株抗逆能力。增加果实的含钙量，减少储存病害。被认为是迄今为止最好的生长延缓剂之一。由江苏省农药所和建湖县农药厂于1984年共同研发。

李建磊等(2010)研究表明，喷施多效唑可显著增加甘薯分枝数、茎秆粗度、绿叶素含量，缩短茎秆长度和单株结薯数，提高块根中干物质的分配率，显著提高块根的产量。综合产量指标，得出喷施多效唑150 mg/kg对甘薯的增产效果最好，是适宜当地推广的模式。

李广亮(2021)对春甘薯进行2次控制旺长和3次控制旺长技术比较，发现3次控制旺长措施效果更好。第1次，在春甘薯栽后60 d(6月25日)，块根形成及膨大期，适度控制生长，促进不定根分化成块根，每亩用5%烯效唑可湿性粉剂40 g兑水30 kg喷洒叶片。第2次，在春甘薯栽后 80 d(7 月 15 日),北方进入雨季,尽量控制旺长,建立合理群体结构,每亩用 5%烯效唑可湿性粉剂 50 g 兑水 30 kg 喷洒叶片产量更高。3 次控旺措施在块根膨大关键期起到控制地上茎叶持续旺长、促进薯块生长膨大的作用,促进了产量的提高。在生产实践中,要注意第 3 次控制旺长时的控旺剂浓度不可太高,避免甘薯早衰。

(二)施用时期、方法和效果

1. 外源萘乙酸　于马铃薯始花期喷施至花和花蕾,最适处理浓度为 0.6～0.8 g/L,促进马铃薯坐果,促进膨果的最适处理浓度为 0.8 g/L。马铃薯在贮藏期间用 10 mmol/L 萘乙酸或 40 mg/kg α-萘乙酸甲酯可以有效抑制马铃薯在贮藏过程中的发芽变质,药效期可维持 3～6 个月。

2. 吲哚丁酸　脱毒种薯萌发后,经过一段时间的生长培养后,得到脱毒的植株,将植株剪成多个扦插茎段,然后将扦插茎段进行扦插,扦插苗于 100 mg/kg 的吲哚丁酸中浸泡,处理后 20d,扦插苗的成活率达 95%,30 d 观察其根系,不仅根条数多而且根的长度已长,这也是扦插苗成活率高的一个重要原因。

3. 外源吲哚乙酸　是一种常见的植物生长调节剂,具有促进开花、诱导单性果实发育、延迟果实成熟的作用。在甘薯中,播种前用 10 mg/L 的外源吲哚乙酸浸泡甘薯种苗 16 h,收获时与去离子水处理对比发现,外源吲哚乙酸处理能够显著提高甘薯的块根烘干率,显著增加大中薯率,降低其单株结薯数,还可以显著减少甘薯的 T/R 比值(根冠比),有效增加食用型甘薯淀粉或可溶性糖含量。

4. 赤霉素　甘薯育苗前,选择中等大小的薯块,用 10～20 mg/kg 的赤霉素水溶液浸种 30 min。排放种薯前,利用赤霉素水溶液浸种可以显著改善块根的萌芽性,采苗数量显著增多,其采苗数量约为对照处理的 2～3 倍。赤霉素浸种对秧苗株高、茎粗和单株鲜重等没有显著影响,不会改变秧苗素质。对于留种的块茎类作物,在地下块茎成熟采收前 15～25 d 时,按照 20～40 mg/kg 的用量方法喷施 1 次,能够使块茎在收获后再播种时尽早萌发。

5. 玉米健壮素　在大麦叶龄余数为 0.5 时喷施第 1 次,在见芒 10%时喷施第 2 次,每次喷施 1050 mL/hm^2,大麦株高相比对照降低了 6.6 cm;在实际产量方面,比对照增加 594.9 kg/hm^2,增产 9.9%。喷施玉米健壮素的时期最迟不超过全田见芒 20%,否则会贪青迟熟,成熟时大小穗明显,影响大麦的产量和品质。玉米健壮素的用量不可盲目加大,成穗达 65 万穗/亩以上的田块,如果用量很大,即使降低了株高,控制了倒伏,产量和品质也会严重下降,得不偿失。机械喷施玉米健壮素时一定要做到搅拌均匀、匀速行驶、不重不漏。与农药混喷的,要避免与碱性农药混合,与肥料混喷的,要防止肥害。

五、施用于经济作物

经济作物的种类很多,主要包括棉花、油料、麻类、桑柞丝、茶叶、糖料、蔬菜、烟叶、果品、药材等(中药材、棉花、花生、向日葵、番茄、甘蔗、大豆、甜瓜、烤烟、烟草、葡萄、瓜类、茄果类)。

(一)常用种类

1. 缩节胺　缩节胺为抑制型派咙类植物生长调节剂,分子式为 $C_7H_{16}ClN$,易溶于水,纯品为白色结晶,无气味。常温下放置两年,有效成分基本不变,极易吸潮结块,但不影响药效。缩节胺可通过植株叶片和根部吸收,传导至全株,可降低植株体内赤霉素的活性,从而抑制细胞伸长，顶芽长势减弱，控制植株纵横生长，使植株节间缩短，株型紧凑，叶色深厚，叶面积减少，并增强叶绿素的合成，可防止植株旺长、推迟封行等。缩节胺能提高细胞膜的稳定性，增加植株的抗逆性。

高红帅等(2012)总结了一步法合成高纯度植物生长调节剂缩节胺的方法。主要步骤如下：(1)将一定量的六氢吡啶溶于乙醇中，然后加入一定量的 K_2CO_3；(2)向体系中加入氯甲烷，氯甲烷与六氢吡啶物质的量之比为 2∶1～2.2∶1.0；(3)将(2)反应后的体系过滤，分别得到 $KHCO_3$ 和缩节胺乙醇体系，$KHCO_3$ 通过煅烧得到 K_2CO_3，K_2CO_3 循环利用；(4)缩节胺乙醇体系通过蒸发除去乙醇得到高纯度的缩节胺，乙醇可以循环使用。该方法一步可以合成高纯度缩节胺，而所用的 K_2CO_3 和乙醇都能回收重复利用，该工艺操作简单，经济成本低，缩节胺纯度高，有望成为一种一步合成高纯度植物生长调节剂缩节胺的新工艺。

何钟佩等(1991)试验表明，在棉花上，缩节胺可以通过调节棉铃内源激素的水平，增强酸性转化酶的活性，增大了源库间蔗糖的梯度，促进了同化产物在棉铃中的累积；增加棉铃发育后期乙烯释放量，促进棉铃的成熟开裂。

周运刚等(2010)试验表明，喷施缩节胺后，根系吸收能力提高，植株抗逆性增强。缩节胺能对棉花群体进行系统地化学调控，促进营养生长和生殖生长协调发展，提高干物质向生殖器官的分配比例，改善棉花株型，比如降低株高，缩短节间，减小叶面积，进而有利于通风透光，减少棉花蕾铃脱落，并且增加叶片厚度，提高叶绿素含量，提高净光合速率，生殖器官干物质的积累进程加快，促使棉花早熟，提高霜前花产量。

缩节胺在花生上也有应用。禤维言等(2010)发现花生施用缩节胺药剂 500～1000 mg/kg 可提高 SOD 酶活性、降低 MDA 含量，对花生降低株高，提高抗逆性，粗壮茎秆，提高叶片中叶绿素含量，降低后期 POD 酶活性，促进光合产物向荚果转移有明显效果；施用不同浓度的缩节胺均可提高饱果数、荚果重和产量，尤以 500 mg/kg 和 1000 mg/kg 处理增产效果明显。

2. 乙烯利　乙烯利是一种有机化合物，分子式为 $C_2H_6ClO_3P$，为白色针状结晶，易溶于水、甲醇、丙酮、乙二醇、丙二醇，微溶于甲苯，不溶于石油醚。水溶液 pH 值小于 3.5 时具有很高的稳定性，pH 值高于 4.0 时发生降解而释放乙烯，因此，为农业中常用的乙烯释放剂。在农作物处理过程中，乙烯利的施用可提供大量的乙烯，同时引起作物体内内源的乙烯合成。它是一种促进成熟的有机磷类广谱低毒植物生长调节剂，能经叶片、树皮、果实、种子进入植物体内，再传到起作用的部位，释放出乙烯，能促进果实成熟和着色、促进叶片及果实的脱落、矮化植株、改变雌雄花的比率、诱导作物雄性不育等。

乙烯利是一种优质高效植物生长调节剂，也是高效的生长延缓剂，所以在谷物中乙烯利常常用于作物抗倒伏的药物，特别是针对大麦，乙烯利的作用效果显著，株高因茎秆伸长过程受到抑制而受到影响，最终倒伏率下降。除此之外，通过使用乙烯利，可促使棉叶中的营养物质加速向棉铃输送，使棉铃加快发育、提早吐絮，催熟效果显著。而且，乙烯利使用简便易行，成本较低，几乎没有残毒公害，已成为棉花生产中重要的一环。李岳容(2020)发现花后 20 d 喷施乙烯利可增加库多型花生品种的产量，改善品质，喷施过早(花后 10 d 喷施处理)、喷施过晚(花后 30 d 喷施处理)对花生开花数无减少效果，且加速花生叶片的衰老。

3. 6-苄基腺嘌呤(6-BA)　是一种有机化合物，分子式为 $C_{12}H_{11}N_5$，纯品为白色或类白色晶体，熔点 229～233 ℃，难溶于水，微溶于乙醇，在酸、碱中稳定。它是第一个人工合成的细胞分裂素，主要生理功能是促进细胞 6-苄基腺嘌呤分裂，诱导组织分化，可以抑制植物叶内叶绿素、核酸、蛋白质的分解,保绿防老;有将氨基酸、生长素、无机盐等向处理部位调运等多种效能,广泛用在农业、果树和园艺作物从发芽到收获的各个阶段。

席小莉等(2005)总结了6-BA的合成工艺,主要是以次黄嘌呤作为原料,在N,N-二甲基苯胺存在下与三氯氧磷反应,得到6-氯嘌呤,6-氯嘌呤再与苄胺在三乙胺存在下进行反应合成6-苄基腺嘌呤。现有工艺的主要问题是:第一步反应,使用大大过量的三氯氧磷(既作氯化试剂又作溶剂),副反应多,产率低,过量的三氯氧磷不能通过蒸馏得以回收利用,只能与水作用分解,排放大量的含磷废水,N,N-二甲基苯胺需要回收套用,排放的废水亦含有N,N-二甲基苯胺,环境污染严重;第二步反应,为了提高反应转化率和反应速度,需要使用过量的苄胺,导致分离纯化工艺复杂化。

6-BA是一种较活跃的细胞分裂素,喷施6-BA可促进植物生长。刘敬然等(2013)和张海娜等(2007)在6-BA施用于棉花的研究中,发现外施6-BA可以有效提高中后期棉花叶片中平衡生长活性氧的能力,改善叶片光合作用、促进植物生长、延缓叶片衰老并促进同化物向器官的运输,也能减少低温对棉花干物质分配、积累造成的危害,提高棉花铃重,同时也有提高棉花成铃数的作用。

王友华等(2011)研究表明,6-BA显著提高了棉铃蔗糖含量及蔗糖合成酶、蔗糖磷酸合成酶活性,使得棉铃重量增加、纤维品质提高。

李鹏兵等(2019)通过叶面喷施适量6-BA,显著提高了棉花产量,它可以增加棉花果枝、有效果节量、现蕾和成铃强度,提高成铃数和铃重,进而增加产量。6-BA喷施的浓度为30 mg/L时达到最大值,籽棉产量为5359.6 kg/hm^2。

4. 矮壮素　化学名称为2-氯乙基三甲基氯化铵,分子式为$C_5H_{13}C_{12}N$,外观为白色结晶,有鱼腥臭,易潮解。熔点245 ℃(部分分解)。易溶于水,在常温下饱和水溶液浓度可达80%左右。不溶于苯、二甲苯、无水乙醇,溶于丙醇。在中性或微酸性介质中稳定,在碱性介质中加热能分解。矮壮素是一种优良的植物生长调节剂,可用于小麦、水稻、棉花、烟草、玉米及西红柿等作物,抑制作物细胞伸长,但不抑制细胞分裂,能使植株变矮、茎秆变粗、叶色变绿,可使作物耐旱耐涝,防止作物徒长倒伏,抗盐碱,又能防止棉花落铃,可使马铃薯块茎增大。

王清等(2019)发明了一种多级串联反应釜及利用该装置制备矮壮素的方法,包括依次串联的原料罐一,混合容器和n级反应釜。所述多级串联反应釜还包括原料罐二,所述原料罐一和原料罐二并联设置;其中n为310的整数;所述第n1级反应釜和第n级反应釜之间设置有减压阀。详细步骤如下:在原料罐一内加入二氯乙烷,原料罐二内加入三甲胺;将上述两种原料通入静态的混合器中进行充分混合;将混合器内的二氯乙烷和三甲胺依次通入n1级反应釜;经过减压阀减压后,进入第n级反应釜。将经过n级反应釜料液经离心烘干后可得到矮壮素,离心后的二氯乙烷母液通入原料罐一进行循环利用。该方法具有反应完全、低成本、高效益的特点。

柳延涛等(2018)研究表明,矮壮素的作用方式是通过抑制内源赤霉素的生物合成,从而抑制植物茎尖伸长区中细胞伸长,使节间缩短而达到矮化效果,同时能提高植物对逆境的适应能力,增强根部吸收能力以及促进光合产物向种子及果实运输。在向日葵上,通过叶面喷施矮壮素可以显著降低株高,同时单株籽粒产量存在减产的趋势,因此,当倒伏和折茎减产损失高于应用矮壮素时籽粒产量损失的情况下,可以考虑应用矮壮素来降低株高。在马铃薯中,董立盛

(2021)发现日光温室马铃薯植株喷施矮壮素后，降低了植株生长量、提高了薯块质量和产量，其中花前10 d喷施矮壮素0.10%效果最佳，在生产中具有一定的应用前景。

5. 多效唑　多效唑的分子式为$C_{15}H_{20}ClN_3O$，原药为白色固体，熔点165～166 ℃，沸点460.9 ℃，不易溶于水。储藏温度在0～6 ℃下密封保存。多效唑可以与一般的农药混合使用，但不能和碱性农药一起使用，常用的剂型为15%的可湿性粉剂。它是一类三唑型广谱性少毒害的植物生长调节剂，属于内源赤霉素合成的抑制剂，经过作物的根系、茎以及叶片都能够被植物吸收利用。在植株的根部吸收之后会经过木质部向作物上部运输，在叶片吸收之后移动会比较慢。它的作用机理是经过抑制贝壳杉烯、贝壳杉烯醇、贝壳杉烯醛的生物合成。通常多效唑具有的生理功能有：可以有效地控制新梢或者是植株旺长，抑制茎秆伸长、矮化作物，促使作物的侧芽萌发，提高花芽的数量，增加坐果率，提高叶片里含有的叶绿素量以及可溶性蛋白含量，增强光合速率，降低气孔导度以及蒸腾速率得到下降，促使作物的根系发达，增强植株的抗寒能力，提高果实的钙含量，避免及减少贮藏出现的病害等；但是大量使用的时候会造成叶片出现皱缩，致使果实变小、果柄较为短粗、色泽暗等。

1984年，Balasubramanyan等提出了多效唑的3种合成路线，分别是：(1)以卤代频那酮、三氮唑和对氯氯苄为原料，经两步缩合、一步还原得目标产物；(2)以对氯苯甲醛、三氮唑和频那酮为原料，经缩合、还原、嗅代、缩合、还原反应得目标产物；(3)以1-(4-氯苯基)-2-(1,2,4一三唑-1-基)丙-3-酞氯与格氏试剂为原料，经缩合、还原反应得目标产物。卤代频那酮与三氮唑在碳酸钾存在的有机溶剂中经缩合反应生成a-1,2,4-三唑-1-频那酮(简称唑酮)，再与对氯氯苄缩合生成a-对氯苄基-1,2,4-三唑-1-频那酮(简称氯唑酮)，最后用硼氢化钾还原羰基为醇羟基，得最终产物多效唑。该路线原料易得，步骤少，而且中间体唑酮是良好的杀真菌剂、氯唑酮是良好的植物生长抑制剂，故该路线适宜工业化开发，但由于硼氢化钾价格昂贵，有待于进一步寻找其他的优良还原方法；对氯苯甲醛和频那酮在碱性条件下发生缩合反应生成氯苄基频那酮，经还原得对氯苄基频那酮，溴化后在碳酸钾的存在下于丙酮中，用1,2,4-三氮唑取代溴生成氯唑酮，最后经还原得多效唑。该路线原料易得，但是步骤太多，操作烦琐、反应周期长，还要用到溴素，溴素毒性大，应尽量避免使用；1-(4-氯苯基)-2-(1,2,4一三唑-1-基)丙-3-酞氯与格氏试剂为原料经缩合、还原反应得多效唑。该路线虽步骤少，但原料难得且易水解，反应需在无水条件下进行，一般不采用。

张占萌(2016)通过对3种合成方法的改进，最终确定了以一氯频那酮、三氮唑钠、对氯氯苄和氢气为原料的合成路线。以三氮唑钠为初始原料，聚乙二醇600为相转移催化剂，在乙酸乙酯溶液中与一氯频那酮经缩合反应生成唑酮，再与对氯氯苄进行缩合反应生成氯唑酮，最后经还原反应得目标产物多效唑。各步反应的产物通过熔点法、1H NMR、FT-IR、GC进行了结构表征和定性定量分析。该合成路线是一条原料价廉易得、操作简便、后处理简单、收率高、纯度好的路线，具有一定的工业化潜力，有良好的应用市场。

多效唑最初是在20世纪80年代研制成功，属于一种高活性三唑类植物生长调节剂，同时也可以当作广谱杀菌剂使用。多效唑的作用性很强，适用范围也很广，在全球都有着不错的销量。多效唑在农业生产中的价值主要体现在它对农作物生长的控制效应。该药剂可以延缓植物的生长，抑制茎秆伸长，缩短节间，促进植物分蘖，促进花芽分化，增加植物抗逆性能，提高产量。多效唑对于水稻、麦类、棉花、花生、大豆及果树等农作物都有着十分显著的效果，适用性极强。在大豆中施用多效唑能控制大豆植株高度，缩短节间长度，增加单株分枝和荚、粒数，提高结实率,促进顶荚的形成,可增产 12%以上。适宜的浓度为 0.01%~0.02%,春大豆宜低,夏大豆稍高;长势一般的宜低,长势好的稍高。每亩用 15%多效唑可湿性粉剂 50~100 g,加水 75 kg 稀释后在始花前 5 d 左右至始花后 7 d 左右均匀喷布在叶片正反面。芝麻在播种时,为了有效地防止倒伏,在芝麻长出 1~2 对真叶期,进行喷施抑制型的激素多效唑,喷施多效唑宜早不宜迟,能够有效地抑制芝麻苗期的营养生长,迅速促进芝麻植株根部的生长发育,使得芝麻根系增多,芝麻根深蒂固,从而降低芝麻的结荚部位,避免芝麻头重脚轻,造成风雨后倒伏的可能性。在油菜苗期喷施适量多效唑后,能对幼苗控长,使其矮化,假茎增粗,分枝早、数量多,叶片增厚变宽,叶绿素增多,有效分枝着生部位降低,减少栽后败苗,且在越冬时抗寒能力强。在薹期喷施,又可以防止倒伏,增角、增粒。

6. 易丰收 易丰收生物制剂是由辽宁省农业科学院研制的纯天然源生理活性物质,作为纯天然高科技产品,用量小、作用大、增产、优质、安全、环保。通过促进和调控作物的营养生长和生殖生长,达到高产、优质、抗逆的作用。易丰收主要含吲哚乙酸、玉米素、脂肪酸及多种微量金属离子等纯天然源生理活性物质,对人类健康、生态环境保护、粮食增产以及实现农业可持续发展意义重大。

易丰收是新一代植物生长调节剂,主要成分来源于野生植物内生菌提取物的数 10 种纯天然源生理活性物质的平衡复合体。施用微量即可有效促进和调控作物的营养生长与生殖生长,提高果实品质。

于洪波等(2011)采用小区、大区对比与小面积示范试验研究易丰收拌种、幼苗期叶面喷施和开花下针期喷施处理对不同茬口地种植花生的主要形态性状、经济性状及产量的影响。结果表明,易丰收处理比对照增产 4.9%~7.8%,且易丰收应用越早增产效果越好,拌种比幼苗期喷施增产效果好,幼苗期喷施效果又好于开花下针期效果;在生茬地应用的增产效果要好于重茬地。

李韬(2013)通过研究易丰收对花生播种前拌种、开花下针期喷雾及播种前拌种加开花下针期喷雾 3 种模式处理,研究其对花生的农艺性状、生理性状、产量构成因素和产量的影响,发现拌种有壮苗和促进生长的作用,使花生出苗整齐,长势粗壮,并且提前了花生的苗期和花期;有改善花生农艺性状和生理性状的作用,提高花生的主茎高、分枝数和主茎节数,有效地提高花生的叶面积和干物质重,并能够不同程度地提高花生的荚果干重、百果重、百仁重和出仁率。

7. 甲哌 甲哌为内吸性植物生长延缓剂,能抑制细胞伸长和赤霉素的生物合成,延缓营养期生长,使植株矮化,增加叶绿素含量,提高叶片同化能力。一般与多效唑复配成 10%多唑·甲哌可湿性粉剂,施后能有效控制植株徒长(疯长),使植株矮壮,防倒伏,缩短主茎和枝节,控制营养生长,促进生殖生长,将营养转移到荚果或穗粒生长上,提高结实率和籽粒饱满率,施后叶色深绿。

在大豆生长中,于大豆盛花期,施 10%多唑·甲哌可湿性粉剂 80~130 g/亩,对控制大豆疯长、抑制株高有一定的作用效果,同时能提高大豆的分枝数、有籽夹和产量,且对大豆品质无不良影响,也无药害产生(毛红彦,2007)。在花生结荚初期,每亩喷施 10%多唑·甲哌可湿性粉剂 130~167 g,能有效控制植株徒长(疯长),矮壮植株,防倒伏,缩短主茎和枝节,控制营养生长,促进生殖生长,将营养转移到荚果或穗粒生长上,提高结实率和籽粒饱满率,施后叶色深绿。在棉花徒长初期,喷施 25%、250 g/L 甲哌水剂 12~16 mL/亩,能有效调节生长,矮化,打顶,增产。延缓营养体生长,使植株矮小化,株形紧凑,能增加叶绿素含量,控制棉花旺长、疯长。防止蕾铃脱落,显著促进蕾铃膨大,使棉株节短,茎秆粗壮,使棉花根系活力增强。

8. B9　农药B9,也称比久,即二甲胺琥珀酰胺酸(丁酰肼)的俗称,是一种植物生长延缓剂,具有杀菌作用,用作干果树生长的抑制剂,能抑制植物疯长。丁酰肼对双子叶植物敏感,具有良好的内吸、传导性能,能控制作物徒长,调节营养分配,使作物健壮高产。还可以增加作物叶绿素含量,延缓叶绿体衰老,使生长速度减慢,有利于花芽分化,增加开花数和提高坐果率。

李子华等(2021)研究了叶面施用丁酰肼对福建茶生长的影响。试验结果表明,各浓度丁酰肼药剂喷施7 d后福建茶叶片颜色开始明显加深,节间缩短,枝叶硬度增加,不同浓度对福建茶的抑制效果存在差异,且随着浓度的递增,效果更明显,药效有消退期,在喷施后14 d达到最大值,并开始衰减,浓度越高消退越慢,27 d观测得200倍液处理的福建茶还保持较好的均匀性和可观性。

敖地秀等(2021)试验表明,不同浓度丁酰肼对同一品种大菊株高影响较大,同一浓度丁酰肼对生根快、中、慢三类型的大菊品种株高影响差异不大。每7 d处理的2个浓度梯度,生长调节剂浓度高,抑制植株的株高生长明显。在同一浓度的处理下,每10 d更适合对菊花植株株高喷施,对于大多数品种,每10 d喷施1次3 g/L的生长调节剂丁酰肼对株高控制为最佳。不同浓度丁酰肼对观赏大菊品种的花径、叶长、叶宽、节间长、茎粗等有明显影响,生长调节剂丁酰肼对株高具有抑制作用。

9. 三十烷醇　又称蜂花醇,是一种天然的长链植物生长调节剂,可从蜂蜡中或者植物蜡质材料中提取,纯品为白色鳞片状晶体。相对分子量为438.8,相对密度为0.777,难溶于水,在室温下水中的溶解度约为10 mg/kg。难溶于冷乙醇、甲醇、丙酮,可溶于乙醚、氯仿、三氯甲烷,性质较稳定。

曹建等(2021)研究表明,硝酸钙胁迫可导致番茄幼苗叶片丙二醛(MDA)含量和膜透性显著升高,其净光合速率、气孔导度、蒸腾速率、胞间CO_2浓度均显著下降,幼苗干物质积累减少,幼苗生长显著受到抑制;叶面喷施1 mg/L三十烷醇可降低硝酸钙胁迫下番茄幼苗叶片MDA含量以及细胞膜透性,维持番茄幼苗良好的光合性能,从而促进其生长,有效缓解硝酸钙胁迫造成的伤害和三十烷醇对硝酸钙胁迫下番茄幼苗生长的影响。

(二)施用时期、方法和效果

1. 缩节胺　在棉花出蕾期、初花期和盛花期喷施缩节胺是改善机采棉株型、提高产量品质的最佳喷施时期。此时喷施缩节胺能够提高纤维长度和强度且不会降低产量,开花期开始化控也可以保证产量,但提高纤维品质的效果较小。一般缩节胺的喷施用量以120～135 g/hm^2为宜,群体叶面积指数变化动态和最大值较适宜,纤维品质好,产量最高。出蕾期、初花期和盛花期各喷施15 g/hm^2、30 g/hm^2、45 g/hm^2缩节胺有利于提高光合速率、单株结铃数、铃重和皮棉产量。

2. 乙烯利　乙烯利作为脱叶剂常与其他药剂混配,如脱吐隆,一般每公顷用量为225 mL脱吐隆+900 mL助剂+1050 mL乙烯利对棉花产量有明显的促进作用。在田间自然吐絮率达到50%时施药,脱叶速率提升快,脱叶率较高,在吐絮率40%～50%时喷施脱叶剂,对棉花产量品质均有明显的提升,吐絮率50%,棉花产量提高最大,吐絮率60%时喷施药剂,对棉花产量、品质无明显的影响,越早喷施脱叶剂棉花吐絮越好。综合来看,田间自然吐絮率达到

50%时施药,效果最好。

3.6-苄基腺嘌呤　分别于棉花现蕾后15 d、初花后1 d及15 d叶面喷施6-苄基腺嘌呤,喷施浓度20～30 mg/L时,有利于上下部外围果节的增加,使得棉花现蕾高峰后移,且增加了后期现蕾数,以增加棉花果枝、有效果节量、现蕾和成铃强度,提高成铃数和铃重,进而增加产量。

4.矮壮素　矮壮素是一种季铵盐类广谱性植物生长调节剂,能有效地控制花生疯长,提高花生产量,而且在植物体内降解很快,进入土壤后能迅速被土壤微生物分解,对后茬作物无不良影响。因此,矮壮素可在花生上使用,以控制疯长,防止倒伏,促进增产。建议用量为50%矮壮素水剂10 mL/亩加水50 kg常规叶面喷施,使用时间以花生播种后50～60 d为宜。

5.多效唑　在花生盛花末期喷洒药剂多效唑(15%可湿性粉剂)能有效降低株高,增加结荚数,提高双仁率,增加产量;同时能提高花生脂肪含量及油酸含量,降低蛋白质含量。建议在花生盛花末期施药1次,推荐以有效成分40～60 g/亩为最佳施用剂量。

6.易丰收　一般易丰收于花生播种前拌种或开花下针期喷雾处理。拌种一般每0.1 mL调节剂加200 mL水,拌花生种8 kg,喷雾浓度为每1 mL调节剂加30 L水,喷施1亩花生地。花生上应用易丰收植物生长调节剂可明显改善花生主要形态性状、经济性状,提高花生产量,其中拌种效果好于开花下针期效果,易丰收增产幅度明显,在生茬地应用效果好于重茬地。

7.B9(丁酰肼)　浓度为20 mg/L的丁酰肼最适宜保存离体的马铃薯,丁酰肼可以有效缩短试管苗(土豆)的节间距,且随着浓度增加,可用节数也逐渐减少。丁酰肼对番茄各项指标均无增长效果。0.1 g/L的丁酰肼对无患子地茎增粗效果明显,增粗了23.83%,也对无患子生长矮化作用显著;浓度超过0.5 g/L时,无患子叶绿素含量出现比对照组少的情况。

参考文献

敖地秀,陈东亮,刘华,等,2021.植物生长调节剂配施对大菊观赏性状的影响[J].湖北农业科学,60(8):110-113,117.

曹建,夏春阳,刘涛,等,2021.三十烷醇对硝酸钙胁迫下番茄幼苗生长的影响[J].现代农业科技(9):111-114.

陈俊华,郭世保,徐雪松,等,2016.5%调环酸钙泡腾颗粒剂对小麦的调控作用[J].江苏农业科学(44):43-146.

陈开平,耿辉辉,蒋晴,等,2016.矮壮丰与多效唑对小麦的田间效应[J].大麦与谷类科学,33(4):53-55.

陈晓光,尹燕枰,石玉华,等,2011.氮肥和多效唑对小麦茎秆木质素合成的影响及其与抗倒伏性的关系[J].中国农业科学(44):3529-3536.

陈育华,2015.玉米喷施矮壮素效果分析[J].北京农业(15):105.

崔凤娟,熊景龙,张利,等,2014.不同时期喷施麦巨金对小麦抗倒性及产量的影响[J].现代农业科技(12):9-10,12.

董立盛,2021.矮壮素对日光温室马铃薯生长和产量的影响[J].青海农林科技(3):83-86.

樊海潮,顾万荣,尉菊萍,等,2017.植物生长调节剂增强玉米抗倒伏能力的机制[J].江苏农业学报,33(2):253-262.

范芳,刘家伟,2013.α-萘乙酸甲酯对土豆发芽生长影响[J].广东石油化工学院学报,23(06):27-30,41.

范秀珍,肖华山,刘德盛,等,2003.三十烷醇和磷酸二氢钾混用对水稻的生理效应[J].福建师范大学学报(自然科学版)(4):80-84.

傅家瑞,1977.增产灵、增产素及苯氧乙酸在水稻生产中的应用[J].中山大学学报(自然科学版)(2):38-47.

付莹，王红权，赵玉荣，2017. α-酮戊二酸及其生理作用[J]. 饲料研究(5)：31-33.
高红帅，郭晨，刘春朝，2012. 一步法合成高纯度植物生长调节剂缩节胺：CN102584681A[P]. 2012-07-18.
耿文杰，李宾，任佰朝，等，2022. 种植密度和喷施乙烯利对夏玉米木质素代谢和抗倒伏性能的调控[J]. 中国农业科学，55(2)：307-319.
宫彦龙，雷月，夏原野，等，2017. 幼穗分化期喷施细胞分裂素(CTK)对水稻穗部性状及株型性状的影响[J]. 作物杂志 (5)：112-118.
顾春军，张珍，王治雄，等，2018. 多效唑对本田期籼粳稻'浦优 201'株高及产量影响[J]. 上海农业学报，34(5)：33-36.
关立，韩勇，李晓亮，等，2007. 植物生长调节剂丰优素对小麦产量因素及容重的影响[J]. 安徽农业科学，35(12)：3510-3511.
郭建芳，武小平，丁健，等，2020. 矮壮素对藜麦抗倒伏的影响[J]. 山西农业科学，48(7)：1019-1021，1025.
郭世保，徐雪松，王朝阳，等，2016. 调环酸钙对小麦群体性状和产量的调控作用[J]. 湖北农业科学(55)：1706-1709.
韩巧霞，王永锋，王化岑，2007. 不同喷洒时期及剂量麦业丰对小麦植株性状及产量的影响[J]. 安徽农学通报，13(19)：158.
何钟佩，李丕明，奚惠达，等，1991. DPC 化控技术在棉花上的应用和发展——从防止徒长到系统的定向诱导[J]. 北京农业大学学报 (S1)：58-63.
贺笑，庞春花，张永清，等，2018. 多效唑和矮壮素浸种对藜麦幼苗生长的影响[J]. 河南农业科学，47(1)：26-31.
后猛，王欣，张允刚，等，2013. 外源激素对甘薯生长发育的影响[J]. 西南农业学报，26(5)：1829-1832.
胡永红，顾鹏飞，杨文革，等，2016. 一种利用磁性树脂分离提纯赤霉素 GA_3 的工艺：CN105418568A[P]. 2016-03-23.
黄春明，马丽华，彭辉，等，1998. 春小麦使用矮壮素、缩节胺、整枝灵试验示范报告[J]. 农业技术(2)：4.
黄升财，王冰，谢国强，等，2019. 赤霉素 GA_4 是水稻矮化特征的重要调节因[J]. 中国农业科学，52(5)：786-800.
黄献洪，朱满庭，赵建根，2009. 叶面宝在蚕桑中的试验[J]. 蚕桑茶叶通讯(6)：10-11.
纪晓俊，彭辉，施天穹，等，2017. 一种利用藤仓赤霉菌渣生产赤霉素 GA_3 的方法：CN201710022663.7[P]. 2017-03-22.
姜书贤，娄麦兰，1991. 夏玉米喷施叶面宝增产效果的初步研究[J]. 河南农业科学 (1)：7-9.
蒋双静，涂延年，2000. "活力素""叶面宝"在夏栽生菜上的喷施试验[J]. 上海蔬菜 (1)：55.
蒋祝成，叶仁宏，霍金泉，等，2008. 玉米健壮素在大麦上的使用初探[J]. 大麦与谷类科学(1)：49-50.
景先尤，2018. 吨田宝不同浓度施用对玉米生产的影响[J]. 安徽农学通报，24(5)：51-52.
李成，顾金銮，徐晓青，等，2008. 小麦喷施矮壮丰控高防倒效果评价[J]. 大麦与谷类科学，3(19)：46-47.
李成庆，2013. 麦巨金对小麦防倒增产效果研究[J]. 安徽农学通报(19)：42，53.
李春喜，姚利娇，云邵，等，2009. 麦巨金微乳剂对小麦抗倒伏性及产量形成的效应[J].. 麦类作物学报(29)：1060-1064.
李东，郑殿峰，冯乃杰，等，2017. S(3307)和 KT 对春玉米叶片碳代谢及产量的影响[J]. 中国农学通报，33(7)：16-21.
李广亮，2021. 春甘薯"前促后控"化学调控技术与传统栽培方式比较试验[J]. 科学种养 (5)：22-23.
李华伟，陈欢，赵竹，等，2015. 作物生长调节剂对小麦抗倒性及产量的影响[J]. 中国农学通报(31)：67-73.
李建华，1998. 玉米小喇叭口期缩节胺化控效果好[J]. 农村科技 (7)：6.
李建磊，李自坤，满朝军，2010. 化学调控剂对甘薯植株生长及产量构成的影响[J]. 中国农村小康科技 (10)：52-53.
李建民，董学会，何钟佩，等，2005. 乙烯利—缩节安复配剂对夏玉米根系伤流液的影响[J]. 玉米科学(3)：80-

82,85.
李金涛,杨玉娜,柴梦梦,等,2020. 乙烯调控水稻根系生长素合成及运输研究[J]. 信阳师范学院学报(自然科学版),33(3):377-384.
李金霞,李云,李瑞奇,等,2010.4种植物生长调节剂对冬小麦旗叶细胞形态的影响[J]. 河北农业大学学报. 33(1):1-5,11.
李玖玲,2018. 矮壮素、脱落酸、山梨醇、丁酰肼植物生长抑制剂对马铃薯种质离体保存的影响分析[J]. 南方农机(10):130-130.
李丽杰,顾万荣,张倩,等,2015. 外源亚精胺对干旱胁迫下玉米幼苗叶片生理及根系特征参数的影响[J]. 农药学学报,17(3):291-299.
李玲,赵明,李连禄,等,2007. 乙矮合剂对玉米产量和茎秆质量的影响[J]. 作物杂志 (5):51-54.
李敏,张志强,2007. 玉米制种两期化控技术[J]. 实用技术(6):40-41.
李鹏兵,文明,王乐,等,2019. 叶面喷施6-BA对棉花蕾铃形成及产量的影响[J]. 新疆农业科学,56(5):864-872.
李世民,张立国,胡庆明,2011. 不同化控剂在玉米上的应用效果[J]. 现代化农业(6):21.
李韬,2013. 植物生长调节剂不同处理方式在花生上的应用效果研究[D]. 北京:中国农业科学院.
李小艳,许晅,朱同生,等,2013. 细胞分裂素对玉米产量性状的影响[J]. 中国农学通报,29(36):219-223.
李莹,王志强,马超,等,2012. 外源α-酮戊二酸对干旱胁迫下小麦籽粒灌浆和产量形成的影响[J]. 麦类作物学报(32):249-253.
李岳容,2020. 打顶与喷施乙烯利对不同源库类型花生生理特性和产量品质的影响[D]. 泰安:山东农业大学.
李永才,毕阳,2012. 几种新型马铃薯抑芽剂效果评价[J]. 中国农学通报,28(6):135-139.
李子华,李秋静,谢腾芳,等,2021. 叶面施用丁酰肼对福建茶生长的影响[J]. 现代园艺,44(8):3-5.
梁冰,2013. 2.4%硝钠·萘乙酸悬浮剂调节马铃薯生长试验研究[J]. 新农村(黑龙江),20(24):54-55.
刘德盛,陆修闽,何明忠,等,2002. 植物生长调节剂三十烷醇(TA)乳粉对水稻产量的影响[J]. 中国工程科学(11):82-88.
刘敬然,刘佳杰,孟亚利,等,2013. 外源6-BA和ABA对不同播种期棉花产量和品质及其棉铃对位叶光合产物的影响[J]. 作物学报,39(6):1078-1088.
刘玲,谢影,陈昌剑,2011. 萘乙酸浸种对杂交水稻"开优8号"幼苗生理特性的影响[J]. 淮南师范学院学报,13(5):5-6.
刘文彬,冯乃杰,李东,等,2017. 乙烯利和激动素对玉米茎秆抗倒伏和产量的影响[J]. 中国生态农业学报,25(9):1326-1334.
刘杨,顾丹丹,许俊旭,等,2012. 细胞分裂素对水稻分蘖芽生长及分蘖相关基因表达的调控[J]. 中国农业科学,45(1):44-51.
柳延涛,徐安阳,段维,等. 2018. 缩节胺、多效唑和矮壮素对向日葵生理特性的影响[J]. 中国油料作物学报,40(2):241-246.
卢翠华,邸宏,张丽莉,2009. 马铃薯组织培养原理与技术[M]. 北京:中国农业科学技术出版社.
卢霖,董志强,董学瑞,等,2015. 乙矮合剂对不同密度夏玉米茎秆抗倒伏能力及产量的影响[J]. 作物杂志 (2):70-77.
罗峰,杨辉,2011. 烯效唑对小麦幼苗生长发育的影响[J]. 安徽农业科学,39(36):22267-22268,22434.
罗海波,张金诚,熊华琼,2000. 植物生长调节剂对马铃薯扦插苗成活率的影响[J]. 耕作与栽培 (6):46.
马海兰,2018. 矮壮素、脱落酸、山梨醇、丁酰肼植物生长抑制剂对马铃薯种质离体保存的影响分析[J]. 南方农机,49(5):54.
马葵阳,于芳祥,2005. 玉米制种喷施矮壮素试验效果[J]. 新疆农业科技 (4):14.
马少康,赵广才,常旭虹,等,2010. 氮肥和化学调控对小麦品质的调节效应[J]. 华北农学报(25):190-193.

马跃峰,李雪生,林明珍,2000. α-萘乙酸乳油浸秧对晚稻植株素质及产量的影响[J]. 广西农业科学 (4):176-177.
马正波,董学瑞,房孟颖,等,2021. 矮壮素配合氮肥全基施对华北夏玉米氮素利用的调控效应[J]. 应用生态学报,32(3):931-941.
毛红彦,2007. 10%多效·甲哌可湿性粉剂调节大豆生长田间药效试验报告[C]. 河南省植物保护研究进展Ⅱ(上):329-333.
母德伟,冯乃杰,郑殿峰,等,2022. 乙烯利缓解盐胁迫对水稻幼苗根系的伤害[J/OL]. 分子植物育种,1-20.
聂乐兴,姜兴印,吴淑华,等,2010. 胺鲜酯对高产玉米的调控作用研究[J]. 玉米科学,18(6):33-37.
宁淑香,姜敏,1999. 多效唑处理对玉米植株抗旱能力的影响[J]. 辽宁农业科学(2):16-18.
裴志超,董志强,宋慧欣,等,2014. 聚糠萘合剂对东北寒地春玉米产量和茎秆质量的影响[J]. 北京农业(12):17-20.
任永峰,黄琴,王志敏,等,2018. 不同化控剂对藜麦农艺性状及产量的影响[J]. 中国农业大学学报,23(8):08-16.
僧珊珊,王群,张永恩,等,2012. 外源亚精胺对淹水胁迫玉米的生理调控效应[J]. 作物学报,38(06):1042-1050.
邵庆勤,周琴,王笑,等,2018. 不同小麦品种物质积累转运与抗倒性差异及其对多效唑的响应[J]. 核农学报,32:2438-2447.
邵云,张黛静,冯荣成,等,2011. 3 种化学调控剂对西农 979 抗倒伏性的影响[J]. 西北农业学报,20:53-57.
邵运辉,岳俊芹,郑飞,等,2009. 植物生长调节剂"麦健"的增产效果及增产机理研究[J]. 现代农业科学,16(4):24-26.
申占保,2013. 玉米健壮素对浚单 20 玉米生长发育的影响[J]. 现代农业科技(23):43-44.
孙倩,梁威威,贾琳,等,2014. a-酮戊二酸对低水氮下冬小麦产量相关性状的影响[J]. 安徽农业科学,42:671-674,676.
田长录,李爽,张静萍,2009. 叶面宝在樟子松育苗上的应用[J]. 吉林林业科技,38(2):42,62.
王晨霞,任如佳,常瑞雪,等,2020. 生物活性物质提高玉米种子萌发及抗盐能力[J]. 中国农业大学学报,25(7):20-27.
王大全,1999. 精细化工生产流程图解(二部)[M]. 北京:化学工业出版社.
王菲菲,2018. 0.67 mg/kg 国光"优丰"三十烷醇微乳剂对小麦生长和产量的影响[J]. 现代农业科技(7):149,154.
王娟,2014. 多效唑处理对玉米农艺性状的影响[J]. 吉林农业 (8):19.
王清,王建军,陈兴龙,2019. 一种多级串联反应釜及利用该装置制备矮壮素的方法:CN108499508B[P].
王同岁,2019. 国光优丰(0.1%三十烷醇微乳剂)对小麦生长及产量的影响试验[J]. 安徽农学通报,25(5):9-10.
王兴,徐琛,苍晶,等,2013. 外源 6-BA 对小麦种子萌发及越冬期植株冻害的缓解作用[J]. 麦类作物学报,33(2):357-363.
王友华,刘佳杰,陈兵林,等,2011. 6-BA 和 ABA 缓解棉纤维发育低温胁迫的生理机制[J]. 应用生态学报,22(5):1233-1239.
魏湜,杨振芳,顾万荣,等,2015. 化控剂玉黄金对玉米品种东农 253 穗部和抗倒性影响[J]. 东北农业大学学报,46(12): 1-7.
文廷刚,杜小凤,王伟中,等,2016. 乙烯利和劲丰对小麦干物质积累与转运特征及产量的影响[J]. 西南农业学报,29(12):2817-2823.
吴玲玲,2010. 麦业丰在小麦上应用试验[J]. 农药与植保,11:14.
吴儒刚,贾德新,范业泉,等,2017. 植物生长调节剂对德抗 961 产量及株高的影响[J]. 安徽农业科学(45):50-52.
席凯鹏,席吉龙,杨娜,等,2017. 玉黄金化控对玉米抗倒性及产量的影响[J]. 山西农业科学,45(6):993-995.
席小莉,杨曼曼,杨频,2005. 6-苄氨基嘌呤及其金属配合物与 DNA 的作用机理[J]. 无机化学学报,21(12),1847-1852.
解振兴,董志强,薛金涛,2010. 聚糠萘合剂对玉米叶片衰老及产量的影响[J]. 玉米科学,18(1):82-86.

胥明，2015. 外源激素复配对槭属植物生根能力的影响研究[J]. 绿色科技，3(4)：38-41.
禤维言，张涛，黄永禄，等，2010. 缩节胺对花生生长发育的影响[J]. 广西农学报，25(3)：16-19，36.
徐富贤，蒋鹏，周兴兵，等，2020. 多效唑对杂交中稻不同密肥群体产量和抗倒伏性的影响[J]. 核农学报，34(5)：1088-1096.
闫慧萍，彭云玲，赵小强，等，2016. 外源24-表油菜素内酯对逆境胁迫下玉米种子萌发和幼苗生长的影响[J]. 核农学报，30(5)：988-996.
闫书春，1992. α-萘乙酸的制备[J]. 辽宁化工(5)：31-33.
杨春，杜珍，齐海英，等，1998. 萘乙酸、吲哚丁酸、赤霉素对脱毒马铃薯扦插苗成活率的影响[J]. 中国马铃薯(4)：199-202.
杨东清，李玉玲，倪英丽，等，2014. 外源ABA和6-BA对不同持绿型小麦籽粒灌浆进程及蛋白质含量影响[J]. 作物学报，40(2)：301-312.
杨洪兵，荆学民，邱念伟，等，2001. 麦业丰对滨海盐碱地覆膜冬小麦生长及产量的效应[J]. 山东农业科学，1(14)：29-30.
杨华应，2000. 玉米健壮素使用技术[J]. 农村实用技术(2)：27-28.
杨涛，王树剑，赵伟，等，2016. 苯醚甲环唑对小麦籽粒GA含量的影响[J]. 植物保护学报(4)：96-98.
杨文飞，曹晓利，杜小凤，等，2011. 新型增产抗倒营养剂劲丰在小麦后期应用的生物学效应[J]. 广西农学报，26(6)：4-6，15.
杨文钰，樊高琼，任万军，等，2005. 烯效唑干拌种对小麦根叶生理功能的影响[J]. 中国农业科学，38(7)：1339-1345.
杨云娣，2019. 矮壮丰在小麦生产上的应用效果研究[J]. 现代农业科技(24)：9，11.
杨云云，陈鑫，陈启洲，等，2021. 脱落酸对水稻种子萌发期耐高温胁迫的诱抗效应[J]. 华北农学报，36(3)：185-194.
姚维传，张从宇，刘爱荣，等，2002. 喷施化学物质对干旱胁迫下小麦苗期生长及产量的影响[J]. 安徽农业科学，30(1)：45—47.
尹统利，邬信康，1981. 4-碘苯氧乙酸对水稻生长发育的影响[J]. 吉林农业大学学报(2)：70-71，53.
于洪波，于树涛，史普想，等，2011. "易丰收"植物生长调节剂在花生上的应用效果研究[J]. 安徽农业科学，39(9)：5133-5135.
于佩锋，潘业兴，武军，2004. 几种植物生长调节剂在玉米上应用效果[J]. 耕作与栽培(3)：44-45.
于运华，刁家连，李建民，等，1998. 壮丰安对冬小麦春生叶生理功能的调控效应初步研究[J]. 作物学报，(24)：9984-9989.
鱼彩彦，周建斌，拓秀丽，等，2007. 不同氮水平下化学调控对旱地冬小麦生长及产量的影响[J]. 干旱地区农业研究(25)：58-62.
张芳，陆涵，何永明，2022. 水稻雄蕊发育晚期赤霉素生物合成特性分析[J]. 江西农业大学学报，44(1)：21-28.
张海娜，李存东，肖凯，2007. 外源6-BA对棉花光合和叶片衰老特性的调控效应研究[J]. 棉花学报(6)：467-471.
张俊杰，2011. 小麦专用调节剂麦巨金的防倒增产效果初步研究[J]. 安徽农学通报，17(22)：42，44.
张文学，管珊红，孙刚，等，2012. 外源激素复配剂对早稻籽粒灌浆特性的影响[J]. 江西农业学报，24(2)：1-5，18.
张占萌，2016. 多效唑的合成工艺研究[D]. 天津：河北工业大学.
赵伟，2014. 苯醚甲环唑在小麦灌浆中后期防病增产应用试验[J]. 中国植保导刊(34)：62-65.
赵小强，钟源，2021. 玉米种子对深播胁迫的生理响应机制及分子遗传机理研究进展[J]. 分子植物育种，19(7)：2381-2390.
赵增国，张红艳，刘尚远，等，2004. 植物生长素3-吲哚丁酸合成新工艺：CN1746160[P].
钟晓斌，2012. 马铃薯抗旱增产试验[J]. 农业科技与信息(13)：6-7.

周青，朱江胜，吴宏友，等，2003. 拔节期前喷施麦业丰对小麦后期生长发育的调控效应[J]. 江苏农业科学(1)：15-17.

周运刚，王俊刚，马天文，等，2010. 不同DPC(缩节胺)处理对棉花生理生化特性的影响[J]. 新疆农业科学，47(6)：1142-1146.

朱林波，李敬伟，李明锐，等，2014. 施用多效唑对玉米幼苗生长、重金属含量与累积量的影响[J]. 贵州农业科学，42(1)：29-32.

Ahmad I，Meng X-P，Kamran M，et al，2020. Effects of uniconazole with or without micronutrient on the lignin biosynthesis，lodging resistance，and winter wheat production in semiarid regions[J]. Journal of Integrative Agriculture. ，19：62-77.

Sauer M，Porro D，Mattanovich D，et al，2008. Microbial production of organic acids：expanding the markets[J]. Trends Biotechnol，26：100-108.

第二章
化学调控在作物栽培中的应用

第一节　小麦栽培中的化学调控

一、化学调控的作用

小麦化学调控技术主要是指通过应用植物生长调节剂来调控小麦的基因表达、器官发育和形态构建，从而实现对小麦外部形态特征和内部生理代谢进行调控的技术。在生产实践中，小麦化学调控主要调节植株生育进程，保证正常的生理活动，促进壮秆防倒和逆境防御，从而实现优质高产的目的。

(一)对生育进程和生理活动的影响

吕双庆等(2005)采用田间试验研究了两种密度条件下不同时期和不同浓度多效唑以及多效唑+GA_3 处理对旱地小麦生理特性及产量的影响。结果表明，多效唑显著增加了小麦分蘖数，降低了株高和叶面积，降低程度随浓度增高和次数增加而更显著；GA_3 减轻了多效唑的抑制作用。多效唑对越冬期叶绿素含量无影响，但提高了拔节期的含量；抑制了越冬期硝酸还原酶活性，而对拔节期硝酸还原酶活性、硝态氮含量及总量无效果。三叶期喷施多效唑，同时在拔节期喷施多效唑+GA_3 增加了成穗数，减少了穗粒数，保持和提高了粒重，增产达 5.8%。多效唑的效果因喷施时期和密度而不同，可能与水肥条件的差异有关。

孟庆堂等(2006)曾进行了小麦起身期喷施矮壮丰、壮丰安的试验研究。结果表明，在小麦起身期(倒 5 叶)喷施矮壮丰 750 mL/hm^2、壮丰安 525 mL/hm^2，均可有效地抑制基部节间伸长，使植株矮化，茎基部粗壮，增强抗倒伏能力。喷施矮壮丰和壮丰安均有增产效应，其中喷施矮壮丰 750 mL/hm^2 增产效果最好，增产达 6.2%。揭示了矮壮丰、壮丰安对小麦群体质量的调控效应及防倒伏增产机理。

黄益洪等(2009)研究了微生物源脱落酸(ABA)对小麦种子萌发和幼苗生长发育的影响，以白粒小麦宁麦 11 号为材料，通过不同浓度的 ABA 浸种处理研究了微生物源 ABA 对小麦籽粒萌发及幼苗生长的调控作用。结果表明，1～100 mg/L 的 ABA 溶液浸种对白粒小麦种子萌发均具有明显的抑制作用，且 ABA 浓度愈高籽粒萌发受到的抑制作用愈强。当 ABA 浓度为 80～100 mg/L 时，能延缓白粒小麦萌发 2 d 以上；ABA 浸种处理后 5 d 的幼苗，其叶片叶绿素含量上升，SOD 酶活性增高，MDA 含量下降，同时抗坏血酸（AsA）、脯氨酸、可溶性糖和可溶性蛋白质含量明显高于对照，对提高小麦幼苗的抗逆性有重要作用。

杨卫兵等（2011）报道，曾探讨喷施外源脱落酸（ABA）或赤霉素（GA）对小麦籽粒内源激素含量及其灌浆进程的影响。选用山农 1391 和藁城 8901 两个品种，在籽粒灌浆初期喷施 ABA 或 GA 两种外源激素于穗部，定期取籽粒样品，用高效液相色谱法测定籽粒内源激素含量，用 3 次多项方程式对籽粒灌浆进程进行模拟并分析相关参数。结果是喷施外源 ABA 或 GA 均能显著增加两个品种的粒重。外源 ABA 或 GA 对粒重的调控存在粒位效应。喷施 ABA 显著增加强势粒粒重，喷施 GA 使强势粒和弱势粒粒重均显著增加。喷施外源 ABA 显著提高籽粒 ABA 含量，喷施外源 GA 显著提高籽粒 GA 含量，喷施外源 ABA 或外源 GA 均显著提高灌浆中后期籽粒 IAA 和 CTK 的含量，尤其是喷施外源 GA 效果更为明显。喷施外源 ABA 或外源 GA 均能延长籽粒的灌浆持续期，喷施 ABA 显著提高灌浆初期强势粒的灌浆速率，而喷施 GA 显著提高灌浆中后期强势粒和弱势粒的灌浆速率。试验研究结论是，喷施外源 ABA 或外源 GA 通过改变籽粒内源激素水平，调节灌浆起始时间和籽粒灌浆持续期，进而调控籽粒粒重的形成。喷施 ABA 是通过提高强势粒粒重来增加粒重，喷施 GA 是通过提高强势粒和弱势粒的粒重来增加粒重。

王丹等（2012）为给化学调控剂在高产栽培中的应用提供依据，采用裂区试验设计，以小麦品种（系）西农 39、普冰 143 和普冰 476 为材料，以清水为对照（CK），在拔节期和孕穗期分别喷施 250 mg/L 多效唑（MET）和 150 mg/L 水杨酸（SA），分析了化学调控剂处理后冬小麦旗叶光合特性和产量的变化。结果表明，喷施 MET 显著提高了西农 39 和普冰 143 的旗叶光合速率和叶绿素含量，并显著提高了 3 个品种的产量、穗数和穗粒数；喷施 SA 显著提高了普冰 476 的光合速率和叶绿素含量，也显著提高了普冰 143 的光合速率，且 SA 处理均显著增加了 3 个品种（系）的产量、穗数和千粒重，对穗粒数无显著影响。喷施 MET 和 SA 对冬小麦功能叶片蒸腾速率和气孔导度也有影响，且提高了冬小麦的抗旱能力，其中喷施 SA 的效果较为显著。

刘丽杰等（2013）以抗寒品种东农冬麦 1 号和冷敏感品种济麦 22 为试验材料，在 3 叶期时对叶片喷施 ABA。在冬小麦越冬期间对叶片和分蘖节取样，研究外源 ABA 对越冬期低温下冬小麦的蔗糖含量及蔗糖代谢相关酶活性的影响。结果表明，外源 ABA 处理使低温下 2 个冬小麦品种积累了更多的蔗糖，尤其是东农冬麦 1 号的分蘖节。大于 0 ℃低温时外源 ABA 促进了尿苷二磷酸-葡萄糖焦磷酸化酶（UGP）在蔗糖的合成中起主要作用，在小于 0 ℃低温时外源 ABA 则促进了 UGP 在蔗糖分解中起作用；外源 ABA 提高了东农冬麦 1 号叶片和分蘖节以及济麦 22 分蘖节中蔗糖磷酸合成酶、蔗糖合成酶的活性，但济麦 22 叶片中这两种酶的活性则受到 ABA 的抑制；外源 ABA 也不同程度地促进了 2 个小麦品种叶片和济麦 22 分蘖节中酸性转化酶和碱性转化酶活性的提高，但却抑制了东农冬麦 1 号分蘖节中两种酶活性的提高，表明抗寒性强的东农冬麦 1 号对外源 ABA 可能更加敏感，其越冬器官分蘖节保持了较高的蔗糖水平，其蔗糖合成能力的提高将有利于冬小麦植株抵御低温，进而维持植株的存活。

杨冬青等（2013）为深入认识植物激素在小麦抗氧化和调控衰老中的作用机制，以持绿品种汶农 6 号和非持绿品种济麦 20 为材料，在盛花期后喷施脱落酸（ABA）和 6-苄基腺嘌呤

(6-BA),考察外源激素对旗叶衰老过程中生理生化指标动态变化以及籽粒产量的影响,并探讨了激素与衰老的关系。结果表明,汶农6号旗叶的超氧化物歧化酶(SOD)和过氧化物酶(POD)活性、叶绿素含量及籽粒千粒重和产量均大于济麦20,且丙二醛(MDA)含量低于济麦20,表明持绿型品种抗氧化能力强,衰老进程较慢,进而获得较高产量。外源ABA和6-BA处理显著提高花后7~28 d旗叶叶绿素含量,提高花后21~35 d可溶性蛋白含量,显著降低花后28~35 d旗叶MDA含量。外源ABA降低两品种旗叶玉米素(ZR)含量,但提高生长素(IAA)和赤霉素(GA)含量,降低了其在花后28~35 d的ABA含量。6-BA处理提高旗叶ZR含量及花后7~14 d IAA含量,降低济麦20花后21~35 d旗叶ABA含量。外源ABA显著提高汶农6号花后7~21 d旗叶SOD活性,喷施ABA对汶农6号旗叶POD和过氧化氢酶(CAT)活性没有显著性影响,但显著提高了济麦20花后7~28 d POD活性,喷施6-BA提高了两品种7~28 d SOD、POD和CAT活性。试验研究结论是,ABA和6-BA处理改变了旗叶内源激素水平,提高了抗氧化酶活性,降低了MDA含量,延缓了旗叶衰老,从而提高了籽粒产量。

张笑等(2014)为利用发芽抑制剂的化控途径有效防治穗发芽,研究了不同浓度的外源激素脱落酸(ABA)、水杨酸(SA)对种子发芽的抑制作用及其生理生化响应。结果表明,浓度大于70 mg/L的ABA和大于4 mmol/L的SA均不同程度地抑制种子发芽并表现剂量效应,赤霉素对二者有拮抗作用,70 mg/L ABA+8.0 mmol/L SA对小麦普遍具有强烈的发芽抑制效应;ABA阻抑种子发芽是一种延缓作用,受基因型影响较大;SA对不同基因型有强烈的休眠促进作用,并显著提高种子对ABA的敏感性($P<0.01$);种子萌发过程中,两种激素均诱导籽粒α-淀粉酶和PPO活性下降,且SA处理组的酶活性降幅更大;ABA明显促进种子PAL活性,而SA处理组的PAL活性水平最低。因此,ABA与SA的发芽抑制效应与作用方式不同,SA增强种子的ABA敏感性,二者组合产生了良好、稳定的发芽抑制效果。

骆永丽等(2016)曾探讨外源细胞分裂素(6-BA)和不同用量氮肥对小麦花后光合特性的调控效应,为激素与氮肥配合施用提高小麦光合生产力提供理论依据。试验选用持绿型品种汶农6号和非持绿型品种济麦20,设置N0(0)、N1(240 kg/hm^2)、N2(360 kg/hm^2)3个氮肥用量。同时,花后连续3 d叶面喷施25 mg/L的6-苄基腺嘌呤(6-BA)及300 mg/L洛伐他汀(Lovastatin),用量100 mL/m^2。开花后每隔7 d取旗叶,测定叶绿素含量、MDA含量、抗氧化酶活性等生理指标,用高效液相色谱法测定4种内源激素含量,利用脉冲调制式荧光仪测定不同处理下旗叶叶绿素荧光诱导的动力学参数。结果是喷施外源6-BA显著提高两品种小麦旗叶花后不同时期最大光化学效率(F_v/F_m)、实际光化学效率(Φ_{PSII})、光合电子传递速率(ETR)以及光化学猝灭系数(qP),而喷施外源洛伐他汀对上述指标产生显著降低作用。喷施外源6-BA使N0、N1、N2处理下济麦20旗叶Φ_{PSII}分别提高12.08%、14.21%、9.43%,汶农6号旗叶Φ_{PSII}分别提高12.44%、14.84%、11.58%;喷施外源6-BA使N0、N1、N2处理下济麦20旗叶ETR分别提高16.57%、25.81%、18.83%,汶农6号旗叶ETR分别提高13.88%、23.58%、22.80%。两品种其他荧光参数指标表现出以下规律,即6-BA与N1配合对小麦旗叶F_v/F_m、Φ_{PSII}、ETR以及qP的提高效应均高于单一喷施6-BA或6-BA与N2配合。同时,品种、氮肥、激素单一效应及激素与氮肥配合对Φ_{PSII}、ETR、qP影响显著,品种、激素单一效应对F_v/F_m影响显著,而激素与不同用量氮肥配合对F_v/F_m无显著影响。叶面喷施细胞分裂素抑制剂洛伐他汀使N0、N1、N2处理下济麦20旗叶ETR分别降低22.71%、12.06%、

11.92%，两品种其他荧光参数指标 F_v/F_m、Φ_{PSII}、qP 均表现出下降趋势，而增施氮肥能够缓解因细胞分裂素合成减少导致的小麦荧光参数的降低。

郭世保等(2016)为探明调环酸钙对小麦生长和光合作用的影响，设置不同剂量的 5%调环酸钙 EA 分别对豫麦 035 和周麦 22 进行田间试验。结果表明，在小麦拔节前 7～10 d 施用 5%调环酸钙 EA 40～160 g/亩，可矮化植株高度，降低节间长度、增加茎粗，提高光合速率、千粒重和增加产量。其中，施用 5%调环酸钙 EA 160 g/亩的产量最高，豫麦 035 和周麦 22 的籽粒产量分别达 630.52 kg/亩和 583.57 kg/亩，较对照(CK)分别增产 12.70%和 10.26%。5%调环酸钙 EA 对小麦安全有效，无药害，可在小麦上推广使用。

为明确不同有效成分的化学调控剂对冬小麦生长和产量形成的调控作用，吴玥等(2020)采用田间试验，比较了自主研发的微量元素拌种剂(WB)、黄酮类叶面喷施剂(Phu)、磷胺类叶面喷施剂(Pan)以及拌种组合喷施制剂(Whu 和 Wan)对冬小麦干物质积累与分配以及籽粒灌浆过程与产量的影响。结果表明，WB、Whu 和 Wan 处理均能增加冬小麦穗数、穗粒数和千粒重，增产 16.51%以上。与喷施自来水(CK)相比，WB、Whu 和 Wan 处理对各生育期冬小麦不同器官干物质积累量均具有增加效应；所不同的是，WB 处理对冬小麦的促进效应在拔节期和抽穗期凸显，而 Whu 和 Wan 处理对小麦开花后的促进作用更大；并且 Whu 处理的花前干物质转运率和花前干物质转运对籽粒的贡献率分别较 CK 提高了 13.42%和 17.96%($P<0.05$)。开花 43 d 内，各处理均能延长小麦的籽粒灌浆持续期，且 Wan 处理使灌浆持续期延长了 3.82 d($P<0.05$)，Phu 处理使小麦的最大灌浆速率和平均灌浆速率较 CK 分别提高了 5.71%和 5.76%($P<0.05$)。说明不同化学调控剂对小麦的增产作用与干物质积累和转运能力以及籽粒灌浆有关，并且拌种和叶面喷施组合具有协同效应。

张军等(2020)以商麦 1619 和兰黑粒为材料，研究了不同浓度矮壮素(0%、0.5%、1.0%、1.5%、2.0%、2.5%)对小麦幼苗生理特性的影响。结果表明，与对照相比，喷施矮壮素后小麦叶片保护酶活性(SOD、POD、CAT)、渗透调节物质含量(可溶性糖、脯氨酸含量、可溶性蛋白含量)、MDA 含量和根系活力较对照有不同程度的增加；MDA 含量随着矮壮素浓度的增加而增加，其余指标表现出先增后减的变化趋势，其中以 2%矮壮素浓度处理效果较好。

辛秀竹等(2021)为研究不同植物生长调节剂对小麦产量的影响，选用 0.1%噻苯隆、0.01% 28-高茎芸薹素内酯、几丁寡糖、0.04% 14-羟基芸薹素内酯甾醇这 4 种植物生长调节剂，以清水作对照，系统分析了小麦花后 4 种生长调节剂对小麦旗叶叶绿素含量、含水量、不同部位干物质积累及其对产量的影响。结果表明，4 种生长调节剂均能显著提高小麦旗叶叶绿素含量、含水量，促进各部位干物质积累，提高小麦产量。其中，几丁寡糖处理和 14-羟基芸薹素内酯甾醇处理对小麦各项生理指标影响最为明显，且产量大幅度高于其他 2 种生长调节剂处理，平均高出其他处理 4%。

王玉娇等(2021)为探究不同土壤条件与不同化控剂结合对小麦产量及品质的调控效应，采用盆栽方式，以农麦 5 号为研究材料，在黑土和潮土条件下，分别在拔节初期喷施清水、矮壮素和吨田宝，研究其对籽粒产量和品质的影响。结果表明，小麦籽粒产量和穗粒数在黑土条件下以矮壮素处理最高，株高和穗长以吨田宝处理最高；在潮土条件下使用化学调控剂处理，小麦籽粒总蛋白质含量显著高于对照，其中清蛋白、球蛋白和醇溶蛋白含量均表现为矮壮素>吨田宝>对照，且差异显著。因此，不同土壤条件配合使用适宜化控剂可以有效促进小麦优质高产，即在黑土条件下配合使用化学调控剂可以显著提升小麦产量；在潮土条件下配合使用化学调控剂可以显著提升小麦品质。

（二）壮秆防倒伏

小麦茎秆不仅支持着地上部组织的生长，还显著影响着穗部产量的性状形成，尤其是基部节间的长、粗、重及综合性状与其抗倒性密切相关。近年来应用植物生长调节剂的化学控制技术在小麦防倒伏上已被普遍应用。化学调控通过调节植株内部代谢和生理活动，充分调动和发挥其自身的抗逆潜力，可以调控株型结构、降低株高、增强茎秆韧性等，提高小麦主动适应外界变化的应激能力。

陈晓光等（2011）介绍，为明确氮肥和多效唑对小麦茎秆木质素含量的影响，探讨氮肥和多效唑调节茎秆抗倒伏能力的机制，以小麦品种烟农21和藁城8901为材料，通过田间试验和室内分析，研究氮肥和多效唑对小麦不同时期茎秆抗折力、抗倒伏指数、木质素含量的影响以及木质素合成相关酶的活性变化。结果是同品种条件下，与低施氮（225 kg/hm^2）处理相比，高施氮（300 kg/hm^2）处理降低了茎秆苯丙氨酸转氨酶（PAL）、酪氨酸解氨酶（TAL）、肉桂醇脱氢酶（CAD）和4-香豆酸CoA连接酶（4CL）的活性，茎秆木质素含量、抗折力和抗倒伏指数降低。喷施多效唑显著提高了茎秆PAL、TAL和CAD的活性，木质素含量、茎秆抗折力和抗倒伏指数提高，倒伏面积和倒伏程度降低。相关分析表明，茎秆抗倒伏指数与木质素含量呈显著正相关（$r=0.61, P<0.05$）；木质素含量与PAL、TAL和CAD酶活性呈显著正相关，与4CL酶活性相关不显著。研究结论是高施氮量处理降低了茎秆木质素合成相关酶的活性和木质素含量，茎秆抗倒伏能力降低；而施用多效唑显著提高茎秆木质素合成相关酶的活性和木质素含量，进而增强了茎秆的抗倒伏能力。

张平平等（2011）为探明生理调节剂劲丰对小麦抗倒伏性和产量结构的作用，研究了不同播种密度下喷施劲丰对宁麦17的株高、茎秆质量、产量结构和蛋白质含量的影响。结果表明，喷施劲丰能显著降低株高（5.08 cm）、倒伏率（74.44%）和蛋白质含量（0.59个百分点），显著增加茎秆基2节机械强度（120.94 g）、抗倒伏指数（3.17）和千粒重（1.46 g），但对产量的提高未达显著水平。播种密度的增加显著提高了株高、成穗数和基节长度，同时也显著降低了基节密度、机械强度和抗倒伏指数，但对千粒重、产量和倒伏率的影响不显著。基节密度和强度是影响小麦抗倒伏性最主要的因素。在适当播种量下使用生理调节剂劲丰可显著提高小麦品种的抗倒伏能力，发挥品种的高产潜力。

邵云等（2011）以西农979为试验材料，测定3种化学调控剂对小麦形态指标、生理指标与产量的影响。结果表明，在小麦拔节期喷洒新型抗倒伏化学调控剂麦巨金、麦业丰和传统化控剂多效唑均能有效抑制小麦株高，其中多效唑作用最强，麦巨金最弱；麦巨金和麦业丰能明显提高植株基部第1、2节间充实度，有效增加拔节至成熟期小麦叶面积系数和旗叶叶绿素含量，提高小麦叶片的光合效能和籽粒灌浆速率，而多效唑效果则不明显；3种化学调控剂均增加了小麦穗长、结实小穗数和千粒质量，使不孕小穗数减少，产量增幅达4.9%～9.2%。方差分析结果表明，在3种化学调控剂间小麦的穗长、结实小穗数与产量的差异显著，而不孕小穗数、千粒质量则无显著性差异。

熊乐等（2012）为给滴灌春小麦高产抗倒伏栽培提供参考依据，以新疆地区主栽品种新春6号和新春19号为材料，研究了冬前灌溉与化学调控互作对滴灌春小麦抗倒伏能力和产量的影响。结果表明，冬前灌溉可促进滴灌春小麦植株干物质积累，增加产量，但降低抗倒伏能力。而矮壮素浸种＋分蘖期叶面喷施矮壮素能协调滴灌小麦地上和地下部分的生长，增强茎和根的抗倒伏能力，且在两个品种上应用效果无差异；在此基础上配合冬灌能实现滴灌小麦抗倒伏和增产。

吴传万等(2013)以淮麦25为材料，采用裂区试验设计，分析抗倒伏调理剂劲丰对小麦抗倒伏性的生物学效应。结果表明，劲丰显著降低了小麦的株高和穗下节间长度，显著增加了基部1、2节间的壁厚(28.3%、19.5%)、单位节间干重(6.7%、8.1%)以及抗折力(7.4%、22.0%)，增强了小麦的抗倒伏能力，基部1、2节间的倒伏指数分别降低15.7%、25.8%。在施用越冬肥(112.5 kg/hm^2)条件下劲丰能够增加小麦倒1、2叶的叶面积、鲜质量及干质量，显著增加倒1叶的干/鲜质量比(7.0%)，提高旗叶叶绿素含量，增强POD活性及根系活力，提高小麦后期光合作用，促进干物质向籽粒运转，有效减少不孕小穗数(0.61个)，显著增加穗粒数和千粒重(1.43粒和0.99 g)，增产5.7%。说明在施用越冬肥基础上，喷施抗倒伏调理剂劲丰可以显著提高小麦的抗倒性和产量。

李振丽等(2013)为明确行距配置和多效唑化控对小麦茎秆质量和抗倒伏性能的影响规律，采用裂区试验，研究了行距配置(12 cm等行距、15 cm等行距、12.5 cm+12.5 cm+20 cm共3个水平)和多效唑化控(对照、起身期化控、拔节期化控3个水平)对冬小麦茎秆形态的影响。结果表明，株高、茎秆重心高度和节间长度基本上以15 cm等行距处理的最小，12 cm等行距处理的最大，这2种行距配置之间拔节期和开花以后的株高及成熟时基部节间长度差异均显著($P<0.05$)；而基部节间粗度、秆壁厚度、单位长度节间干重、茎秆机械强度及抗倒伏指数基本上以15 cm等行距处理的最大或较大，12 cm等行距处理的最小。起身期和拔节期喷施多效唑处理的小麦株高、节间长度和茎秆重心高度显著降低，基部节间粗度、秆壁厚度、茎秆机械强度有所增加，抗倒伏指数显著增大。除基部第2节间长度外，行距配置与化控互作对其他指标的影响不显著($P>0.05$)。抗倒伏指数与株高、节间长度、重心高度呈极显著($P<0.01$)负相关(相关系数分别为−0.42、−0.76和−0.63)，与茎秆机械强度、第1和第2节间单位长度干重、第2节间秆壁厚度呈显著或极显著正相关(相关系数分别为0.97、0.42、0.64和0.64)，与第2、第3节间粗度和第3节间秆壁厚度相关不显著。因此，15 cm等行距种植配合起身期或拔节期多效唑化控，可提高小麦茎秆质量和抗倒伏性能。

苏玉环等(2014)曾在小麦起身期喷施0.1%的麦巨金溶液。试验设喷施次数0次(清水，CK)、1次和2次3个处理，研究了麦巨金喷施次数对冬小麦产量及抗倒伏性的影响。结果表明，喷施植物生长调节剂麦巨金能够缩短基部第1节和基部第2节的节间长度，其中对基部第1节影响较大，最终显著降低株高，提高小麦的抗倒性；还能够改善小麦的产量构成要素，其中对千粒重和穗粒数影响较大，最终提高小麦产量。在小麦起身期间隔10 d连续喷施2次麦巨金效果较好，不仅能够显著提高小麦的抗倒伏性，还能够显著减少无效小穗数，明显提高穗粒数和千粒重，最终显著提高小麦产量。

李华伟等(2015)为给高产小麦抗倒伏防衰提供理论和技术支持，以高产、高秆、抗倒伏性差品种烟农19为材料，研究了不同种植密度下，植物生长调节剂(壮丰安、稀效唑、国光矮丰和爱久收)以及传统的镇压措施对小麦最终产量、茎秆形态结构和物理性状的影响。结果表明，与225万株/hm^{2}的基本苗相比，270万株/hm^{2}的基本苗植株高度增加，且籽粒产量、茎节粗度、茎秆充实度和抗倒伏指数降低；返青期喷施壮丰安、烯效唑和国光矮丰或者人工镇压都可降低小麦基部节间的长度，增加其粗度和充实度；拔节期喷施爱久收可缩短小麦穗下节间长度、增加其粗度和充实度，最终各调控措施下小麦茎秆重心高度降低，抗倒伏指数增加，尤其在较高基本苗条件下，喷施壮丰安和爱久收降低了小麦最终植株高度。

王成雨等（2015）介绍，2008—2009 年度、2009—2010 年度两个冬小麦生长季分别在田间设置 3 个化控处理试验，于冬小麦起身期（3 月 1 日前后）进行喷雾处理，处理 1 喷多效唑（PP_{333}，15%粉剂）、处理 2 喷矮壮素（CCC，50%水剂），用量分别为 600 g/hm^2 和 1000 mL/hm^2，处理 3 将多效唑和矮壮素浓度减半并复配后进行喷施（P+C），以喷清水为对照，于乳熟期对不同处理小麦的株高、重心高度、基部第 2 节间长度、直径、厚度、充实度和机械强度及小麦基部第 2 节间的木质素含量、纤维素含量、含氮量和碳氮比（C/N）进行观测，于成熟期调查各小区实际倒伏面积，计算抗倒伏指数和倒伏率，通过考种分析小麦产量和植株整齐度的关系。结果表明，在控制株高、基部第 2 节间长度和重心高度以及增加基部第 2 节间直径、厚度、充实度和机械强度方面，P+C 处理最优，其次为 PP_{333} 和 CCC 处理。在反映基部第 2 节间抗倒伏性能的生化指标如纤维素含量、木质素含量、C/N 和含氮量指标方面，也以 P+C 最优，PP_{333} 次之，CCC 较差。在抗倒伏方面，P+C 处理的抗倒伏指数最高，田间未出现倒伏现象，其次为 PP_{333} 处理，田间亦未出现倒伏现象，CCC 抗倒伏指数最低，2008—2009 年度和 2009—2010 年度两个小麦生长季田间倒伏率分别达到 11.3%和 6.7%。在大田长势均匀度方面，P+C 处理的作用最强，显著高于 CK，其次为 PP_{333}，CCC 略差。在产量方面也表现出同样的规律，而且各处理小麦株高、穗长、每穗小穗数、穗重整齐度与产量间均呈极显著正相关关系。说明多效唑与矮壮素配合施用处理可显著提高大田小麦的长势均匀度并进而提高产量。

苏昭柏等（2022）于 2018—2021 年研究了如何选择适宜的化控产品，并配套适合稻麦周年协调生产的肥水管理技术，达到小麦高质高效安全生产目标。他们选择了麦巨金、爱久收、矮壮丰、直播龙、劲丰谷德 5 种市面上广泛应用壮秆抗倒伏化控剂应用于稻茬小麦，并考查其对小麦的抗倒伏性及产量等方面的影响，为加快化控新产品在小麦上的推广应用提供科学依据。研究发现，5 种化控剂均能显著降低小麦株高、增加基部第 1 节间抗折力、提高基部第 1～3 节的鲜重和干重，同时，不同化控产品均能增穗、增粒、增重。由此可见，不同化控产品对小麦节间长度的控制和茎秆的增粗均有一定的效果，并且起到增产作用。

邵庆勤等（2018）研究了在小麦倒 5 叶期、倒 4 叶期和倒 3 叶期喷施多效唑对不同小麦品种的干物质积累与分配以及植株抗倒伏能力的调控作用。结果表明，多效唑对小麦物质积累运转的影响及抗倒性的增加效果均以在倒 5 叶期喷施效果最好，其次为倒 4 叶期。此外，多效唑能同步增加成熟期干物质在籽粒和茎鞘中的积累量及茎鞘的干物质分配比例，实现小麦高产和抗倒性间的协调。

陈开平等（2016）研究发现，年前喷施多效唑加年后喷施矮壮丰对控制基部节间效果最好，增产效果最佳；姚海坡等（2015）研究发现，起身后喷施多效唑和缩节胺可明显降低株高、增加基部茎秆抗折力，但李均乾等（2018）在研究中也发现拔节前期喷施多效唑、烯效唑虽然对基部节间伸长有一定的抑制作用，可最终却使总粒数减少。

马瑞琦等（2018）研究了在小麦起身期喷施矮壮素、多效唑、抗倒伏型吨田宝对植株抗倒伏性状以及产量的调控效应。结果表明，起身期喷施抗倒伏型吨田宝、多效唑和矮壮素均可以显著降低株高及重心高度，显著提高茎秆基部节间的抗折力、穿刺强度、抗压强度等力学特性，从而显著提高植株的抗倒伏能力。不同小麦品种对不同类型化控剂的响应存在一定差异，喷施抗逆型吨田宝可以提高中麦 8 号的籽粒产量，但喷施矮壮素、多效唑和抗倒伏型吨田宝后京冬 8 号籽粒产量降低。

(三)增强抗逆性

利用植物生长调节剂和化学药剂等对作物进行化学调控,使作物自身形态结构和生理功能适应逆境是提高作物自身抗逆能力的一条重要措施。作物在水分、温度、盐碱等逆境胁迫下,通过化控技术,能取得一定的缓解和应对效果。

1. 水分胁迫与化控　张永清等(2007)研究了化学调控物质浸种对不同程度水分胁迫下小麦根系及幼苗生长影响。结果表明,水分胁迫不同程度地降低了小麦幼苗的株高、叶面积、地上部及根的干重、根系活力、SOD、POD 活性等,并明显增加了根系 MDA 含量水平。化学调控物质浸种处理可以增加各种条件下小麦的总根长、叶面积、根系活力及 SOD 与 POD 活性,且表现出在干旱胁迫下增加幅度高于正常处理的现象。化学调控物质浸种有利于缓解干旱胁迫带来的不良影响。利用 FA、GA、MET 及稀土等化学调控物质浸种具有促进根系生长、培育小麦壮苗的突出作用。

邱宗波等(2008)采用 10%的聚乙二醇 6000 对小麦幼苗根部进行轻度水分胁迫处理,研究外源 NO 处理对水分胁迫下小麦幼苗生理特性的影响。结果表明,0.05 mM SNP 显著降低水分胁迫下小麦幼苗丙二醛(MDA)含量和超氧自由基(O_2^- ·)产生速率;但显著增加小麦幼苗叶绿素 a、类胡萝卜素、叶绿素(a+b)含量及株高、根长、叶面积和干重。表明外源 0.05 mM SNP 处理对水分胁迫下小麦幼苗具有明显的保护作用,可以促进植株生长。

刘娟等(2009)以小麦新品种西旱 2 号为材料,研究了等渗水分胁迫、盐胁迫及水分胁迫和盐胁迫下喷施外源生长素 4 种处理对小麦幼苗的生长速率、组织相对含水量、根冠比、保护酶和丙二醛含量的影响。结果表明,外源生长素可明显提高逆境中小麦幼苗的生长速率及小麦幼苗叶片的相对含水量,降低小麦幼苗的根冠比以及降低超氧化物歧化酶、过氧化物酶的活性和丙二醛的含量。说明喷施外源生长素,在一定程度上能减轻水分胁迫和盐胁迫对小麦幼苗造成的伤害,提高小麦幼苗的抗旱和抗盐能力。

魏秀俭等(2010)以冬小麦品种聊麦 1 号为试验材料,研究不同浓度(0.25 mmol/L、0.50 mmol/L、0.75 mmol/L、1.00 mmol/L)外源水杨酸对水分胁迫下小麦根茎生长的影响。结果表明,适宜浓度的外源水杨酸可以促进水分胁迫下幼苗根茎的生长,提高小麦苗期的抗旱能力,但不同部位最适浓度不同。根的最适浓度为 0.25 mmol/L,茎的最适浓度为 0.75 mmol/L。1.00 mmol/L 以上的浓度对根茎生长有抑制作用。

刘伟等(2014)为了解腐殖酸水溶肥料对水分胁迫下小麦光合特性及产量的影响,以永良四号为试验材料,采用盆栽方法研究了拔节期水分胁迫后,腐殖酸水溶肥料对小麦叶绿素含量、光合速率、气孔导度、蒸腾速率及产量的影响。结果表明,在不同水分胁迫下,腐殖酸水溶肥料均有效地改善了小麦光合特性,与对照相比,叶绿素含量增加 5.62%～84.32%,光合速率增加 0.87%～75.38%,气孔导度降低 7.96%～53.25%,蒸腾速率降低 15.96%～58.32%。水分胁迫后,净光合速率和叶绿素含量下降。但在水分胁迫时喷施腐殖酸水溶肥料,叶绿素含量和净光合速率增加,蒸腾速率减弱,因而水分利用效率提高,小麦增产 4.48%～7.75%,增产效果显著,增产幅度为:正常供水＞适度控水＞中度水分胁迫。综合分析表明,腐殖酸水溶肥料能改善小麦光合特性,增加产量。

郑舒文等(2015)为了研究脱落酸(ABA)在小麦对涝渍胁迫响应过程中的生理作用,在涝渍胁迫条件下用 0.05μmol/L 的 ABA 喷施小麦叶片,检测逆境处理期间小麦叶片内超氧化物歧化酶(SOD)、过氧化物酶(POD)、过氧化氢酶(CAT)的活性及丙二醛(MDA)含量和相对外渗电导率，并于收获后测产。生理指标测定结果表明，与对照相比，ABA处理可以显著提高涝渍条件下小麦叶片内SOD、POD及CAT活性，同时显著降低叶片内MDA含量及相对外渗电导率水平。测产结果表明，ABA处理可以显著提高涝渍条件下小麦的产量。可见，ABA可以提高小麦对涝渍胁迫的抗性，进而增加小麦在涝渍条件下的产量。

张伟杨等(2016)介绍，为探明干旱胁迫下小麦内源游离多胺在籽粒灌浆过程中的作用，2013—2014年度和2014—2015年度选用高产品种扬麦16和宁麦13进行不同水分条件的盆栽试验。自分蘖末期至成熟期设置正常供水(WW)、土壤轻度干旱(MD)和土壤重度干旱(SD)3种处理，观察不同土壤水分对籽粒中游离多胺和籽粒灌浆的影响。2个品种的结果一致表明，与WW相比，MD处理对叶片水势及光合作用没有显著影响，显著增加弱势粒灌浆速率(12.5%)和粒重(11.8%)，对强势粒灌浆无显著影响；SD处理则严重抑制叶片光合作用，显著降低叶片水势，强势粒的灌浆速率和粒重分别下降10.1%和9.5%，弱势粒的灌浆速率和粒重分别下降14.5%和11.7%。MD处理显著提高了灌浆期弱势粒中游离亚精胺(Spd)和精胺(Spm)含量及其与腐胺(Put)的比值，而SD处理的结果则相反。籽粒灌浆速率、粒重与籽粒中Spd和Spm含量及Spd/Put和Spm/Put值呈极显著正相关，与Put含量呈极显著负相关。喷施Spd和Spm，显著增加3个处理弱势粒及SD处理强势粒的灌浆速率(11.2%～25.9%)和粒重(9.9%～17.7%)，但对WW和MD处理的强势粒无显著影响；喷施Spd和Spm合成抑制剂[甲基乙二醛-双脒基腙(MGBG)]后，3个处理强、弱势粒的灌浆速率和粒重均显著降低，分别下降20.5%～28.8%和16.9%～28.5%。表明小麦籽粒中多胺对土壤水分的响应因土壤干旱程度而异，通过轻度土壤干旱处理增加籽粒中Spd和Spm含量以及Spd/Put和Spm/Put值，可以促进籽粒灌浆，增加粒重。

叶德练等(2016)为了探讨雨养模式下植物生长调节剂协同调控冬小麦根系生长和产量形成的机理，在华北平原雨养条件下，研究烯效唑和矮壮素复配剂以及清水对照对冬小麦产量形成、群体数量和根系生长的影响。结果表明，植物生长调节剂处理显著提高冬小麦穗数和籽粒产量，但是对小穗数和穗粒数没有显著影响。植物生长调节剂可以促进冬小麦冬前分蘖，明显提高生育前期群体数量。植物生长调节剂处理下，冬小麦分蘖期单株根系根长和根表面积显著降低，但是冬小麦单株根直径、根条数、根重和根冠比显著增加。植物生长调节剂处理主要影响冬小麦分蘖期0～30 cm土层的根长密度和0～50 cm土层的根重密度，而对深层土壤中的根长密度和根重密度影响较小。植物生长调节剂可以协同调控冬小麦根系生长和分蘖形成，从而有利于塑造合理群体结构和提高产量。

冀保毅等(2018)为探讨亚精胺对水分胁迫下小麦幼苗生理的影响，以信麦9号小麦品种为材料，在Hoagland营养液培养条件下进行盆栽试验，设置正常供水(CK)、水分胁迫(WL)和水分胁迫+1 mmol/L亚精胺(WL+Spd)3个处理，分析了水分胁迫对小麦根系活力、叶片抗氧化酶活性和渗透调节物质含量的影响。结果表明，水分胁迫下小麦幼苗的相对干质量增长速率、可溶性蛋白含量、根系活力和叶片抗氧化酶活性均显著下降，而叶片的丙二醛(MDA)含量、相对电解质渗透率(RELR)和游离脯氨酸(Pro)含量均显著上升。喷施Spd后小麦幼苗的相对干质量增长速率、叶片超氧化物歧化酶(SOD)活性、过氧化物酶(POD)活性和根系活力均有明显提高，MDA含量和RELR下降，而叶片中可溶性蛋白和Pro的增幅不显著；与水分胁迫处理相比，WL+Spd处理的小麦幼苗相对干质量增长速率、SOD活性、POD活性和根系活力显著提高，而MDA含量和RELR则下降明显。试验还表明，Spd通过提高小麦叶片中抗氧化代谢酶活性来降低 MDA 含量，提高可溶性蛋白和 Pro 的积累量，从而缓解水分胁迫对小麦幼苗的伤害。

王贺正等(2020)为了明确水杨酸对水分胁迫下小麦幼苗的保护机制，筛选其有效增强小麦幼苗抗旱性的最适施用浓度，选用小麦品种洛旱 6 号为试验材料，采用室内水培法，观测并测定小麦幼苗在 20%聚乙二醇(PEG)胁迫下经不同浓度水杨酸(SA)处理后的形态及生理指标。结果表明，水分胁迫下，外源 SA 能够提高小麦幼苗可溶性糖、可溶性蛋白质和氨基酸含量，增强超氧化物歧化酶(SOD)、过氧化物酶(POD)和过氧化氢酶(CAT)活性，降低超氧阴离子自由基($O_2^- \cdot$)、双氧水(H_2O_2)含量，减少丙二醛(MDA)积累，促进小麦幼苗地上部生长。施用 SA 可通过提高小麦幼苗渗透调节能力和抗氧化酶活性来降低活性氧产生速率，减轻膜脂过氧化程度，维持细胞膜的稳定性，缓解水分胁迫对小麦幼苗生长的抑制作用，在本试验条件下以 0.6 mmol/L SA 的效果最好。

2. 温度胁迫与化控　黄华等(2007)探讨了不同浓度烯效唑处理对小麦幼苗高温胁迫的缓解效应。结果表明，不同浓度烯效唑处理后，小麦种子在高温胁迫下的伤害均有不同程度的缓解效应，可使相对电导率降低，SOD 酶活性增加，POD 酶活性增加，降低高温胁迫对小麦幼苗的伤害程度，增强小麦对不良环境的抵抗能力，有利于小麦度过不良环境。

李春喜等(2010)为探讨化学调控剂的不同施用方式对小麦抗冻性的影响，以半冬性早熟小麦品种西农 979 为材料，研究了麦巨金、麦业丰、烯效唑 3 种化学调控剂在拌种与喷施两种施用方式下对小麦形态及生理指标的影响。结果表明，施用化学调控剂能降低小麦的株高，促进小麦干物质的积累，提高叶片叶绿素的含量，提高小麦根系的活力与叶片游离脯氨酸的含量，并降低叶片细胞膜透性(相对电导率)与丙二醛的含量，从而降低细胞的冰点，增强小麦抗冻害的能力。在不同处理中以 5 mL/10 kg 麦业丰拌种处理抗冻效果最佳。

王兴等(2013)为了解外源 6-BA 缓解越冬期间冬小麦植株冻害的生理机制，以冬小麦品种东农冬麦 1 号和济麦 22 为材料，研究了不同浓度外源 6-BA 处理对冬小麦种子萌发及越冬期间植株膜质过氧化及内源激素的影响。结果表明，外源 6-BA 提高了两个小麦品种的种子发芽势，且对东农冬麦 1 号影响明显大于济麦 22。10μmol/L 的 6-BA 处理显著提高了东农冬麦 1 号的发芽率，减缓其分蘖节的膜质过氧化。外源 6-BA 增加了低温后期(12 月 19 日即温度低于−25 ℃时)济麦 22 的叶片相对电导率、低温中后期(11 月 4 日后即温度低于−10 ℃时)东农冬麦 1 号分蘖节中 ABA 含量和 ABA/GA 值，降低了两个品种植株 GA 含量及低温中后期东农冬麦 1 号叶片中 ABA 含量和 ABA/GA 值，而对济麦 22 植株内源激素没有显著影响。说明在越冬期间 10μmol/L 的 6-BA 处理可促进种子发芽，调节分蘖节内源激素和膜脂过氧化作用，提高东农冬麦 1 号抵御低温的能力。

杨东清等(2014)曾探讨花后高温和外源脱落酸(ABA)对不同持绿型小麦籽粒胚乳细胞增殖、籽粒灌浆和内源激素的影响，为高温逆境下采用激素调控措施提高粒重提供理论依据。选用持绿型汶农 6 号和非持绿型济麦 20，花后 1～5 d，用透明聚乙烯塑料膜搭设增温棚进行高温处理，同时花后 1～3 d 喷施 10 mg/L 的 ABA 于穗部，用量 100 mL/m^2，3 次重复。定期取籽粒样，用高效液相色谱法测定 4 种内源激素，用简易胚乳细胞计数法测定胚乳细胞数目，用 Richard 方程对籽粒增重及胚乳细胞增殖动态模拟并计算相关参数。结果是高温处理显著降低了两品种强弱势籽粒的胚乳细胞数目，降低胚乳细胞增殖速率，但延长了籽粒胚乳细胞活跃分裂期和实际分裂终期；显著降低了两品种弱势籽粒的灌浆速率，缩短了两品种弱势粒的生长活跃期及实际灌浆终期。高温处理显著降低了两品种千粒重和穗粒数，其中汶农6号强、弱势粒分别减少3.7粒/穗和8.2粒/穗，济麦20强、弱势粒分别减少1.3粒/穗和4.3粒/穗；显著降低了两品种产量，汶农6号和济麦20产量分别降低19.65%和26.22%。常温及高温下喷施ABA均显著提高了两品种灌浆速率，提高了籽粒胚乳细胞增殖速率，扩大胚乳细胞数目。高温处理降低了强弱势籽粒ZR含量，显著提高了济麦20强、弱势粒花后3～27 d的GA_3含量，显著提高了汶农6号花后12～27 d的GA_3含量；但降低了弱势粒花后15～27 d的IAA含量。高温处理下喷施ABA，降低了济麦20强势粒花后3～9 d的ZR含量，但显著提高了济麦20强势粒花后3～28 d的内源ABA含量，显著提高了汶农6号强势粒花后3～18 d的ABA含量。常温下喷施ABA显著降低了济麦20和汶农6强、弱势粒的GA_3含量；高温下喷施ABA，显著降低了汶农6号强、弱势粒的GA_3含量，降低了济麦20强势粒花后3～12 d的GA_3含量，显著降低了弱势粒花后6～15 d的GA_3含量。常温下喷施ABA显著提高了济麦20强势粒花后12～18 d的IAA含量；提高了汶农6号强势粒花后6～18 d的IAA含量，显著提高了两品种弱势粒花后6～27 d的IAA含量。持绿型汶农6号的千粒重和产量均显著大于非持绿型济麦20。研究结论为，高温胁迫对非持绿型品种的产量和两品种弱势粒粒数影响较大，高温降低了两品种籽粒胚乳细胞数目，降低了籽粒灌浆速率，最终导致粒重及产量降低。喷施外源ABA通过调节内源激素水平，促进胚乳细胞分裂，扩大了常温及高温下籽粒库容量，提高了籽粒灌浆速率，从而提高了籽粒产量。

王维领（2015）为探究内源过氧化氢（H_2O_2）在外源SA诱导小麦幼苗耐热性中的作用，采用叶面喷施0.1 mmol/L的SA用来观察内源H_2O_2的动态变化。研究发现，外源喷施SA引起内源H_2O_2的迅速积累，30 min后达到最高，之后开始下降，6 h后与对照差异不显著。外源喷施SA后小麦叶片超氧化物歧化酶（SOD）活性迅速升高，15 min后达到最大值。而过氧化氢酶（CAT）、抗坏血酸过氧化酶（APX）活性则升高的较为缓慢，6 h后才达到最大值。外源喷施SA提高了高温胁迫下小麦抗氧化酶活性，提高了叶片F_v/F_m，降低了叶片相对电导率及H_2O_2、O_2^-、MDA含量，减弱了膜脂过氧化反应，其中叶面喷施0.1 mmol/L SA后6～12 h小麦耐热性较强。

王梦雨等（2016）为了解壳寡糖对低温胁迫下小麦的保护作用，对两个小麦品种（小偃22和西农9871）幼苗喷施100 mg/L壳寡糖和0 ℃胁迫96 h，检测叶片的损伤面积及丙二醛、脯氨酸、可溶性糖、还原糖含量，并调查复温后返青率。结果表明，与常温对照组相比，低温胁迫48 h后壳寡糖处理的小麦叶片损伤面积和丙二醛含量增幅较低，其中小偃22和西农9871的损伤面积相对于低温对照分别减少了25.3%和28.8%，丙二醛含量分别降低了16.9%和33.7%。同时，两个品种叶片脯氨酸含量分别提高了15.8%和26.7%，还原糖含量分别提高了25.6%和14.3%，可溶性糖含量也表现出增高的趋势。经过复温培养，壳寡糖处理下小偃22和西农9871的返青率分别提高了4.6%和5.9%。说明壳寡糖可通过促进小麦苗脯氨酸、还原糖等低温抗性相关次生代谢物的表达，提高其对低温寒害的抵抗能力。

王迪等（2016）为了解海藻糖缓解小麦高温胁迫危害的作用机制，选择以小麦为材料，通过检测高温胁迫及室温恢复过程中丙二醛（MDA）含量、过氧化氢（H_2O_2）含量、超氧自由基（$O_2^-\cdot$）含量、抗氧化物质[抗坏血酸（AsA）、还原型谷胱甘肽（GSH）]含量、抗氧化酶[超氧化物歧化酶（SOD）、过氧化物酶（POD）、过氧化氢酶（CAT）、抗坏血酸过氧化物酶（APX）]活性及其基因转录的表达调控，以探究外源海藻糖对小麦幼苗抗氧化系统的影响。结果表明，在高温胁迫下外源海藻糖处理主要提高了 AsA 含量，增强了 CAT 和 APX 活性，同时上调了 Mn-SOD、Cu/Zn-SOD、CAT、POD 和 APX 的相对表达量，从而降低了 MDA 及 H_2O_2 的产生。而随后的室温恢复过程基本与高温胁迫的结果一致，也提高了这些酶的基因转录水平以及 AsA 含量，主要差别是对抗氧化酶活性的影响，即室温恢复阶段外源海藻糖主要提高了 POD 和 APX 活性。综合来看，外源海藻糖在小麦幼苗的高温胁迫及室温恢复过程中，通过促进抗氧化酶基因的上调表达，提高抗氧化酶活性和抗氧化物质含量，以酶促和非酶促两种机制共同清除高温胁迫产生的活性氧，减少氧化胁迫的损伤，维持小麦幼苗的生长。

靖建国等(2020)以新春 6 号和新春 31 号为材料，研究高温胁迫下喷施精胺(Spm)和亚精胺(Spd)处理对小麦籽粒灌浆动态、高温处理后的旗叶抗氧化酶(SOD、POD、CAT)活性、丙二醛(MDA)和可溶性糖含量等指标的影响。结果表明，高温胁迫对小麦籽粒灌浆显著抑制，外源 Spm 和 Spd 显著促进高温胁迫下小麦籽粒灌浆、旗叶 POD 和 CAT 活性、可溶性糖和脯氨酸含量以及抑制 SOD 活性和 MDA 含量的升高。外源 Spd 在喷施前期(花后 13 d)对籽粒灌浆的调节效果优于外源 Spm，此后外源 Spm 的缓解效果始终优于 Spd。说明外源多胺对高温胁迫下小麦籽粒灌浆的影响与其调控叶片抗氧化酶活性、MDA 含量以及渗透调节物质的含量有关，不同类型多胺在缓解高温胁迫对小麦灌浆抑制上存在时间差异。

雍晓宇等(2021)探究了外源施用脯氨酸对拔节期冬小麦抗冻性的影响。结果表明，外源施用 20 mmol/L 脯氨酸可以显著降低低温处理下小麦叶片丙二醛(MDA)含量和相对电导率，增加游离脯氨酸(Pro)含量；外施脯氨酸处理可以提高低温胁迫下小麦叶片的 SOD、POD、CAT 基因的表达量，低温处理前(0 h)和 24 h 时 WCS120、P5CS、LEA 基因的相对表达量均显著高于对照；且外源施用 20 mmol/L 脯氨酸小麦幼穗冻死率显著降低。因此，在冬小麦拔节期低温来临前施用 20 mmol/L 脯氨酸可以有效缓解低温对春季拔节期冬小麦造成的危害，提高小麦抗冻性。

张华(2021)研究了外源褪黑素对低温下小麦种子萌发和幼苗建成的影响及其低温抗性诱导的生理机制。结果表明，褪黑素预浸种处理促进了低温下小麦种子的萌发及胚芽鞘、胚根的生长，缩短了平均发芽时间。随着褪黑素浓度的升高，种子发芽率、发芽势、发芽指数及胚芽鞘、胚根的长度和干重均呈现先升高后降低趋势，平均发芽时间和剩余种子干重则呈相反趋势。其中以 200 μM 浓度处理效果最佳，能显著促进种子萌发和胚芽鞘、胚根生长。低温下萌发种子中淀粉酶活性、淀粉降解速率、渗透调节物质含量及抗氧化酶活性也因褪黑素预处理而显著提高，且随褪黑素浓度的递增先增大后减小，在 500 μM 浓度时达到最高。由此可见，褪黑素预浸种缓解了低温造成的叶绿体亚显微结构的损伤，维持了细胞膜的结构完整性。此外，褪黑素预浸种缓解了低温对小麦幼苗造成的损伤，幼苗的株高和根长显著提高，地上部和根系的生物量积累也有所增加。叶片中的抗氧化系统被激活，降低了丙二醛含量，减轻了低温诱发的氧化损伤。褪黑素对小麦幼苗低温损伤的缓解效应随浓度的增加呈先上升后下降的趋势，在 500 μM 浓度处理时效果最佳。

3. 盐碱胁迫与化控　刘良全等(2010)曾采用水培方式研究了烯效唑、水杨酸、硅酸钠、硝酸镧 4 种化学调控物质浸种对盐胁迫条件下 2 个小麦品种临汾 8050 和临旱 536 根系及幼苗生长的影响。结果表明，适当浓度的化学调控物质浸种可以显著或极显著地减少盐胁迫下小麦幼苗的 MDA 含量，增加幼苗的次生根数、总根长、根冠比、功能叶面积、叶片叶绿素含量、根系脯氨酸(Pro)含量、超氧化物歧化酶(SOD)和过氧化物酶(POD)活性，但可溶性糖含量的提高未达显著水平。2个小麦品种对化学调控物质处理的敏感程度存在差异。适当浓度化学调控物质浸种能有效缓解盐胁迫对小麦幼苗根系的伤害，具有显著促进小麦根系生长、培育壮苗的作用。

陈蔚燕(2017)为了探讨新植物生长调节剂对小麦种子在盐胁迫下的萌发和根系生长的影响，采用不同种类的中性盐及其不同浓度对小麦生长的影响做了详细实验。结果表明，125 mg/L的肉桂酰胺类化合物(RGXA)、含肉桂酰胺基团的甜菜碱型植物生长调节剂(RGJA)、山梨酰胺类化合物(SLXA)缓解小麦受硫酸铜、硫酸锌的影响效果较好，但对于缓解小麦受氯化钠和硝酸铅盐溶液影响的效果几乎为零。

马原松等(2018)研究了0.1 mmol/L精胺(Spm)对不同浓度NaCl溶液胁迫下，小麦幼苗叶片部分生理指标的影响。结果表明，随着盐胁迫时间的增加，SOD、POD、CAT活性和MDA含量出现先升后降的趋势，于第4 d天达到峰值；施加0.1 mmol/L精胺明显提高了小麦幼苗叶片SOD、POD、CAT的活性，降低了叶片MDA的含量。外源精胺可提高小麦幼苗抵抗盐胁迫能力，缓解盐胁迫的伤害。

张倩等(2018)研究了外源一氧化氮(NO)和水杨酸(SA)单独及复配施用对120 mmol/L NaCl胁迫下小麦生长及生理特性的影响。结果表明，120 mmol/L NaCl胁迫严重抑制了小麦幼苗的生长，添加适宜浓度的硝普钠(SNP 100μmol/L)或SA(100 μmol/L)均能显著缓解盐胁迫对小麦造成的伤害。而与单独添加SNP或SA相比，SA+SNP复合调控更能明显降低盐胁迫诱导的活性氧积累、丙二醛含量以及电解质渗出率；提高小麦叶绿素含量、抗氧化酶活性和脯氨酸含量，从而提高其抗盐性；通过提高根系活力来促进对矿质元素的吸收，从而提高小麦幼苗的干物质积累；同时抑制了小麦对Na的吸收，以此减缓盐胁迫的毒害。由此说明，NO与SA在缓解小麦幼苗盐胁迫中表现出积极的协同作用。试验各处理中施用50 μmol/L SA+50 μmol/L SNP的处理缓解小麦盐胁迫的效果最为明显。

付乃鑫等(2019)为明确外源水杨酸(SA)缓解冬小麦盐胁迫的适宜浓度。选择山农22为试验材料，SA作为调控物质，研究5个浓度的SA(50μmol/L、100μmol/L、200μmol/L、300μmol/L和500μmol/L)对120 mmol/L NaCl胁迫下冬小麦幼苗生长、生理特性的影响。结果表明，添加SA能够缓解盐胁迫对小麦造成的损害。200μmol/L SA可以显著提高小麦叶片光合色素含量、根系活力，促进小麦的生长发育；200μmol/L SA可显著提高抗氧化酶活性，增加游离脯氨酸和可溶性蛋白等渗透调节物质含量，缓解膜质过氧化伤害。本研究所采用的SA浓度中，以200μmol/L SA对冬小麦幼苗盐胁迫的缓解效果最佳。

华智锐等(2019)通过不同质量浓度的外源抗坏血酸(AsA)浸种处理，分析外源抗坏血酸对盐胁迫下商麦1619种子萌发及幼苗生长的影响。NaCl胁迫下小麦幼苗的发芽势和发芽率显著($P<0.05$)下降，各处理的小麦种子发芽率及幼苗的游离脯氨酸含量、可溶性糖含量、过氧化物酶(POD)活性、超氧化物歧化酶(SOD)活性均呈先升后降趋势，丙二醛(MDA)含量呈先降后升的趋势。与对照相比，0.15 g/L AsA处理的小麦幼苗体内游离脯氨酸含量、可溶性糖含量、SOD的活性增幅分别为67.5%、70.6%、0.3%，小麦幼苗体内POD的活性是AsA 0处理的1.18倍，小麦幼苗体内MDA含量比单独盐胁迫下降低了61.5%。结果表明，添加外源AsA能显著提高盐胁迫下小麦种子的发芽率，外施适宜浓度的AsA能缓解盐胁迫对小麦的伤害，且0.15 g/L的AsA缓解效果最佳。

王泽琼等(2019)探讨了α-萘乙酸钠(NAA)、赤霉素(GA_3)和6-苄基嘌呤(6-BA)3种植物生长调节剂不同质量浓度对不同程度盐胁迫条件下黑小麦种子萌发的影响，为在盐渍地区种植黑小麦提供可能性和科学依据。结果表明，在无盐胁迫条件下，NAA、GA_3、6-BA 质量浓度分别为 150 mg/L、200 mg/L、5 mg/L 时，黑小麦种子的发芽率、发芽势等萌发指标均为最佳；复合盐（NaCl∶Na_2SO_4＝1∶1）溶液浸种显著抑制了黑小麦种子的萌发；用不同质量浓度的植物生长调节剂预处理均可在一定程度上缓解复合盐胁迫对黑小麦种子萌发的抑制作用；在中低浓度（40～80 mmol/L）复合盐胁迫条件下，$GA_3$200 mg/L 和 6-BA 5 mg/L 预处理均能有效缓解复合盐胁迫对种子萌发的影响；随着复合盐浓度的增加，各处理种子的发芽势和发芽率明显下降，当复合盐浓度为 120 mmol/L 时，只有 6-BA 5 mg/L 预处理对缓解盐胁迫有一定作用。由此可见，在中低浓度复合盐胁迫条件下，采用 GA_3（200 mg/L）或 6-BA（5 mg/L）预处理能够缓解盐胁迫对黑小麦种子的伤害，从而显著促进在盐胁迫条件下黑小麦种子的萌发。

侍瑞高等（2020）研究了外源氯化胆碱和氯化钙对盐胁迫下小麦种子萌发、幼苗生长及生理特性的影响。结果表明，盐胁迫下小麦种子发芽势和发芽率显著降低，并随盐浓度的增加盐胁迫加剧，但不同小麦品种耐盐性有一定的差异；盐胁迫下小麦幼苗叶绿素含量、可溶性糖含量和根系活力显著下降，丙二醛含量和脯氨酸含量显著升高；与盐胁迫处理比较，通过不同浓度外源氯化胆碱和氯化钙的介入，不同程度缓解了盐胁迫下对小麦种子萌发的抑制，显著增加了盐胁迫下小麦幼苗叶绿素含量，提高了根系活力，降低了幼苗丙二醛和脯氨酸含量，促进了可溶性糖含量的增加。结果显示，400 mg/L 外源氯化胆碱和 0.2％外源氯化钙是在盐胁迫下小麦种子萌发和幼苗生长缓解的最佳浓度，外源氯化胆碱的缓解效应优于外源氯化钙。

张益萌（2020）研究了外源茉莉酸（JA）对小麦盐胁迫的缓解机理。结果表明，在盐胁迫时，小麦幼苗的形态结构和生理生化功能明显受到了抑制，而 JA 预处理可以有效缓解盐胁迫对小麦幼苗的伤害，并通过促进抗氧化酶、渗透胁迫物质的产生、激活与胁迫相关的基因的表达来有效抵御盐胁迫对小麦造成的损害，从而来提高小麦的耐盐性。

（四）有助于优质高产

合理应用植物生长调节剂对小麦进行化学调控，是夺取小麦优质高产的一条有效措施。经各地广泛试验表明，化控技术可有效确保小麦的增产稳产。如喷施劲丰和吨田宝等化控产品，可显著提高小麦产量。又如，利用植物生长调节剂可防止禾本科作物的穗萌芽以及块茎、块根、鳞茎等作物在贮藏中的发芽，从而避免产量的损失。此外，化控技术还可以改善农产品的品质。农产品的质量除了主要受制于遗传因素外，还受到其他环境因素的影响。化控技术能够克服影响品质的一些不利因素，诸如阴雨引起的穗发芽等均可用化控技术克服。化控技术还可以直接作用于农产品，提高其品质，如草吲哚乙醇、细胞分裂素、赤霉素可提高小麦籽粒蛋白质含量。

曾旭等（2007）曾为探明多效唑（PP_{333}）对小麦叶片衰老生理生化及产量的影响，在小麦拔节期，以不同质量浓度（0 mg/L、100 mg/L、200 mg/L 和 400 mg/L）的多效唑水溶液进行叶面喷施处理，分别测定扬花后不同天数小麦旗叶的叶绿素含量、净光合速率、超氧化物歧化酶（SOD）、过氧化氢酶（CAT）、丙二醛含量（MDA）、可溶性蛋白质以及与产量性状相关的指标。结果表明，适当质量浓度（100 mg/L、200 mg/L）的多效唑处理能有效地延缓小麦灌浆至成熟期旗叶叶绿素含量和净光合速率的下降，增强了 SOD 和 CAT 的活性，有效地抑制了膜脂氧化，从而使得小穗数、穗粒重、千粒重等性状比对照明显提高。

熊乐等(2012)研究了冬前灌溉与化学调控互作对滴灌春小麦抗倒伏能力和产量的影响。结果表明，冬前灌溉可促进滴灌春小麦植株干物质积累，增加产量，但降低了抗倒伏能力。矮壮素浸种＋分蘖期叶面喷施矮壮素能协调滴灌小麦地上和地下部分的生长，增强茎和根的抗倒伏能力，且在两个品种上应用效果无差异；在此基础上配合冬灌能实现滴灌小麦抗倒伏和增产。

王先如等(2013)曾介绍，以4.5～5.0叶期喷施多效唑40～50 g/亩产量较对照增产7.9～15.4 kg/亩，株高较对照降低5.0～8.3 cm；喷施40 g/亩多效唑比喷施50 g/亩多效唑产量高，故就产量和经济适用而言，建议对于晚播大群体的小麦田在4.5～5.0叶期(本试验田小麦总叶片数为9片)喷施多效唑40 g/亩左右可以起到防倒增产的作用。

孙倩等(2014)曾介绍了他们于2012—2013年度的试验。为建立冬小麦抗逆应变的化学调控技术，以周麦22为材料，在大田条件下研究了外源喷施α-酮戊二酸对低水氮条件下小麦产量形成相关性状的影响。结果表明，外源α-酮戊二酸增加了低水氮条件下冬小麦叶片SPAD值、全氮含量及氮素转运率，千粒重、产量及氮肥偏生产力明显提高。试验结论，外源喷施α-酮戊二酸是一种改善低水氮胁迫下小麦生长的有效手段。

马少康等(2015)介绍了他们于2013—2014年度的试验。以中筋小麦品种中麦8号为试验材料，研究了不同化控处理对小麦产量和品质的影响。结果表明，喷施不同的化控剂对小麦产量和品质有不同的影响。返青期喷施多效唑有助于清蛋白、球蛋白、醇溶蛋白和可溶性蛋白含量的提升；喷施抗倒型吨田宝有利于小麦农艺性状的改善以及总蛋白和谷蛋白含量的提高；喷施抗逆型吨田宝有助于改善小麦农艺性状，同时提高了籽粒产量和谷蛋白含量。三者均改善了面粉品质。

姬玉梅等(2015)选择3种不同化控剂为试验处理，以矮抗58为试验对象，研究了化控剂对小麦主要农艺和产量性状的影响。结果表明，喷施化控剂多效唑、吨田宝和赤霉素能有效抑制小麦株高，增加了小麦穗粒数和千粒重，产量增幅3.6%～9.8%。其中，在小麦拔节期喷施多效唑能显著降低小麦的株高；开花期喷施一定浓度的吨田宝可以缩短基部节间长度，延长穗下节间长度，为提高旗叶的光合速率奠定了基础。在小麦灌浆期喷施一定浓度的赤霉素显著提高了千粒重和产量，而多效唑处理不显著。

周秋峰等(2015)介绍，在小麦生育的前中期喷施多效唑对提高产量和品质均有积极作用。从产量看，以4叶1心到返青期喷施多效唑的较高，蛋白质含量则以4叶1心以前喷施相对较高，适当提前进行多效唑的喷施对提高产量和改善品质都较为有利。在3叶期、抽穗期喷施赤霉素，产量有所增加，但对蛋白质含量、干湿面筋含量影响不大。

薛志伟等(2018)为探讨不同生育时期喷施不同植物生长调节剂对冬小麦生长发育和产量形成的影响，进行了小麦生长关键期喷洒吨田宝和磷酸二氢钾的试验。结果表明，喷施吨田宝和磷酸二氢钾可增加小麦株高和单株分蘖数，吨田宝在小麦生长早期喷施效果明显，磷酸二氢钾则相反；冬前分蘖期喷施吨田宝和灌浆期喷施磷酸二氢钾均可增加小麦穗长、总小穗数、穗粒数，进而提高小麦产量和经济系数，且效果最为明显；在小麦生长关键期喷洒吨田宝和磷酸二氢钾的产量均高于喷施清水，最高单产分别达5104.95 kg/hm^2、4488.45 kg/hm^2，吨田宝增产效果最好。

杜小凤等(2019)以漯麦18为材料，研究了增产抗倒化控剂劲丰谷德对小麦生长发育及产量构成的影响。试验同时选用多效唑、烯世宝作为对照药剂，清水为空白对照。结果表明，几种抗倒伏化控剂无论是在拔节期使用还是在破口期使用，都能够有效防止小麦倒伏的发生；在破口期使用劲丰谷德，无论是与烯世宝(拔节期)叠加使用，还是单独使用，都能够显著减少小麦不孕小穗形成，破口期喷施劲丰谷德 1500 mL/hm^2 较对照减少 13.6%；小麦穗粒数增加显著，烯世宝 1500 mL/hm^2＋劲丰谷德 1500 mL/hm^2、劲丰谷德 1500 mL/hm^2 分别较对照增加 2.2 粒/穗、2.3 粒/穗，小麦千粒重分别较对照增加 1.1 g、1.2 g，增粒增重，增产显著，分别较对照增产 8.4%、9.0%。

吴玥等(2020)为明确不同有效成分的化学调控剂对冬小麦生长和产量形成的调控作用，比较了自主研发的微量元素拌种剂(WB)、黄酮类叶面喷施剂(Phu)、磷胺类叶面喷施剂(Pan)以及拌种组合喷施制剂(Whu 和 Wan)对冬小麦干物质积累与分配以及籽粒灌浆过程与产量的影响。结果表明，WB、Whu 和 Wan 处理均能增加冬小麦穗数、穗粒数和千粒重，增产 16.51%以上。与喷施自来水(CK)相比，WB、Whu 和 Wan 处理对各生育期冬小麦不同器官干物质积累量均具有增加效应；所不同的是，WB 处理对冬小麦的促进效应在拔节期和抽穗期凸显，而 Whu 和 Wan 处理对小麦开花后的促进作用更大；并且 Whu 处理的花前干物质转运率和花前干物质转运对籽粒的贡献率分别较 CK 提高了 13.42%和 17.96%($P<0.05$)。开花 43 d 内，各处理均能延长小麦的籽粒灌浆持续期，且 Wan 处理使灌浆持续期延长了 3.82 d ($P<0.05$)，Phu 处理使小麦的最大灌浆速率和平均灌浆速率较 CK 分别提高了 5.71%和 5.76%($P<0.05$)。说明不同化学调控剂对小麦的增产作用与干物质积累和转运能力以及籽粒灌浆有关，并且拌种和叶面喷施组合具有协同效应。

周星等(2022)选用 3 种常用的抗倒伏剂(25%矮壮丰、3%调环酸钙水乳剂、5%抗倒酯水乳剂)来探究其对小麦生长及产量的影响。结果表明，与常规对照(矮壮丰 80 mL/亩)相比，在灌浆期前，其他抗倒伏剂处理下小麦的叶绿素含量大都低于对照，而灌浆期后下降缓慢，光合作用时间延长；抗倒伏剂处理下小麦的株高都低于对照且在抗倒伏酯水乳剂(60 mL/亩)处理下降至最低，且小麦的不同节间长度在抗倒伏酯水乳剂处理下都得到控制，在最高浓度(60 mL/亩)处理下都降至最低；调环酸钙水乳剂仅对小麦的第 3、5 节间有控长作用，而抗倒伏酯水乳剂对小麦的大部分节间都起到控长作用。从产量方面来看，有效穗数在抗倒伏酯水乳剂 60 mL/亩处理下达到最高，实粒数在不同处理下相差不大，结实率和千粒质量在抗倒伏酯水乳剂处理下都处于较高水平，但产量在常规对照矮壮丰 80 mL/亩处理下最高；其次是抗倒伏酯水乳剂 60 mL/亩处理。因此，综合考虑控高效果、有效穗数和千粒质量提高及稳产等多种因素，推荐在小麦的分蘖末期喷施 60 mL/亩的 5%抗倒伏酯水乳剂，能达到控高且不会明显降低其产量的目的。

二、施用方法

(一)拌种

拌种剂在国外已有多年的历史，在中国也有 40 年之久。最初的拌种剂不是用做杀虫和杀菌，只是在种子外面包裹一层附着物(土、面等)，这样有助于播种均匀。小麦拌种剂在中国发展非常迅速，特别是在 2003 年之后，各式各样的小麦拌种剂在市场上呈现泛滥之势。对良种进行包衣不仅能提高种子发芽、促进幼苗生长，还有提高产量和防治病虫害等作用。种子包衣的应用有效减少了农药施用量和施用次数，降低了环境污染，有利于农业可持续发展，同时减少了田间操作工序，省工、节本、增效，是小麦等作物优质、高效、轻型栽培的重要途径，有着广泛的发展前景。

文廷刚等(2017)研究了赤霉素、萘乙酸、吲哚丁酸与不同比例的6-BA、活性炭、凹凸棒土配置成3种拌种剂，并研究其对小麦种子发芽及幼苗素质的影响。结果表明，以生长素(IAA)和6-BA为主要成分的拌种剂处理能明显提高淮麦30、烟农19的发芽率、发芽指数。同时，还显著提高了小麦幼苗茎基宽、根数和叶面积，并明显提高地上部和地下部的干质量及根冠比。此外，还提高了淮麦30和烟农19幼苗的叶绿素含量和根系活力。由此可知，以IAA和6-BA为主要成分的拌种剂能够促进不同小麦品种发芽，有利于形成齐苗、壮苗。

武月梅等(2020)为给冀中北地区小麦根部病虫害防控提供依据，在小麦播种前利用生产上近年使用的拌种剂酷拉斯、奥拜瑞、亮势进行拌种，以不包衣种子为对照(CK)，研究了不同拌种剂处理对小麦根腐病、茎基腐病、纹枯病和孢囊线虫防效以及主要农艺性状和产量的影响。结果表明，在统一播种、统一管理的情况下，不同药剂拌种的小麦生育期进程、主要生育期农艺性状、产量及其构成因素差异及其与CK差异均不显著，但酷拉斯拌种对小麦根腐病、茎基腐和纹枯病防治效果均最好，亮势拌种对小麦纹枯病和孢囊线虫防治效果最好。

杜小凤等(2021)在研究零共生套播和旋耕条播对稻茬麦生长发育和产量形成的过程中，发现零共生套播模式下，3种不同调理剂配方的拌种剂可显著提高小麦穗粒数达3.95%～6.08%、千粒重达0.42%～0.45%和有效穗数达3.69%～4.31%，最终产量增加10.11%～10.76%。在旋耕条播模式下，3种拌种剂处理后的小麦穗粒数较对照增加10.96%～13.36%，千粒重较对照增加1.03%～4.52% ，有效穗数较对照增加1.34%～1.67%，增产11.06%～15.75%。

(二)浸种

浸种是农业种植的一项流程，是指对于发芽较慢的种子，在播种之前通过不同浓度的药剂对种子进行浸泡，用以促进种子较早发芽，同时还可达到杀死一些常见的虫卵和病毒等目的。浸种是种子处理中最常用的技术之一，其有着方法简便、省工省本、效果明显等特点。常用的小麦化控浸种剂的种类很多，使用时应根据所需目的不同进行选择。

朱云林等(2019)使用壳聚糖对小麦浸种，发现壳聚糖浸种可使小麦的发芽势增加0.7个百分点以上，株高增加0.6 cm以上，根长增加1.1 cm以上，单株干质量增加0.018 g以上，叶绿素含量增加0.012 mg/g以上，可溶性蛋白含量增加0.05 mg/g以上，可溶性糖含量增加1.87 mg/g以上，脯氨酸含量增加0.05μg/g以上，过氧化物酶(POD)活性增加0.84 U/(g·min)以上，超氧化物歧化酶(SOD)活性增加8.00 U/g以上，过氧化氢酶(CAT)活性增加0.50 U/(g·min)以上，丙二醛含量降低0.27μmol/g。说明壳聚糖浸种对小麦生长有一定的促进作用，并能提高小麦幼苗体内抗氧化酶活性，进而提高小麦苗期的抗性。综合各方面指标分析，浓度为0.4%的壳聚糖溶液浸种有利于促进小麦苗期生长和提高小麦苗期抗性。

王英等(2017)研究了水杨酸浸种对小麦种子萌发的影响。结果显示，低浓度的水杨酸对小麦种子萌发有促进作用，而高浓度的水杨酸对小麦种子萌发有抑制作用，水杨酸浓度中以0.05 mmol/L最佳。

戴知宁等(2018)探讨了硝普钠浸种对缓解小麦低温胁迫的调控途径。结果表明，硝普钠通过提高低温胁迫下种子α-淀粉酶活性、β-淀粉酶活性，促进种子贮藏淀粉的降解，提高种子可溶性糖和游离氨基酸含量，为种子萌发和出苗提供了物质来源，缓解了低温胁迫对种子萌发的抑制。同时，硝普钠还显著提高了小麦根系和幼苗的超氧化物歧化酶（SOD）、过氧化物酶（POD）活性，降低了丙二醛（MDA）含量，提高了小麦植株的抗氧化能力，促进了低温胁迫下小麦幼苗的生长。

孙小玉等（2018）为了解拉肖皂苷元（LA）对植物生长的调控作用，选择小麦品种小偃22为材料，研究了不同浓度LA浸种处理对小麦种子萌发和幼苗生理特性的影响。结果表明，0.001 mg/L LA浸种处理下小麦种子的发芽率、发芽势和发芽指数最高，分别较对照提高了13.13%、214.81%和55.17%。小麦幼苗的株高、鲜重和干重仍以0.001 mg/L处理最高，分别比对照提高了26.53%、32.91%和122.22%。此外，0.001 mg/L LA浸种处理下，小麦叶片SOD、POD和CAT活性分别提高了39.43%、136.62%和60.42%，MDA含量降低60.49%。综上所述，适宜浓度LA浸种可显著促进小麦种子的萌发和幼苗的生长，提高小麦幼苗的抗氧化酶活性和渗透调节物质含量，对于小麦壮苗具有重要意义。

陈德清等（2018）为研究氨基寡糖素在小麦上的应用效果，采用不同浓度氨基寡糖素浸种，对比研究了幼苗的生长发育情况。结果表明，0.5 g/L氨基寡糖素浸种对小麦生理特性效果最好，产量增幅最高；在2.0 g/L时抑制效果明显。在培养液浓度为0.1～0.5 g/L时，使用氨基寡糖素能明显增加植株鲜重和根密度。在盐胁迫逆境条件下，随着盐浓度的增加，植株鲜重的重量降低，0.5 g/L氨基寡糖素溶液处理后小麦增重80%，其他浓度下增产不明显，且在模拟盐碱条件下，高盐条件下，0.1 g/L和0.5 g/L的氨基寡糖素溶液培养处理后能明显降低盐胁迫对小麦生长的影响，促进小麦生长。氨基寡糖素能诱导提高小麦免疫诱抗能力、耐盐性并促进生长。

宋顺等（2019）用甜菜碱对小麦浸种发现，甜菜碱稀释液对小麦种进行浸种，小麦可提高产量。当甜菜碱质量浓度达到0.09%时，产量较对照增加21.5%，增效十分显著。

张军等（2020）研究了不同浓度矮壮素浸种对小麦种子萌发特性的影响。结果表明，低浓度矮壮素（10 g/kg）浸种4 h和浸种8 h可提高小麦的发芽率和发芽势，高浓度（≥20 g/kg）处理则表现出抑制作用；胚芽鞘长和芽长随着矮壮素浓度的增加而降低。

（三）土壤施入

调节剂土施是改善土壤理化性质、提高土壤生产力、促进作物生长发育的一种化控手段。土壤调理剂成分复杂、种类繁多，根据土壤调理剂的主要功能来划分，可分为土壤酸碱调节剂、土壤保水剂、土壤结构改良剂、污染土壤修复剂等；而根据调理剂的成分或原料来划分，可分为天然改良剂、合成改良剂、天然—合成共聚物改良剂、生物改良剂四大类。中国目前引进和研究应用的土壤调理剂大致可归为有机土壤调理剂、无机土壤调理剂以及有机－无机土壤调理剂三大类。

郭振升等（2013）为探明土壤调理剂在豫东黄潮土区冬小麦上的应用效果，研究了施用土壤调理剂对土壤理化性质、冬小麦群体动态、冬小麦产量及其构成因素的影响。结果表明，在正常旋耕施肥的基础上施用30 kg/hm^{2}土壤调理剂能降低土壤容重，增加土壤孔隙度，增强土壤保水性，促进小麦根系生长；配方肥（750 kg/hm^2＋旋耕12 cm＋土壤调理剂30 kg/hm^2）的平均成穗数、穗粒数和千粒重较处理配方肥（750 kg/hm^2＋旋耕12 cm）分别提高12.20%、10.14%和4.55%，平均增产21.9%（$P<0.01$）。在目前耕作制度下增施土壤调理剂是小麦栽培中值得推广的新技术。

曾卫东等（2016）为了解“施地佳”土壤调理剂改善土壤理化性状以及提高小麦产量的效

果，进行了种植小麦的田间试验。结果表明，在盐碱地小麦上施用“施地佳”+壤调理剂，较常规施肥对照增产4.4%。与对照相比土壤pH值降低0.5，速效钾提高了13 mg/kg，土壤有机质含量提高了2.6 g/kg。

于晓东等(2019)通过田间试验研究了不同配方腐植酸型土壤调理剂对滨海盐碱地土壤性质和小麦产量的影响。结果表明，以磷石膏、腐植酸、糠醛渣配以硫酸铝和硫酸镁按一定比例复配的3种腐植酸型土壤调理剂均能改善土壤理化性状，不同程度地降低盐碱地土壤容重和电导率；提高土壤碱性磷酸酶活性，降低土壤多酚氧化酶活性，有助于土壤中有机磷向无机磷转化；显著促进小麦生长，增加小麦产量，增产率19.06%～37.37%。可见，腐植酸型土壤调理剂对盐碱障碍土壤修复和小麦增产有效，3种配方中以腐植酸+糠醛渣+硫酸铝+硫酸镁处理效果最佳，可在北方盐碱障碍土壤上进一步试验示范。

陈成军(2020)为探讨常用土壤调理剂(硅钙钾镁调理剂)对小麦农艺性状及产量的影响，设置了硅钙钾镁调理剂600 kg/hm^2、300 kg/hm^2 以及当地常规施肥(对照)3个处理，前2个处理均在当地常规施肥的基础上进行。结果表明，施硅钙钾镁调理剂600 kg/hm^2 处理，小麦越冬期群体、次生根、单株分蘖、叶龄分别为774.0万茎/hm^2、5.4个/株、2.3个/株、5.6叶/株；灌浆期单株有效分蘖为2.2个；产量为9855.0 kg/hm^2，比对照的9148.5 kg/hm^2 增产706.5 kg/hm^2，增幅达7.7%，差异达极显著水平。但与施硅钙钾镁调理剂300 kg/hm^2 处理相比，小麦产量(9730.5 kg/hm^2)差异不显著。

李晨昱等(2020)研究了以生物炭和明矾为主要材料的土壤调理剂对土壤碳氮状况的改善作用。试验在北方冬小麦—夏玉米种植区内进行，选用生物炭和明矾作为土壤调理剂材料，设计对照、生物炭、明矾、生物炭+明矾4个处理的两茬定位试验。结果表明，生物炭与生物炭+明矾处理改善土壤碳氮状况、提高作物产量和氮素养分吸收的效果较好。经过两茬作物种植后，生物炭+明矾处理土壤有机碳含量有所提高，为15.82 g/kg，表层土壤C/N增加为10.88。土壤硝态氮经两茬作物种植后，生物炭+明矾处理改善效果最好，0～30 cm、30～60 cm、60～90 cm土层分别降低86.96%、86.82%、60.41%。生物炭处理玉米籽粒产量达到11.34 t/hm^2 最高，其次为生物炭+明矾处理，而小麦以生物炭+明矾处理产量最高，为10.28 t/hm^2。生物炭+明矾处理夏玉米和冬小麦的吸氮量均最高，分别为168.32 kg/hm^2 和35.49 kg/hm^2。总体来看生物炭+明矾处理对改善农田土壤碳氮状况效果较好。

(四)与化肥混用

药肥合用一直是国内外农业研究领域的热点。随着植物生长调节剂和化肥品种的逐年增多，在生产中将二者同时搭配使用逐渐成为可能。大量试验证明，将植物生长调节剂与肥料进行科学复配，可出现增效、加倍的作用，这对当前肥料、农药“双减”，节本增效和农业高质量发展具有重要意义。如何鉴别植物生长调节剂能否与其他化肥混合，其最简单的方法是将农用植物生长调节剂与化肥放到同一个容器内进行混合，并制成溶液，如果没有浮油、絮结、沉淀或变色、发热、产生气泡等现象发生，即表明可混合使用。

植物生长调节剂与化肥特别是丰产素(复硝酚钠)、喷施宝、叶面宝、微肥素混配，以叶面喷洒、浸种、浸苗或灌浇形式使用，效果显著。如三十烷醇与尿素、磷酸二氢钾、钼酸铵、硼砂混施；矮壮素与硫酸铵混配后，用追肥方法施入麦田等。两种或两种以上植物生长调节剂混配品种较少，主要有赤霉素与矮壮素混用、赤霉素与萘乙酸混用。在配制、稀释化肥与激素时，要使用清洁、中性的软水(指像江水、河水、湖水等淡水，含钙、镁离子较少，硬度约7.5度的水)，从而避免植物生长调节剂与水发生化学变化，保护有效成分免遭破坏，进而保证药效和防治效果。

杭波等(2013)研究发现，尿素、腐植酸铵与复硝酚钠复配施用，可显著促进玉米植株生长。

梁广坚等(2011)发现，胺鲜酯(DA-6)与硼、蔗糖、钙等配合施用，可促进花粉管的伸长，有助于农作物提前受精，提高农作物的早期坐果率。

史宏志等(1994)发现，在大豆盛花期叶面喷施多效唑和氮磷钾肥，可促进植株横向生长，抑制纵向生长，改善植株营养，减少花荚脱落，有效提高大豆产量。

范秀珍等(2003)用三十烷醇与磷酸二氢钾混合喷施，可以促进植物组织分化，提高叶片叶绿素含量，提高农作物产量。

孙晓慧等(2017)发现，将胺鲜酯(DA-6)包裹在树脂包膜尿素表层，底施后可显著增加菠菜产量，改善菠菜品质。

王志勇(2006)研究发现，多效唑配施磷钾肥可有效提高羊茅草耐热性，延长绿色期。

周红艳等(2007)研究磷肥、钾肥和多效唑不同配比对越冬期沟叶结缕草生理特性的影响，结果表明，适当的肥料与多效唑配合可提高越冬期沟叶结缕草的质量。

齐英杰等(2009)研究表明，控释氮肥和多效唑复配施用的交互作用能保护草坪草细胞膜系统，显著降低膜质氧化程度，增强草体内渗透物质的积累，使其表现出更好的抗寒性。

陈文兴等(2015)探讨尝试在脲醛浆反应时加入复硝酚钠、萘乙酸钠等化控剂，通过再加入氮、磷、钾和有机物，实现微量植物生长调节剂在固体复混肥料中的均匀添加，消除混合不均匀对农作物带来的负面影响，故而达到促进农作物生长发育、增产的目的。这也是近些年来，植物生长调节剂与各种形态肥料复配的工艺中被认为是未来药肥一体化发展的重要方向。

(五)喷施

叶面喷施是化控剂最常使用的方法之一。用于喷施的小麦化控剂种类众多，市面上超九成以上的化控剂均能通过喷施进行处理。每种化控剂均有各自的使用浓度、用量和时期，应根据相应的产品说明进行施用，并要注意相关的注意事项。研究显示，叶面喷施植物激素可以有效调控小麦分蘖的发生发育，构建合理的群体结构，为实现小麦高产创造条件。植物生长调节剂对不同类型的小麦品种和品质调节作用有很大差异。

马少康等(2015)研究表明，叶面喷施植物生长调节剂提高了小麦可溶性蛋白和贮藏蛋白含量，而吴九林等(2007)研究表明多效唑拌种和叶面喷施可使弱筋小麦的籽粒蛋白质含量、湿面筋含量和沉降值降低。

吴传万等(2013)研究发现，化控剂劲丰的喷施对小麦株高和穗下节间长度有显著降低作用，且增加了基部单位长度节间的干质量和抗折力。

李均乾等(2018)研究了市面上常见的几种可以预防小麦倒伏又可增加产量的调节剂产品在小麦上的应用效果。试验设计为分别在拔节前期使用劲丰 100 g/亩、多效唑 40 g/亩、烯效唑 40 g/亩、春泉矮壮丰 40 mL/亩、碧护 12 g/亩、兑水 50 kg/亩。破口期使用劲丰 100 g/亩、多效唑 20 g/亩、烯效唑 20 g/亩、春泉矮壮丰 20 mL/m^2、碧护 12 g/亩，兑水 50 kg/亩。结果显示，拔节前期喷施多效唑、烯效唑和春泉矮壮丰能显著抑制小麦基部的节间伸长、降低株高、增加基部节间茎粗，茎秆抗折力明显增强，对预防后期倒伏有显著效果。拔节前期喷施春泉矮壮丰可促进小穗分化，对提高产量有一定作用。破口期喷施劲丰能显著缩短小麦的穗下节间，从而降低了株高和重心，增强了抗倒伏能力。同时，施用劲丰和碧护提高了穗部的光合能力，减少小穗退化，增加了结实粒和粒重，增产明显。但是，在拔节前期喷施多效唑、烯效唑会影响小麦幼穗分化，最终减少总粒数。即使在破口期喷施这两种生化产品，在剂量减半的情况下仍比清水对照减产。因而建议小麦拔节前期及生长后期需慎用多效唑、烯效唑等唑类生化产品。

文廷刚等(2017)以淮麦 25 为材料，研究在小麦拔节期和开花期喷施植物生长调节剂对籽粒蛋白质含量、淀粉及其组分含量以及面粉加工品质的影响。结果表明，劲丰、乙烯利和 GA_3 两时期处理均显著增加了籽粒蛋白质含量；劲丰和乙烯利两时期处理显著增加了籽粒中直、支链淀粉和总淀粉含量、籽粒面粉的湿面筋和干面筋含量，提高了面筋指数，增加了沉降值和降落值，而 GA_3 处理则相反；劲丰、乙烯利和 GA_3 两时期处理对面粉的糊化特性也有显著影响。

马瑞琦等(2018)探讨了不同种类化控剂对冬小麦产量、品质形成以及植株性状的调控效应，选择在小麦起身期喷施不同种类的化学调控剂进行化控处理试验。结果表明，起身期喷施抗倒型吨田宝、多效唑和矮壮素均可以显著降低株高及重心高度，显著提高茎秆基部节间的抗折力、穿刺强度、抗压强度等力学特性，从而显著提高植株的抗倒伏能力。

胡铁军等(2020)探究了植物生长调节剂芸乐收对小麦产量的影响和对小麦赤霉病的防治效果。结果表明，喷施芸乐收可促进小麦生长，从而提高小麦产量，且该药剂对赤霉病也有一定的防治效果。以在小麦返青期、孕穗期和灌浆期各喷施 1 次芸乐收，对小麦的增产效果最好，较常规处理增产 9.32%。

冯文静等(2021)研究了喷施不同浓度生长素(IAA)、脱落酸(ABA)、乙烯(ETH)、褪黑素(MLT)、24-表油菜素内酯(24-EBL)和茉莉酸甲酯(MeJA)对镉(Cd)胁迫下小麦幼苗生长发育和 Cd 吸收转运的影响。结果表明，植物生长调节剂处理均显著促进小麦幼苗生长，降低小麦各部位 Cd 含量，改善根系形态，促进光合速率。植株 Cd 含量与根系吸 Cd 能力存在普遍的显著正相关，根系形态指标分别与干物质积累、根系吸 Cd 能力存在普遍的正相关和负相关，表明 Cd 胁迫条件下，植物生长调节剂通过对小麦幼苗根系形态的改善、促进干物质积累、加强生物稀释效应、抑制根系吸 Cd 能力，进而降低植株体内 Cd 含量。综合分析发现，喷施 100 μmol/L ABA 和 0.1μmol/L 24-EBL 综合表现最优。

王贝贝等(2022)为探明喷施植物生长调节剂 6-苄氨基腺嘌呤(6-BA)和水杨酸(SA)对小麦花后渍水遮阴胁迫后籽粒淀粉合成和干物质积累的影响，选择以渍水敏感型品种皖麦 52 和渍水迟钝型品种扬麦 18 为材料，人工模拟花后 7 d、11 d 和 15 d 3 个渍水遮阴时长，于处理结束当天喷施 6-BA 和 SA，研究喷施植物生长调节剂对小麦籽粒淀粉合成关键酶活性、淀粉积累、干物质积累及产量的影响。结果表明，渍水遮阴后喷施 6-BA 和 SA 能不同程度上缓解渍水遮阴对小麦籽粒淀粉葡萄糖焦磷酸化酶(AGPase)、颗粒结合态淀粉合成酶(GBSS)、可溶性淀粉合成酶(SSS)和淀粉分支酶(SBE)活性造成的影响，对籽粒 SSS 活性修复的效果最为显著，其次是 AGPase 和 SBE，GBSS 活性受外源 6-BA 的影响较小。与对照相比，喷施 6-BA 和 SA 提高了淀粉的积累速率，增加了淀粉的最终积累量，延长了花后渍水遮阴后小麦灌浆持续时间，提高了平均灌浆速率，增加了千粒质量，减轻了花后渍水遮阴对小麦产量的不利影响。另外，两种植物生长调节剂间比较，6-BA 的修复效果要优于 SA。喷施 6-BA 和 SA 均能缓解花后渍水遮阴对小麦籽粒淀粉合成关键酶活性造成的伤害，有利于籽粒淀粉合成和干物质积累。

第二节　玉米栽培中的化学调控

一、化学调控的作用

化学调控是应用植物生长调节剂调节作物生长发育的技术。化学调控又称化学控制(chemical control),特点是通过化学合成物质处理,影响植物体内的激素系统,促进或抑制作物的生长发育过程。化学调控的作用是多方面的,如促进生根,诱导或推迟开花,控制花的性别,保花保果与疏花疏果,刺激果实生长和生产无籽果实,促进和抑制营养体生长,促进果实和种子成熟、脱叶、脱果与催干,提高植物的抗逆能力等;是挖掘作物产量潜力,实现高产、优质、高效及可持续发展的一项重要技术。常用的植物生长调节剂有多效唑、赤霉素、缩节胺、矮壮素、2,4-D、萘乙酸、B9、乙烯利、增产灵、增甘膦等。

(一)对生育进程和生理活动的影响

邵瑞鑫等(2012a)介绍了他们于2009—2010年的试验研究。以郑单958(晚衰型品种)和豫单2002(早衰型品种)为实验材料,采用盆栽方式,0.03μg/kg的外源激动素(KT)和300 mg/kg丁二酸复合剂进行拌种处理,研究拌种后玉米根叶衰老指标的变化及其化学调控效应。结果表明,激动素和丁二酸混合拌种后根系与叶片中超氧阴离子(O^{2-})产生速率、丙二醛(MDA)及脱落酸(ABA)含量低于其对照,而超氧化物歧化酶(SOD)活性和生长素(IAA)含量却高于对照,据此认为膜脂过氧化得到缓解,根叶的生理功能期延长;且在整个生育期内各个叶位叶的MDA含量、SOD活性、ABA和IAA含量高于根系,但其O^{2-}和IAA/ABA较低,表明根系的衰老早于叶片。综上推测,激动素和丁二酸拌种能有效防止根叶早衰,为提高玉米产量打下基础。

蔡来龙等(2013)在大喇叭口期分别用玉黄金和多效唑对3个甜玉米品种进行叶片喷施处理,通过灰色关联分析研究外源激素对甜玉米产量的影响,通过多元回归分析和通径分析研究各处理对甜玉米5个光合特性和12个产量构成因素的影响。结果表明,施用2种激素引起甜玉米株高和地上部鲜重降低,从而导致产量降低。经过玉黄金处理后,光合速率均高于对照,但是经过多效唑处理后,不同品种的光合特性表现不一致。玉黄金使株高、穗位高降低,在矮化植株上的作用比多效唑明显,并引起产量的降低,比对照降低2.71%~19.64%。通径分析表明,10 mL/L玉黄金处理下,地上部鲜重对产量的贡献率最大;1.5 mL/L玉黄金处理下,叶绿素对产量的贡献率最大;0.2%多效唑处理下,单苞鲜重对产量的贡献率最大;0.13%多效唑处理下,株高对产量的贡献率最大。

申占保(2013)所做的玉米健壮素对浚单20玉米生长发育的影响试验表明,大喇叭口期喷施玉米健壮素可以有效降低玉米的株高、穗位高,对防止玉米倒伏的作用明显,但不利于生殖生长,导致减产;如果喷施过晚(抽雄期喷施),可增产,但对提高防倒伏能力无益。

孟祥盟等(2014)以先玉335为供试品种,选用化控剂玉多十和壮丰灵,研究化学调控技术对玉米农艺性状、光合性能及产量的影响。结果表明,化控技术的运用显著降低了玉米株高,缩短了节间长度,增加了茎秆穿刺强度,同时提高了叶片的叶绿素含量和净光合速率,且植株在生育后期仍能维持较高的叶面积指数,衰减缓慢,保绿性好,提高了产量。各化控处理中,以8展叶喷施玉多十与11展叶喷施壮丰灵的组合光合性能高、增产效果好,且植株具备较强的抗倒伏能力。

田晓东等(2014)针对河北省高产夏玉米倒伏问题，以先玉335(XY335)和金海5号(JH5)为试验材料，通过设置6.75万株/hm^2、8.25万株/hm^2、9.75万株/hm^2这3个密度梯度，研究了化学调控对玉米植株农艺性状、基部节间形态特征、力学性状、化学组分及产量的影响。结果表明，化学调控能显著降低植株高度、穗位、重心高度，缩短节间长度，增加节间粗度、降低长粗比值，显著增加茎秆可溶性糖含量、粗纤维含量和钾含量，同时基部节间硬度、抗折力和植株抗拉力值也显著提高，最终明显降低倒伏率。化控处理明显提高了高密条件下夏玉米产量。

张同祯等(2016)以长中胚轴玉米自交系PH4CV为材料，在黑暗和光照两种处理条件下研究了玉米中胚轴长度与多胺氧化酶(PAO)活性、H_2O_2含量、过氧化物酶(POD)活性及木质素含量的关系。通过添加5 mmol/L PAO抑制剂2-羟乙基肼(2-HEH)和5 mmol /L H_2O_2清除剂N,N'-二甲基硫脲(DMTU)及组织化学染色，研究了影响中胚轴伸长的H_2O_2来源及其积累部位。采用实时荧光定量PCR(qRT-PCR)方法，探究了光对ZmPAO基因表达的影响。结果表明，光照处理显著抑制了玉米中胚轴的伸长，同时显著增加该部位的PAO活性、H_2O_2含量、POD活性及木质素含量。相关性分析表明，玉米中胚轴长度与PAO活性、H_2O_2含量和木质素含量呈极显著负相关，与POD活性呈显著负相关；PAO活性与H_2O_2含量、POD活性和木质素含量均呈正相关。外源PAO抑制剂和H_2O_2清除剂处理试验，玉米中胚轴表皮纵切面细胞长度显微观察及中胚轴H_2O_2组织化学染色表明，PAO氧化分解多胺(PAs)产生的H_2O_2参与了中胚轴细胞伸长的生理调控，从而抑制了中胚轴的伸长。表达分析表明，ZmPAO基因在黑暗环境下的表达量相对稳定，光刺激0.5 h后表达量迅速升高，3 h后达到最大值，随后逐渐下降，10 h后趋于稳定。本研究表明，PAO在接受光刺激后活性升高，氧化分解PAs产生H_2O_2，从而诱导POD氧化胞壁的单木质醇并聚合为木质素，使细胞壁硬化，造成细胞伸长受阻。研究结果为进一步探讨PAO活性调控光诱导玉米中胚轴伸长的生理机制和阐明玉米中胚轴对光逆境的响应机理提供了理论依据。

朱元浩等(2016)为探究在水分胁迫条件下，有机—无机复合型土壤保水剂(SAP)与膜反射型抗蒸腾剂黄腐酸(FA)两种化学制剂联合调控与单一调控下春玉米光合作用的响应规律及其产量驱动机理，开展了试验研究。试验采用随机区组设计，设置了CK、SAP、SAP+FA、FA 4个处理。结果表明，SAP是调蓄土壤含水量的控制因素，较CK增加12%以上；化控制剂有其有效作用期，SAP作用于整个玉米生育期，而FA在拔节中后期对光合的促进最明显；SAP+FA处理比CK产量增加21.3%，比FA和SAP分别增加9.3%和11.7%，与光合强度呈现出一致性。

杨粉团等(2016)于2014年以化控剂玉黄金为种子处理剂，选用良玉188等6个玉米品种为材料，分析种子处理对玉米根冠关系及株型性状的影响。结果表明，不同玉米品种对化控剂种子处理的响应不同，化控剂种子处理有增加中胚轴长度的趋势，良玉188对化控剂种子处理最敏感；其次是禾玉3和迪卡516，其他3个品种未表现出差异。化控剂种子处理表现出较一致的增大根冠比效应。玉米株高和叶面积在不同生育期对化控剂种子处理的反应逐渐减弱，苗期和拔节期迪卡516和良玉188对化控剂处理的反应最敏感，降低株高的效应最强烈。化控剂种子处理对玉米下部节间长度的影响不显著，对穗位高度和穗位系数的影响有降低的趋势。

卢霖等(2016)为探讨乙矮合剂对密植夏玉米叶片衰老及后期早衰的调控机制，确立华北夏玉米区密植高产稳产化学调控技术，以中单909和浚单20为材料，设置乙矮合剂和密度梯度处理，研究密度梯度对夏玉米花粒期不同部位叶片衰老特性的影响与乙矮合剂的调控效应。结果表明，随密度的增加，两品种花粒期单株叶面积减小且降幅增大；各叶位叶片的叶绿素相对含量和可溶性蛋白含量呈下降趋势；超氧化物歧化酶(SOD)、过氧化氢酶(CAT)、过氧化物酶(POD)活性呈降低趋势；丙二醛(MDA)含量则呈增高趋势。上述指标在叶位和品种间存在差异。乙矮合剂处理显著提高各密度不同部位叶片SOD、CAT、POD活性和叶绿素相对含量及可溶性蛋白含量，显著降低MDA含量；单株绿叶面积降幅减小，叶片衰老进程延缓，衰老程度减轻。乙矮合剂处理后，较高密度群体下(7.5万～10.5万株/hm^2)，中单909和浚单20较各自对照分别增产5.59%～6.63%和6.73%～8.10%。因此，采用合理的种植密度结合喷施乙矮合剂可作为华北夏玉米区高产栽培的重要技术措施。

何立锋等(2018)以玉米自交系郑58和PH6WC为研究材料，在不同时期喷施赤霉素和乙烯利＋油菜素内酯调节株高。结果表明，郑58在17片可见叶期，喷施200 mg/L赤霉素效果最佳，倒1节节间长度提升幅度与对照达显著性差异；PH6WC对赤霉素反应不敏感。郑58在14片可见叶期，喷施100 mg/L乙烯利＋0.1 mg/L油菜素内酯降低株高的效果最佳，倒2节至倒6节节间长度降低幅度均与对照达显著性差异；PH6WC在17片可见叶期，喷施200 mg/L乙烯利＋0.1 mg/L油菜素内酯降低株高效果最佳，倒1节至倒6节节间长度降低幅度均与对照达到显著性差异。不同自交系对化控剂处理的最佳时期和浓度均有差异。

王成雨等(2020)研究了3种化调控剂对夏玉米光合特性、灌浆期和籽粒含水量的影响，为促进黄淮海夏玉米区夏玉米籽粒机械收获提供理论依据和技术支持。以夏玉米品种隆平206为材料，采用随机区组试验，于散粉后35 d分别用乙醇、乙烯利和敌草快对玉米植株进行处理，以等量清水为对照(CK)；在喷施化学调控剂后5 d，使用手持式叶绿素仪测定穗位叶叶绿素SPAD值，使用光合仪测定穗位叶净光合速率；生理成熟后，记录灌浆期周天数，用烘干法测定玉米籽粒含水量，并对产量进行测定。结果表明，(1)与CK相比，喷施乙醇未显著降低玉米的穗位叶叶绿素含量、光合速率和产量($P>0.05$)，但显著降低了成熟期玉米籽粒含水量($P<0.05$)，并缩短了玉米的灌浆期；(2)喷施乙烯利和敌草快均显著降低了玉米的穗位叶叶绿素含量、光合速率和产量($P<0.05$)，缩短了玉米的灌浆期；喷施敌草快显著降低了玉米籽粒含水量($P<0.05$)，但喷施乙烯利处理并未显著降低玉米籽粒含水量($P>0.05$)。得出结论，综合产量和籽粒含水量2个关键指标，10%乙醇可以作为促进玉米籽粒脱水的化学调控剂在黄淮海夏玉米区进行应用。

由此可见，化控处理通过调控玉米植株形态指标、光合指标、氮素代谢关键酶活性、干物质积累及生产转运、后期籽粒灌浆特征、淀粉合成、碳代谢酶类活性等，从而对玉米生育进程和生理活动产生影响。

(二)抗倒伏

薛金涛等(2009)以高秆大穗型品种中单808为试验材料，研究不同种植密度下化学调控对玉米植株抗倒伏性及产量的影响。所用化控剂为乙矮合剂(商品名为金得乐，主成分为乙烯利＋矮壮素，有效成分含量40%)。结果表明，在60000株/hm^2的密度下不发生倒伏；超过75000株/hm^2发生倒伏，倒伏率随种植密度的增加而增加。而化学调控显著提高了玉米的抗倒伏能力。与对照相比，化学调控处理降低了拔节期至抽雄期玉米的株高，增加了地上部第3节间的粗度，显著增强了茎秆的抗拉弯强度和穿刺强度，降低了倒伏率。在密度为75000株/hm^2以上时，化学调控处理显著增加了玉米的产量。

田晓东等(2014)于2012—2013年的试验针对河北省高产夏玉米倒伏问题，以先玉335(XY335)和金海5号(JH5)为试验材料，通过设置6.75万株/hm^2、8.25万株/hm^2、9.75万株/hm^2这3个密度梯度，研究了化学调控对玉米植株农艺性状、基部节间形态特征、力学性状、化学组分及产量的影响。所用化控剂为85%含量的乙烯利(水剂)。结果表明，化学调控能显著降低植株高度、穗位、重心高度，缩短节间长度，增加节间粗度、降低长粗比值，显著增加茎秆可溶性糖含量、粗纤维含量和含钾量，同时基部节间硬度、抗折力和植株抗拉力值也显著提高，最终明显降低倒伏率。化控处理明显提高了高密条件下夏玉米产量。

魏湜等(2015)选取东农253为试验材料，研究化控剂玉黄金(主要成分为胺鲜酯和乙烯利)对不同种植密度(设置5万株/hm^2、6万株/hm^2、7万株/hm^2和8万株/hm^2 4个种植密度)下玉米穗部性状及抗倒伏性能影响。结果表明，化控条件下，7万株/hm^2密度种植下玉米获得最高产量达13290.95 kg/hm^2。穗长、百粒重、行粒数易受环境影响，变异系数较大，穗长对产量影响最大，其次为粒重；玉黄金能缩短节间长度、降低株高和穗位，提高抗倒伏性能；玉黄金处理后明显改善茎部性状，增强玉米抗倒伏性能，茎秆性状优化有利于营养物质和水分向地上部运输，提高茎秆对穗部性状和籽粒产量贡献率。

高源等(2016)以夏玉米品种青农11和郑单958为材料，探索了不同密度(5.5万株/ hm^2、6.7万株/hm^2和7.5万株/hm^2)下喷施胺鲜酯对玉米抗倒伏性状及产量的影响。结果表明，与对照相比，喷施胺鲜酯的玉米弹性模量、抗弯折强度、穿刺强度和抗压强度增强，最大增强幅度分别为18.0%、22.4%、16.5%和22.6%。玉米株高降低，气生根数增多，茎秆基部第3节节间长缩短，茎秆增粗，最大调节幅度分别为9.2%、24.6%、14.2%和12.4%。纤维素、半纤维素和木质素含量提高，最大提高幅度分别为9.2%、14.0%和12.9%。上述性状随着密度的增大，喷施胺鲜酯的效果越显著。与低密度相比，高密度条件下喷施胺鲜酯对弹性模量、抗弯折强度、穿刺强度和抗压强度的增幅分别提高3.8%～5.2%、15.9%～17.2%、4.8%～5.0%和4.3%～5.1%。在7.5万株/hm^2密度下，喷施胺鲜酯的青农11和郑单958产量分别比对照提高15.1%和11.4%。

曹庆军(2016)以4年田间试验为基础，对吉林省中部粮食主产区灌浆期风灾倒伏籽粒建成、减产损失以及不同基因型品种抗倒伏性差异机制进行了研究，同时结合作物化学调控技术，阐明了植物生长调节剂(PGRs)提高春玉米抗倒伏能力的生态与生物学机制。主要取得如下结论：(1)灌浆期倒伏显著降低了籽粒灌浆速率，但随着时间的推移，灌浆速率受影响程度减弱；倒伏后上层植株受影响较小，下层植株受影响较大，倒伏后及时进行捆扶处理可以降低倒伏对籽粒灌浆所产生的不利影响。倒伏限制了籽粒"库"的建成，收获期倒伏下层、倒伏上层、捆扶处理籽粒干重比对照分别降低20.13%、4.36%、7.56%。(2)倒伏后造成籽粒脱水速率减慢，从而导致收获期籽粒水分含量偏高；倒伏影响籽粒营养物质积累量，降低了商品品质，其中粗脂肪和粗蛋白含量受影响较大，粗淀粉含量受影响较小，其含量相应分别下降了1.07%～12.83%、5.15%～9.33%、0.81%～3.30%。(3)倒伏降低了春玉米的产量。2012年田间17个倒伏定位样点最高减产29.68%，最低减产7.02%，平均减产14.75%，回归分析表明倒伏率每增加1%，产量损失平均增加34.17 kg/hm^2。不同倒伏部位植株产量损失不同，倒伏上层与倒伏下层单株产量分别比对照(未倒伏)处理减产10.51%与29.88%；倒伏后玉米行粒数、穗长和穗粗降低，秃尖长增加，百粒重下降，是导致减产的主要原因。(4)吉林省中部地区春玉米茎倒伏以灌浆后期发生为主。从倒伏发生位置来看，主要以第3茎节倒伏为主，约占56.44%，其次是第5茎节(16.83%)、第2茎节(12.87%)和第4茎节(11.88%),其他茎节部位发生倒伏的比率较小。(5)玉米重心高度、基部茎折力、单位节间长度干重可作为生育期评价春玉米抗倒伏性的通用指标。另外,茎节长度可作为玉米开花期抗倒伏性的一级指标,而穗位高、穿刺强度、茎节横切面积、硬皮厚度、木质素含量可作为二级评价指标。基部茎节含水量可作为玉米灌浆后期抗倒伏性的评价指标。另外,通过各指标对密度变化的敏感性来评价品种抗倒伏性能力可能更加科学,但关键是参照品种的选取。(6)不同抗倒伏性品种籽粒的灌浆特性存在很大差异。先玉335、禾玉33等易倒伏品种,具有灌浆强度大、灌浆期短等特点,而迪卡516和农华101等抗倒伏性强的品种灌浆期持续时间较XY335等品种延长1~2 d。在光合产物的转移与分配方面,灌浆后期易倒伏品种茎器官向籽粒中转移的干物质比例大,同化物在茎器官中分配的比例低,这可能是造成玉米茎秆抗倒伏能力降低的重要机制。(7)生育期可通过Safety factors模型对植株的抗倒伏能力进行评价,经田间验证,在玉米灌浆期Safety factors值与倒伏指数LI存在极显著相关性,灌浆期与倒伏指数LI关系为$Y=3.9503e-0.26LI$。另外,本研究还提出了抗茎倒伏品种的理想株型。(8)高密度种植条件下,玉米的籽粒产量、生物量、收获指数以及倒伏指数均显著地受化控处理(T)、品种类型(H)以及环境因子(Y)的影响。提高收获指数、降低倒伏率是PGRs提高春玉米籽粒产量的重要途径。(9)穗位高与重心高度降低、基部茎节变粗、节长缩短是PGRs提高春玉米抗茎倒能力的重要形态学机制;不同化控处理对第2节和第3茎节影响最大,单位长度茎节干重、结构性碳水化合物木质素等含量增加,茎秆抗弯曲强度提高是PGRs提高春玉米抗茎倒能力的重要发育生物学机制。在倒伏发生较严重的年份,PGRs处理可以显著提高玉米的籽粒产量,而在倒伏发生不严重的年份,PGRs处理玉米不增产甚至略有下降。因此,根据气象预警信息,一般年份可在拔节期化控1次,在倒伏发生严重年份,可在拔节期和大喇叭口分别进行1次化控处理,增强春玉米的抗倒伏能力,这对指导吉林省春玉米安全生产具有重要意义。

徐田军等(2019)为研究并明确种植密度和植物生长调节剂对玉米茎秆性状的影响,为合理密植、构建适宜群体结构,实现玉米高产抗逆栽培提供理论依据和技术支撑。以JK968为试验材料,设置6.0万株/hm^2(D1)、7.5万株/hm^2(D2)和9.0万株/hm^2(D3)3个密度水平,以及乙烯利矮壮素复配剂(EC)和喷施清水为对照(CK)2个处理,研究种植密度对玉米茎秆性状的影响以及茎秆性状对化学调控的响应。结果表明:(1)倒伏率随种植密度的增加呈升高趋势,其中在D1密度条件下,JK968的倒伏率分别比D2和D3低69.1%和83.4%;EC处理可显著降低倒伏率,在D1、D2和D3密度条件下分别比对照降低了5.0%、19.8%和41.0%。(2)株高、穗位高、穗位系数和重心高度在不同种植密度和化控处理间均存在极显著差异,具体表现为随种植密度的增加呈升高趋势;EC处理后显著降低了地上部第6节以下的节间长度,增加了地上部第7节以上的节间长度,株高和穗位系数略降低,而穗位高和重心高度显著降低。(3)茎秆抗折力和茎秆外皮穿刺强度在不同处理间均存在极显著差异。大喇叭口期至成熟期呈先升高后降低趋势,在乳熟期达最大值。随种植密度的增加,地上部第3节、4节和5节茎秆抗折力和茎秆外皮穿刺强度呈降低趋势;不同节间茎秆抗折力和茎秆外皮穿刺强度表现为地上部第3节>第4节>第5节;EC处理后显著增加了地上部第3节、4节和5节茎秆抗折力和茎秆外皮穿刺强度。(4)穗粒数和百粒重随种植密度的增加呈降低趋势;EC处理后,穗粒数、百粒重和产量均较对照增加。在D1、D2和D3密度条件下,EC处理后产量分别较对照高438.8 kg/hm^2、1041.3 kg/hm^2和3376.5 kg/hm^2,增幅分别为3.6%、8.2%和

27.8%。得出结论，随种植密度的增加，玉米株高增加、重心高度上移、基部节间伸长、基部节间充实度和抗折力下降。EC处理显著降低了地上部第6节以下的节间长度，显著增加了地上部第7节以上的节间长度，株高略降低，重心高度和穗位高显著降低，基部节间长度缩短、基部节间充实度提高，从而提高了茎秆的抗倒伏能力。由此可见，在风灾倒伏频发地区以及种植密度过大等倒伏风险较大的条件下，喷施植物生长调节剂可显著增加玉米茎秆的抗折力和茎秆外皮的穿刺强度，显著降低穗位高、重心高度和倒伏率，有利于玉米高产稳产。

陶群等(2019)在田间条件下，以玉米品种先玉335和郑单958为材料，在8展叶时于叶面喷施不同浓度(0、0.01μmol/L、0.1μmol/L、1 μmol/L和10μmol/L)冠菌素(COR)，研究了COR对玉米抗倒伏能力及产量的影响。结果表明，经10μmol/L COR处理后，先玉335的株高和穗位高分别比对照降低了7.0%和19.9%，郑单958分别降低了20.8%和18.2%，单株叶面积、节间抗折断力、穗下第8～14节间长度和节间最大直径与对照间亦差异显著。且随着COR浓度的增加，先玉335和郑单958的株高、穗位高、单株叶面积和穗下第8～14节间长度均逐渐降低；第8～14节间最大直径和节间抗折断力逐渐增大。经1μmol/L COR处理后，2个供试玉米品种的产量、穗数、穗粒数和千粒重较对照均有所增加，其中先玉335的产量较对照增加了9.9%，郑单958增加了4.3%。综上所述，COR可以提高玉米的抗倒伏能力，不同品种玉米对COR的敏感性不同，其中先玉335抗倒伏的最适COR浓度为10μmol/L，郑单958抗倒伏的最适COR浓度为1μmol/L。

沙莎等(2019)为研究化学调控措施对洞庭湖区夏玉米抗倒伏性及产量的影响，明确不同群体夏玉米适宜的化学调控措施，为洞庭湖区机收夏玉米的高产高效栽培提供理论与技术支撑。以机收夏玉米品种郑单958和湘农玉27号为材料，于2017—2018年在湖南桃源县木塘垸镇进行大田试验，比较1次化学调控(拔节初期)、2次化学调控(拔节初期＋大喇叭口期)和无化学调控(对照)对低、中、高不同种植密度(60000株/hm^2、75000株/hm^2和90000株/hm^2)夏玉米抗倒伏性及产量的影响。结果表明，随种植密度的增大，夏玉米的株高和穗位高增高、茎秆变细、气生根数量减少，但适宜的化学调控措施可增加气生根数量，增大茎粗和茎秆的抗折力，降低玉米株高、穗位高、穗高系数及玉米重心，进而提高玉米的抗倒伏性能，降低倒伏率与倒折率。玉米产量随种植密度的增加而提高，且两年度表现一致。化学调控对玉米产量的影响存在年际间差异，可能与2017年异常天气状况有关。2017年，玉米产量随化学调控次数增加而下降；2018年，低种植密度下以无化学调控处理的产量最高，中种植密度下不同化学调控次数间的玉米产量差异不显著($P>0.05$)，而高种植密度下表现为1次化学调控＞对照＞2次化学调控。两个品种最高产量均在高种植密度、1次化控条件下获得。得出结论，化学调控可明显提高玉米的抗倒伏能力，不同群体条件下宜采取不同的化学调控措施。夏玉米群体较大、长势良好条件下，于拔节初期喷施1次化学调控剂有助于提高玉米产量。

孙宁等(2021)为了探明高密群体不同化学调控方式对玉米茎秆抗倒伏性状的影响，选用近年来表现较好的高产潜力品种迪卡159作为试验材料，设8.5万株/hm^2、9.5万株/hm^2、10.5万株/hm^2 3个种植密度和8展叶1次化控(T1)、7＋8展叶2次化控(T2)以及清水对照(CK) 3个试验处理，测定了茎秆农艺性状和抗倒力学性状。结果表明，化学调控降低了玉米植株的株高、穗位高、基部节间长和第2～5节位的节间干物质重，增加了基部第3～5节位的节间周长和第1～5节位的单位节间长干物质重，以上变化在不同化控处理间存在差异。8.5～9.5万株/hm^2时，一次化控可取得较好的调控效果，10.5万株/hm^2时则需两次化控才能取得明显的调控效果。茎秆抗倒力学性状与农艺性状密切相关，逐步回归分析表明，在化控条件下，单位节间长干物质重对茎秆穿刺强度及压折强度的影响最大，可以作为植株化控抗倒伏效果检验的重要农艺指标。

由此可见，化控处理降低了玉米株高、穗位高、穗高系数及玉米重心，抑制了基部节间的伸长，增加了基部节间周长和单位长度茎节干重，提高了玉米秸秆的穿刺强度和压折强度，重塑理想株型，进而提高玉米的抗倒性能，降低倒伏率与倒折率，优化了产量构成因素，实现了玉米产量的提升。

(三)增强抗逆性

张雪峰等(2011)以玉米品种郑单958和辽单632为试验材料，研究不同外源药剂预处理对低温胁迫下玉米种子萌发的影响。结果表明，不同种类和浓度药剂预处理可影响郑单958和辽单632玉米种子的耐冷性，5 mg/L GA_3 促进10 ℃低温下各品种种子的萌发，有利于幼苗和根系的生长，但不利于壮苗；1 mg/L浓度ABA促进种子萌发，提高萌发期种子的耐低温性，高浓度抑制种子萌发。耐冷性弱的品种辽单632对外源激素更敏感，耐冷性强的品种郑单958种子萌发不受影响。15%PEG、10%钙盐、1% H_2O_2 浓度浸种渗调处理均能促进耐冷性不同的玉米种子低温萌发，提高幼苗的生长状况，而高浓度处理均对种子低温萌发产生抑制作用。

解振兴等(2012a)针对东北地区低温冷凉气候区密植条件下玉米叶片早衰现象，于大田条件下，研究了不同种植密度下磷酸胆碱合剂对京单28和先玉335叶片衰老相关指标及产量性状的影响。结果表明，随种植密度的增加，玉米叶片保绿度、叶绿素含量下降；超氧化物歧化酶(SOD)、过氧化物酶(POD)、过氧化氢酶(CAT)活性降低，丙二醛(MDA)含量升高。化控处理后，不同种植密度下，2个玉米品种叶绿素含量提高了6.57%～23.40%，保绿度提高了4.5%～13.9%；SOD、POD、CAT活性在中高密度条件下较对照升高了4.76%～21.64%，MDA含量较对照降低了4.39%～11.82%；穗长、行粒数、百粒重和产量均较对照有所增加，京单28产量最高增加了398.3 kg/hm^2，先玉335产量最高增加了774.2 kg/hm^2。以不同品种不同密度下的各生理指标与产量进行相关分析的结果表明，除MDA含量与产量呈极显著负相关外($r=-0.810^{**}$)，其余都表现出正相关，其中POD活性($r=0.660^{*}$)达到了显著水平。表明磷酸胆碱合剂可以延缓玉米叶片的衰老。

徐田军等(2012)采用盆栽试验，以郑单958和丰单3号为材料，研究了低温胁迫对玉米幼苗光合作用、叶绿素、叶绿素荧光参数和抗氧化酶活性的影响，以及聚糠萘合剂(PKN)的调控效果。结果表明，低温胁迫下，玉米幼苗的光合作用和光系统Ⅱ光化学最大效率受到抑制；超氧化物歧化酶(SOD)、过氧化物酶(POD)和过氧化氢酶(CAT)活性降低；过氧化氢、超氧阴离子的产生速率及丙二醛(MDA)含量显著升高。PKN处理提高了低温胁迫下玉米幼苗净光合速率(P_n)、气孔导度(G_s)、光系统Ⅱ光化学的最大效率(F_v/F_m)、叶绿素含量(Chla+Chlb)。低温处理7 d，郑单958处理(ZDTR)和丰单3号处理(FDTR)的 P_n、G_s、F_v/F_m、Chla+Chlb分别比各自的对照提高了88.95%和61.11%、593.33%和1741.67%、111.50%和145.16%、36.61%和54.03%；PKN处理延缓了SOD、POD、CAT活性的降低，低温胁迫7 d，PKN处理使郑单958和丰单3号的SOD、POD、CAT活性分别比对照高了292.59%和632.98%、295.07%和360.54%、254.55%和265.45%；同时降低了过氧化氢、超氧阴离子的产生速率及MDA的含量。表明PKN处理有利于提高玉米幼苗的抗冷性。

祁利潘等(2013)研究了灌浆期低温胁迫条件下,喷施脱落酸、甜菜碱和水杨酸对玉米灌浆中后期光合特性及产量的影响。结果表明,喷施脱落酸降低了叶片的净光合速率,低、中浓度脱落酸处理提高了PSⅡ的光化学效率(F_v/F_m),高浓度处理使PSⅡ的光化学效率降低,脱落酸处理使产量下降8.0%~14.6%;喷施甜菜碱增加了叶片的净光合速率和PSⅡ光化学效率,甜菜碱处理使产量提高了0.9%~6.9%;喷施水杨酸可有效维持并提高玉米叶片的光合性能,除中浓度处理产量较对照增加1.4%之外,其他浓度处理产量下降1.2%~3.4%。喷施脱落酸、甜菜碱和水杨酸主要通过调节千粒重来实现对产量的调控,其中,高浓度甜菜碱(10 mmol/L)在提高光合能力和产量方面表现最优。

张巽(2016)通过室内人工控制温度和大田播期调整的方法来创建低温条件,通过人工气候箱以及大田提前播种来研究低温对玉米出苗和幼苗生长的影响机理及不同化学调控的缓解效应,通过籽粒离体培养和大田晚播来研究灌浆期低温对玉米籽粒灌浆的影响及其机理,以及化学调控缓解效果,通过研究低温对籽粒发芽出苗状况、幼苗形态变化、物质积累、生理变化、干物质生产转运、后期籽粒灌浆特征、淀粉合成、碳代谢酶类活性、内源激素变化及产量的影响及不同化学调控方法的缓解效应,以期为北方玉米充分利用热量资源、实现抗逆稳产提供理论依据。主要研究结果如下:(1)利用响应面优化设计方法开发出的"6GA"(6-苄氨基嘌呤+赤霉素+尿囊素)复配剂,能够促进玉米在低温下的发芽率、发芽势、胚乳物质转运、胚根胚芽形态指标、内源激素含量、种子胚乳淀粉酶活性以及幼苗可溶性糖含量,表现优于单一调节剂。在郑单958、东单90、东单60三个品种的发芽对比试验中,其对郑单958和东单90有着较好的促进作用。在不同时间长度低温胁迫砂培试验中,"6GA"能够提高砂培出苗率、出苗指数,且在持续低温环境中,以及恢复到常温环境后,都表现出对幼苗生长发育的促进作用,能显著促进茎和根伸长生长,促使根系和茎的协同生长,保持合理的根冠比。(2)"6GA"复配剂在4月1日和4月15日两个播种期应用,提高了早播玉米的出苗率和出苗指数,郑单958、东单90、东单60三个品种出苗率分别较对照提高了8.9%、59.6%、14.4%,"6GA"对低温敏感品种的作用效果强于耐低温品种。使用"6GA"复配剂可以显著提高早播玉米出苗期的株高和茎粗,加快叶片的伸展速度,增加了根系的总长度、根系平均直径、根系总表面积、根系总体积,有效提高根系的物质积累量,提高幼苗的根冠比。但随着播期的推迟,"6GA"药剂作用不再显著。(3)通过籽粒离体培养以及大田推迟播种期的方法,发现玉米籽粒在灌浆期的生长发育过程受低温影响较大,籽粒干物质积累量籽粒离体培养表现为NT>MT>LT(NT为常温25 ℃培养,MT为授粉后20 d开始15 ℃培养,LT为授粉后3 d开始15 ℃培养),大田播期试验表现为6/15>7/1>7/15(6/15为6月15日播种,7/1为7月1日播种,7/15为7月15日播种),表明低温持续时间越长,物质积累量越少。低温显著延长了灌浆时间,降低灌浆的平均灌浆速率和最大灌浆速率,推迟最大灌浆速率出现的时间,降低籽粒理论最大干重,且灌浆期低温持续时间越长,降低程度越大,籽粒理论最大干重与最大灌浆速率和平均灌浆速率的相关性证明,粒重的降低是由于低温对灌浆速率的影响而导致的。低温降低了籽粒淀粉的含量,降低了灌浆过程可溶性酸性转化酶(Soluble acid invertase,SAI)、蔗糖合酶(Sucrosesynthase,SS)、可溶性淀粉合成酶(Soluble starchsynthase,SSS)、焦磷酸化酶(ADP-glucose pyrophosphorylase,APGase)的活性,且对弱势粒的影响大于强势粒。在灌浆前期对SAI及SS活性降低明显,导致前期蔗糖转化为淀粉合成底物受阻,灌浆中后期SSS及APGase酶活性下降趋势快,导致籽粒淀粉合成受到影响。低温还降低了生长素(IAA)和赤霉素(GA)的含量,扰乱了籽粒玉米素核苷(ZR)和脱落酸(ABA)的含量变化,导致籽粒灌浆过程中生长发育受阻,物质积累减少,导致最终籽粒千粒重显著降低,严重减产。(4)使用BB(6-苄氨基嘌呤+甜菜碱)和OP(欧帕)药剂处理后,提高了籽粒的物质积累,增大了玉米籽粒最大灌浆速率、平均灌浆速率,增加了籽粒物质积累的效率,减缓了低温下玉米前期的淀粉积累速率,增加了低温下籽粒的SAI、SS、SSS、APGase的活性,且对灌浆中后期碳代谢相关酶促进作用更明显,在灌浆中后期,籽粒内源激素IAA、GA、ZR含量都显著高于对照,而ABA含量的变化受药剂影响不显著。药剂增长了7/15播期玉米的穗长,增加了玉米籽粒的千粒重,两个播期都表现为BB>OP>CK,最终导致产量较对照显著增加。

闫慧萍等(2016)为探讨不同胁迫对玉米种子生物化学特性的影响,采用不同浓度的2,4-表油菜素内酯(EBR)处理玉米种子,研究NaCl和低温(15 ℃)胁迫下,外源EBR对玉米幼苗电解质外渗率(REC)、丙二醛(MDA)、超氧化物歧化酶(SOD)、过氧化物酶(POD)、过氧化氢酶(CAT)、抗坏血酸过氧化物酶(APX)、脯氨酸、可溶性糖和各生长指标的影响。结果表明,在180 mmol/L的NaCl胁迫下,0.050 mg/L的EBR可以显著缓解NaCl的胁迫伤害,使玉米种子发芽率、发芽势、发芽指数、活力指数显著提高,盐害指数降低;幼苗株高、根长、植株鲜重、相对含水量、根冠比也显著提高;抗氧化酶(SOD、POD、CAT和APX)活性相应增加,脯氨酸和可溶性糖含量也相应提高,MDA含量和相对电导率降低。低温(15 ℃)胁迫下,与正常温度(25 ℃)相比,0.001～1.000 mg/L范围内,EBR对提高玉米株高、根长、单株干鲜重、发芽率均有促进作用,0.100 mg/L作用效果最好,对提高发芽势有一定的促进作用,但无明显的规律性。由此可知,一定浓度的EBR浸种能缓解盐和低温对玉米的胁迫损伤,其作用机制可能是EBR可以激活细胞合成自由基清除酶的能力,且酶类物质通过相互协调作用减轻胁迫伤害。

石光达等(2021)为明确不同浓度褪黑素喷施对干旱复水条件下玉米幼苗生长及生理特性的影响,采用室内盆栽培养试验,以沈玉21玉米幼苗为材料,将其进行7 d干旱胁迫(30%FWC)后复水处理,喷施不同浓度的褪黑素,以探求外源褪黑素对玉米幼苗干旱后复水的影响。结果表明,干旱胁迫严重抑制玉米幼苗的生长,复水条件下喷施褪黑素,促进了植株的生长和根系发育,提高了叶绿素的生物合成和光合作用;同时,外源褪黑素提高了植株的可溶性糖、可溶性蛋白和脯氨酸等渗透调节物质的积累,抑制了MDA的产生,提高了SOD、POD和CAT的活性;此外,褪黑素还能提高干旱复水条件下玉米叶片的AsA/DHA、GSH/GSSG,抑制ROS大量产生,减少胁迫对植株细胞膜系统的伤害;其中,外源褪黑素浓度为50～100μmol/L时,调控效果最佳。总之,外施褪黑素可通过调节逆境下植物细胞的信号传导,以此在分子水平调控植株对干旱胁迫的生理响应,促进植物生长,提高渗透调节及抗氧化的能力,有效减缓胁迫对植株造成的负面影响。

王相敏等(2021)为探究干旱胁迫下脱落酸(ABA)对玉米幼苗生长和生理生化特性的影响,以玉米品种郑单819为试验材料,在3叶期进行正常(Hoagland营养液)、干旱处理(Hoagland营养液+20%PEG-6000)、干旱+ABA处理(Hoagland营养液+20%PEG-6000+0.05 mmol/L ABA)。结果表明,干旱胁迫抑制了玉米的生长,外源添加0.05 mmol/L ABA则显著缓解了干旱胁迫的抑制作用。干旱胁迫显著降低了最大光量子效率(Fv/Fm)和叶绿素含量(SPAD),而外源添加0.05 mmol/L ABA显著提高了F_v/F_m和SPAD,同时还显著提高了叶片超氧化物歧化酶(SOD)、过氧化物酶(POD)和过氧化氢酶(CAT)活性、可溶性蛋白

(Sp)和脯氨酸(Pro)含量。另外,ZmSOD、ZmPOD、ZmCAT 和 ZmP5CR 在 0.05 mmol/L ABA 处理后表达量显著提高。相关性分析发现玉米各指标间密切相关,其中株高、根长、SPAD 等与植株的干物质重相关性显著。可见,施用 0.05 mmol/L ABA 可通过促进抗氧化酶、脯氨酸关键基因的表达,从而提高抗氧化酶活性和脯氨酸含量来缓解干旱胁迫对玉米苗期生长的抑制,证明了施用 0.05 mmol/L ABA 是提高玉米苗期耐旱性的重要途径,为玉米抗旱栽培提供了参考。

赵小强等(2021)以 4 份青贮玉米品种为试材,在正常供水(CK)、PEG-6000 模拟干旱胁迫(DS)、CK 下施加 1.0 mg/L 的外源 2,4-表油菜素内酯(EBR)(CK+EBR)、DS 下施加 1.0 mg/L 的 EBR(DS+EBR)等处理下分别测定了幼苗的生长参数及光合特性,以期探究干旱胁迫下外源 EBR 对青贮玉米幼苗生长及光合特性的影响及响应机制。结果表明,DS 胁迫下,4 份青贮玉米幼苗的 SPAD 值(SPAD)、RuBPCase 活性(RuBPCase)、气孔导度(G_s)、蒸腾速率(T_r)、净光合速率(P_n)、苗长(SL)和苗鲜重(SFW)均明显降低,分别降低了 22.82%、38.29%、35.26%、30.02%、27.92%、15.84%和 25.78%,而水分利用效率(WUE)、胞间 CO_2 浓度(C_i)和气孔限制值(L_s)均明显升高,分别升高了 5.16%、17.11%和 16.80%;CK+EBR 和 DS+EBR 处理下,4 份青贮玉米幼苗的 SPAD、RuBPCase、G_s、T_r、WUE、P_n、SL 和 SFW 均不同程度增大,而 C_i 和 L_s 均不同程度降低。热图 Hierarchical clustering 聚类和主成分分析表明,青贮玉米幼苗的 2 个生长参数及 8 个光合特性与其抗旱性紧密相关,这 10 个性状通过彼此间的相互作用共同形成了青贮玉米品种的抗旱基础。利用抗旱指数及外源 EBR 干旱缓解效应系数对 4 份青贮玉米品种的抗旱性及外源 EBR 干旱缓解效应进行了综合评价,这 4 份青贮玉米品种的综合抗旱性介于 0.300(铁研 53)~0.828(西蒙 707),而 DS+EBR 处理下,这 4 份青贮玉米品种的综合外源 EBR 干旱缓解效应介于 0.187(西蒙 707)~0.403(五谷丰贮 1 号)。因此,施加 1.0 mg/L 的 EBR 可有效缓解干旱胁迫对青贮玉米幼苗光合生理特性及幼苗生长发育的不利影响,且 EBR 对抗旱性弱的青贮玉米品种的干旱缓解效果明显优于抗旱性强的品种。

王鹏等(2021)以玉米品种郑单 958 为试验材料,研究外源 5-氨基乙酰丙酸(5-ALA)对 15%PEG-6000 模拟干旱胁迫下玉米幼苗生理特性及抗氧化酶基因表达的影响。结果表明,与对照相比,干旱胁迫下玉米幼苗叶片中超氧化物歧化酶(SOD)、过氧化物酶(POD)、过氧化氢酶(CAT)活性、丙二醛(MDA)、脯氨酸(Pro)和可溶性糖含量显著增加,分别增加 132.69%、30.69%、30.39%、60.34%、495.65%和 31.36%,叶绿素含量降低 21.33%($P<0.05$),净光合速率(P_n)、气孔导度(G_s)、胞间 CO_2 浓度(C_i)、蒸腾速率(T_r)、最大光化学效率(F_v/F_m)、实际光化学效率(Φ_{PSII})和光化学猝灭系数(qP)都显著下降,分别下降 30.79%、68.75%、9.15%、53.15%、33.33%、47.06%和 26.37%,但非光化学猝灭系数(NPQ)上升 31.82%($P<0.05$)。喷施 25 mg/L 的 5-ALA 能显著缓解干旱胁迫对玉米幼苗造成的损伤,与干旱胁迫下相比,抗氧化物酶 SOD、POD、CAT 活性分别增加 17.63%、17.68%、27.48%($P<0.05$),Pro、可溶性糖和叶绿素含量分别增加 34.97%、19.64%和 17.82%($P<0.05$),MDA 含量降低 22.12%($P<0.05$),P_n、G_s、C_i、T_r、F_v/F_m、Φ_{PSII}、qP 分别上升 79.03%、180.00%、35.77%、161.54%、20.00%、88.89%、26.87%($P<0.05$),NPQ 下降 15.52%($P<0.05$)。实时荧光定量 PCR 得到干旱胁迫下喷施 25 mg/L 的 5-ALA,SOD3、POD3、CAT1 三种抗氧化酶基因表达量也显著增加,较干旱胁迫下不喷施 5-ALA 分别增加了

49.31%、34.07%、44.17%。说明外源5-ALA对干旱胁迫下玉米幼苗的生长具有缓解作用，能增强玉米幼苗的抗旱性。

僧珊珊等(2012)曾于2010年、2011年进行试验。以玉米单交种登海662(DH662)和浚单20(XD20)为材料，以盆栽方式研究了外源亚精胺(Spd)对淹水胁迫玉米叶片光合、根系生理及产量的调控效应。结果表明，喷施亚精胺使遭受不同生育阶段淹水胁迫的DH662和XD20产量平均提高12.9%和10.8%。不同生育阶段淹水对玉米影响不同，2个品种均以苗期淹水影响较大，且Spd对其正调控效应也最好。喷施亚精胺提高了不同生育阶段淹水处理玉米叶片的净光合速率(P_n)、气孔导度(G_s)、气孔限制值(L_s)、最大光化学效率(F_v/F_m)、光量子产量(Φ_{PSII})和光化学猝灭系数(qP)，降低了细胞间隙CO_2浓度(C_i)和非光化学猝灭系数(qN)。喷施亚精胺使淹水胁迫后DH662和XD20根系的超氧化物歧化酶(SOD)活性分别较单独淹水处理高出14.5%和4.6%，过氧化氢酶(CAT)活性分别较淹水处理高出19.9%和18.2%；使DH662和XD20根系的异柠檬酸脱氢酶(IDH)和琥珀酸脱氢酶(SDH)活性增加26.1%和19.6%，但抗坏血酸过氧化物酶(APX)活性无明显增加。喷施亚精胺缓解了淹水胁迫引起的膜脂过氧化，使DH662和XD20根系活力平均增加12.9%，根系丙二醛(MDA)含量平均降低23.9%。表明叶面喷施亚精胺可有效改善玉米根系和叶片生理功能，从而降低减产幅度，但不同玉米品种及其不同生育阶段对亚精胺的调控效应存在差异。

刘冰等(2016)为研究淹水及淹水后叶面喷施外源多胺对夏玉米叶片可溶性糖、根系活力、地上部干物质、内源亚精胺、籽粒质量动态变化和产量的影响，缓解玉米涝渍胁迫危害，在夏玉米灌浆前期设置3 d、5 d、7 d、9 d的测坑淹水试验。结果表明，淹水后与CK相比，淹水5 d、7 d、9 d叶片可溶性糖含量下降，地上部干物质质量均显著减少，淹水3 d、7 d、9 d百粒质量增加，5 d减少，籽粒质量、穗行数、行粒数、产量均显著降低。叶面喷施外源多胺后，相同淹水天数处理间比较，淹水5 d、7 d、9 d叶片可溶性糖含量增加、根系活力增强，淹水7 d、9 d叶片内源亚精胺含量增加，淹水5 d百粒质量显著增加，淹水3 d、5 d植株行粒数分别增加8.24%、7.41%，产量分别提高7.92%、5.85%($P<0.05$)。因此，夏玉米灌浆前期遭遇淹水后5 d内叶面喷施外源多胺，能够提高其抗涝性，减少产量损失。

邢玉美等(2021)为探究宛氏拟青霉提取物(PVE)提高玉米幼苗对淹水胁迫适应能力的光合生理机制，通过人工模拟淹水胁迫环境，研究不同程度淹水胁迫后叶面喷施清水和PVE对玉米幼苗生长和叶片快速叶绿素荧光诱导动力学曲线(OJIP)的影响。结果表明，淹水胁迫显著抑制了玉米幼苗的生长，降低了叶片的净光合速率。长期淹水胁迫(>4 d)导致玉米幼苗叶片OJIP曲线发生明显变化，增加了在O相处的初始荧光强度(F_o)，但降低了叶片I相(30 ms)和P相(最大荧光)荧光值。与正常水分处理相比，淹水胁迫减少了单位面积内反应中心的数量(RC/CSm)，抑制了QA向QB的传递过程和电子传递能力(Ψ_o和δR_o)。与叶面喷施清水处理相比，解除短期淹水胁迫(≤2 d)后叶面喷施PVE缓解了单位叶面积吸收(ABS/CSm)、捕获(TR_o/CSm)和传递(ET_o/CSm)的光能的降低，使叶片维持相对较高的单位叶面积热耗散能力(DI_o/CSm)，降低了激发能的产生，减少过剩激发能对PSⅡ反应中心的伤害，但长期淹水胁迫(>4 d)下，叶面喷施PVE并不能完全消除淹水胁迫对叶片光合特性和OJIP曲线的影响。由此得出结论，叶面喷施PVE能够增强玉米幼苗抵御短期淹水胁迫的能力，有助于解除淹水胁迫后的迅速恢复生长。

由此可见，化控处理可有效改善玉米根系和叶片的生理功能，提高玉米的抗逆性，有助于促进玉米在低温、干旱、淹水等胁迫后迅速恢复生长,减少产量损失。

(四)利于增产

于佩锋等(2004)介绍,玉米壮丰灵、植保素、云大-120、FA旱地龙均可使玉米株高、穗位降低,茎粗增加、气生根数增多,百粒重增加,并具有抗倒伏、防空秆作用。其中以玉米壮丰灵、植保素的株高、穗位降低最明显。玉米壮丰灵使株高降低47 cm、穗位降低14 cm,植保素使株高降低23 cm、穗位降低11 cm,二者倒伏和空秆率也较其他2种生长调节剂低。4种调节剂与对照相比产量差异极显著,其中以玉米壮丰灵增产效果最显著,增产21.6%,纯增效益1592.46元/hm^2,其次为植保素增产13%,纯增效益913.35元/hm^2。

葛超等(2011)于2010年以高秆大穗型品种丹玉202为试验材料,研究4种不同化学调控剂与4种不同剂量钾肥互作对辽南地区玉米形态指标及产量的影响。结果表明,玉米壮丰灵与4种不同剂量钾肥互作均有效降低玉米植株高度、增加气生根层数;玉皇V8与4种不同剂量钾肥互作均有效缩短玉米节间距离、增加茎粗、降低玉米倒伏率和倒折率;处理组合K_2SO_4 112.5 kg/hm^2+玉米壮丰灵产量最高为11120.40 kg/hm^2。

裴志超等(2012)以玉米自交系2080为试材,研究化学调控对母本株型和产量的影响。结果表明,6叶期叶面喷施脒酸胆碱合剂(ECK)后,母本2080株高及穗位高极显著下降,叶面积变小,叶片厚度增加,相对叶绿素含量增加;植株茎秆地上部节间长度显著缩短,茎秆截面积有所增大,大大改善了母本2080的株型;ECK处理后母本2080产量较对照有所增加,增密潜力有待进一步挖掘。

兰宏亮等(2014)以夏播青贮玉米农大108为试材,设置5个种植密度(6.75万株/hm^2、9.00万株/hm^2、11.25万株/hm^2、13.50万株/hm^2和15.75万株/hm^2)及采用脒酸胆碱合剂(ECK)处理,研究了种植密度与化学调控对青贮玉米产量的影响。结果表明,随着种植密度的增加,农大108的鲜重产量和干物质产量呈先增加后下降的趋势,均在种植密度为13.50万株/hm^2时取得最大值;经ECK处理后,农大108不同密度下单株性状和群体质量均有改善,其青贮产量最高值出现在15.75万株/hm^2时。研究表明,ECK能缓解夏播青贮玉米群体的密度效应,为实现群体高产稳产提供技术支持。

张倩等(2014)以先玉335玉米为试材,研究了1种新的膦酸盐类化合物N,N-二乙基-2-己酰氧基-乙胺(2-氯乙基)膦酸盐(DHEAP)对春玉米植株性状和产量的影响。结果表明,于拔节初期叶面喷施该新化合物的水溶液:(1)降低玉米株高,显著降低基部伸长节间长度和穗位高度,增加节间直径,且具有明显的剂量—效应关系;(2)增强玉米植株第2节和第3节间的抗折力,有利于提高植株的抗倒伏能力;(3)对穗粒数和千粒重的影响因年份和施药剂量不同而存在差异,总产量增幅在3%~8%。通过测定玉米伸长节间内源激素含量,发现DHEAP处理能显著降低生长素(IAA)和赤霉素(GAs)的含量,提高脱落酸(ABA)含量,从而极显著地降低GAs/ABA的比值。推测这可能是该化合物调控玉米植株性状的生理机制之一。

石达金等(2015)关于不同密度和化控剂对玉米农艺性状及产量的影响试验结果表明,品种、化控剂和种植密度均对产量及农艺性状具有较大的影响,但三者之间互作相关性不显著。在使用化控剂处理条件下,玉米产量随着种植密度的增加表现为逐渐增加而后降低的趋势;不同化控剂在一定程度上提高了百粒重,且随着密度的增加百粒重变化幅度很小。不同化控剂处理均显著降低了玉米株高和穗位,降低了植株的倒伏率。适宜高密度的化控剂可协同提高玉米籽粒产量,表明化控剂在一定程度上降低了高密度条件对玉米倒伏率的影响;同时施用玉喜化控剂对作物的株高、穗位有更佳的调控效果，可以有效降低倒伏率。

曹晋军等(2015)介绍了他们在2011—2013年的试验研究。为了防止玉米密植生产中倒伏，实现高产稳产，采用6种化控试剂连续处理3年，研究其对玉米植株主要性状及产量的影响。结果表明，化控处理的平均株高、穗位高和基部节间长分别较对照降低了10.4%、19.0%和12.0%；平均茎粗增加3.9%，有效穗数增加0.4%；抗倒伏能力明显增强。在不倒伏的情况下，对玉米产量影响不稳定。2013年较对照增加4.6%。在特殊气象年份，化控处理可以作为一项抗倒伏稳产措施应用。

李慧明等(2016)为不同玉米品种寻找出其最适的化控剂，2015年进行试验，以6种不同的玉米杂交品种为主因素，以5种不同的玉米化控剂处理为次因素，采用随机区组设计研究不同化控剂处理对玉米穗部性状与产量的影响。每个小区随机抽取10穗考种，测其穗部性状，用其籽粒产量折算其群体产量。结果表明，在相同品种下，矮壮素较其他化控剂处理对穗部性状的影响显著；高玉金不适合对试验进行化控处理；产量与轴粗、穗粗和行粒数成正比关系；在不同化控剂处理下穗重、穗粒重与穗长与玉米群体产量密切相关；百粒重对品种的产量影响很小，协玉5号适合通过化控剂处理来提高穗部性状的表现。不同的玉米品种应采用不同的化控剂，没有一种化控剂可以同时满足各种品种。

朱元浩等(2016)开展研究，在水分胁迫条件下，结合有机—无机复合型土壤保水剂(SAP)与膜反射型抗蒸腾剂黄腐酸(FA)两种化学制剂，探究联合调控与单一调控下春玉米光合作用的响应规律及其产量驱动机理。试验采用随机区组设计，设置了CK、SAP、SAP+FA、FA 4个处理。结果表明，SAP是调蓄土壤含水量的控制因素，较CK增加12%以上；化控制剂有其有效作用期，SAP作用于整个玉米生育期，而FA在拔节中后期对光合的促进最明显；SAP+FA处理比CK产量增加21.3%，比FA和SAP分别增加9.3%和11.7%，与光合强度呈现出一致性。

黄鑫慧等(2019)为研究植酶Q9对大田遮阴夏玉米生长发育和产量的调控作用，于2013—2018年，在大田条件下选用夏玉米品种登海605为试验材料，种植密度67500株/hm^2。试验设置3个遮阴处理，分别为开花至收获期遮阴(S1)、拔节至开花期遮阴(S2)和出苗至收获期遮阴(S3)，以自然光照为对照(CK)，大田遮光率为60%。另外，选用化控试剂植酶Q9对遮阴和正常光照处理进行外源调控，即开花至收获期遮阴—植酶Q9(Z—S1)、拔节至开花期遮阴—植酶Q9(Z—S2)、出苗至收获期遮阴—植酶Q9(Z—S3)和正常光照—植酶Q9(Z—CK)，以同时期喷施清水为对照，探讨植酶Q9对大田遮阴夏玉米产量形成的影响。结果表明，遮阴延缓夏玉米的生长发育进程，雌雄间隔延长，抽雄和吐丝期较对照延迟6 d左右，叶面积指数、功能叶片SPAD值、干物质积累量显著降低，穗长、穗粗减小，秃顶变长，株高、穗位高降低，倒伏率和空秆率增加，进而产量显著降低。喷施植酶Q9后，S3和S2的生育进程较其对照提前1～2 d，雌雄间隔缩短1 d，叶面积指数、SPAD值、穗位高、株高显著增加；干物质积累及其向籽粒的分配比例增加，倒伏率和空秆率降低；S3穗部性状得到改善。喷施植酶Q9增加了夏玉米的公顷穗数、穗粒数、千粒重，进而显著提高产量，S3、S2、S1喷施植酶Q9后分别平均增产21%、9%、14%。得出结论，喷施植酶Q9可以有效缓解夏玉米弱光胁迫导致的危害。

何闻静等(2020)为明确洞庭湖区机收夏玉米适宜的化学调控措施，完善机收夏玉米高产栽培技术体系，于2017—2018年以胺鲜·乙烯利为化控剂，在3个密度下(60000株/hm^2、75000株/hm^2、90000株/hm^2)研究了3种化控处理(拔节初期1次化控、拔节初期+大喇叭口期 2 次化控、不化控对照)对夏玉米湘农玉 27 号产量形成的影响。结果表明,2017 年因天气条件不利,群体长势较弱;2018 年天气正常,玉米长势较好。两年玉米叶面积指数均随密度的增大而显著增大、随化控次数的增加而下降。干物质积累量,2017 年随化控次数的增加而下降,2018 年中低密度下表现为:对照>1 次化控>2 次化控;高密度下表现为:1 次化控>对照>2 次化控。两年玉米产量随密度的增大而显著提高;2017 年玉米产量因化控而降低,2018 年玉米产量受化控及化控与密度互作的影响,中低密度下对照>1 次化控>2 次化控,高密度下 1 次化控>对照>2 次化控,高密度+1 次化控处理产量最高。可见化控对洞庭湖区夏玉米产量的影响与群体长势有关,群体长势较差的情况下化控导致玉米减产,而群体长势较好的情况下拔节初期 1 次化控结合高密度栽培(90000 株/hm^2)可以获得理想产量。

吴琼等(2020)为探讨新型植物生长调节剂 B2 拌种和叶面喷施对玉米农艺性状、光合特性、叶绿素荧光参数及产量的影响,明确 B2 拌种和叶面喷施的适宜剂量,以德美亚 1 号为材料,采用田间随机区组试验方法,设置 B2 拌种剂量 0(CK)、25 mg/L(BT1)、50 mg/L(BT2)和 100 mg/L(BT3),在 6 展叶期叶面喷施剂量 0(CK1)、25 mg/L(YT1)、50 mg/L(YT2)和 100 mg/L(YT3)。结果表明,与 CK 和 CK1 相比,B2 拌种和叶面喷施处理均能降低玉米株高和穗位高,增加玉米茎粗、叶面积和干物质积累量;提高玉米叶片 SPAD 值、净光合速率(P_n)和蒸腾速率(T_r);提高实际量子产量 Y(Ⅱ)、相对电子传递效率(ETR)、最大光化学效率(F_v/F_m)和潜在光化学活性(F_v/F_o),降低非光化学猝灭系数(NPQ);拌种处理 BT1、BT2、BT3 和叶面处理 YT1、YT2、YT3 的产量较 CK 和 CK1 分别增加 5.90%、14.20%、5.81%和 11.72%、14.40%、5.36%。综上所述,B2 拌种剂量为 50 mg/kg、叶面喷施剂量为 50 mg/L 时,可显著增加玉米产量。

吴秋平等(2020)以饲草 2 号为试验材料,设 6.0 万株/hm^2、6.75 万株/hm^2、7.5 万 株/hm^2 共 3 个种植密度,于拔节期分别喷施多效唑、饱玉、矮踪垛 3 种化控剂,探究化控剂在不同种植密度下对青贮玉米生长和产量的影响。结果表明,与清水处理相比,3 种化控剂均显著增加各时期叶片 SPAD 值。多效唑喷施明显增加株高、穗位高和叶面积系数,饱玉、矮踪垛喷施则使其降低。鲜物质产量和干物质产量在多效唑处理下较对照显著增加了 2.2%和 3.1%,饱玉、矮踪垛喷施后则显著减少了 3.7%和 3.8%、6.0%和 5.7%。在 7.5 万株/hm^2 种植密度下多效唑处理获得青贮玉米最高鲜物质产量和干物质产量,分别达 82877 kg/hm^2 和 26189 kg/hm^2。

崔雯雯(2020)通过苗期结合生育后期试验,研究了 3 种稀土元素(氯化镧、氯化铈、氯化钕)和两种生长调节剂(GA_{4+7}、6-BA)处理种子对玉米苗期根系形态、叶绿素含量、光合性能、干物质积累以及产量的调控效应,以及 GA_{4+7} 花期涂抹处理对玉米灌浆、衰老以及产量等的影响。研究结果将为玉米种子处理以及密植增产的配套物化技术提供理论基础。研究主要结果如下:(1)适宜浓度的氯化镧、氯化铈、氯化钕处理种子能促进玉米苗期根系和地上部的生长发育,增加玉米根总长、根表面积以及根体积,改善玉米植株根冠比,增加玉米单株绿叶面积和地上干生物量,增加叶绿素含量,增强叶片叶绿素荧光动力,提高光合能力。氯化镧能增加生育后期功能叶的抗氧化酶(SOD、POD 和 CAT)活性,增加可溶性蛋白含量和 GA、ZR、IAA 3 种激素含量,使 MDA 和 ABA 含量显著降低,有效延缓了玉米的衰老,使灌浆期得以延长,从而提高产量。3 种稀土元素均以 800μmol/L 处理种子玉米各生育指标影响显著,产量最高,400μmol/L 处理表现次之,而处理浓度超过 1200μmol/L 则对玉米的生长发育产生抑制作用。(2)6-BA 拌种显著增加玉米苗期根平均直径,GA_{4+7} 拌种能显著增加玉米苗期总根数,从而使根系总表面积和根总体积增加，促进根系对土壤水分及养分的吸收；同时合适浓度的 GA_{4+7} 和 6-BA 能提高叶片叶绿素含量、PSⅡ原初转化效率（F_v/F_m）、实际量子效率（Yield）、电子传递速率（ETR）；GA_{4+7} 和 6-BA 均能改变玉米株高、茎粗，改善根冠比及冠层结构，提高叶片的光合性能，促进干物质的积累。合适浓度的 GA_{4+7} 和 6-BA 能提高生育后期玉米叶片的光合性能，增加单株绿叶面积，在生育后期玉米植株依然保有高水平的绿叶面积，延长叶片功能期，同化产物增多，干物质积累量增加，产量提高。GA_{4+7} 最佳拌种比例为 20 mg/kg；6-BA 合适的拌种比例范围是 1～10 mg/kg，最佳拌种比例为 5 mg/kg。(3)GA_{4+7} 涂抹玉米雌穗能有效调节籽粒中激素水平和穗位叶的抗氧化酶活性，提高籽粒中 IAA、ZR、GA_3 和 ABA 的含量，提高玉米叶片衰老过程中抗氧化酶 SOD、POD、CAT 活性，减缓丙二醛（MDA）在叶片中的积累速度，延缓玉米叶片的衰老，从而延长玉米籽粒的灌浆期，明显提高了玉米籽粒灌浆速率，促使籽粒灌浆充分，促进玉米粒重和穗粒数增加，最终提高玉米的籽粒产量。玉米穗柄和花丝涂抹 GA_{4+7} 均以中浓度 60 mg/L 对玉米籽粒灌浆和活性氧代谢的促进作用最佳，10 mg/L GA_{4+7} 和 120 mg/L 次之。研究表明，GA_{4+7} 在改善农作物农艺性状提高产量方面具有广阔的应用前景。

董庆等（2021）为了分析中国化学调控技术对玉米的增产效果，以喷施清水为对照，通过检索并筛选获得 25 篇有效文献，78 组相关田间试验数据样本，将数据按照省/自治区、试验时间、玉米品种、种植密度、化控剂类型、喷施剂量和喷施期进行分组，利用 Meta 分析法定量研究中国化学调控技术对玉米的产量效应和影响因素。结果表明，应用化学调控技术可以有效提高玉米产量，平均增产量为 570.489 kg/hm^2，95%置信区间为 413.595～727.382 kg/hm^2，且数据不存在发表偏倚和极端值。选用紧凑型玉米高密度种植，在穗期喷施较低浓度的化控剂，更有利于提高化学调控技术的增产效应。该研究可为化学调控技术应用提供参考。

黄兰（2021）为研究高密度条件下化控对玉米光热水利用效率的影响，选用鲜食玉米为试验材料，以清水为对照，设置玉黄金、高玉保和吨田宝 3 个化控处理，研究玉米光合特性、干物质积累量、产量及光温水资源利用率。结果表明，化控显著提高了叶片叶绿素含量和净光合速率，增加了干物质积累量，提高了光热水利用效率和玉米产量；玉黄金处理下效果最好，产量增加了 15.52%。因此，在高密度种植条件下，使用玉黄金进行化控能够显著改善鲜食玉米光合条件，提高干物质积累量、光热水利用效率和玉米产量。

中高密条件下，化控处理能有效降低玉米株高、穗位和重心高度，可在一定程度上优化株型、改善茎秆质量性状、增强抗倒伏能力，从而增强了田间通风透光能力、提高光合能力和干物质积累量，实现玉米增产。

二、施用方法

（一）拌种

用于玉米拌种的化控剂主要有 S-诱抗素、激动素（KT）、胺鲜酯（DA-6）、多胺及其他复合调节剂。

1. S-诱抗素　邢则森等（2018）为探讨 S-诱抗素在低温胁迫下对玉米的生理调控作用，选用大丰 30 号玉米种子为材料，用 S-诱抗素不同有效成分剂量（0.2 mg/kg、0.4 mg/kg、0.6 mg/kg、0.8 mg/kg、1.0 mg/kg）包衣玉米种子，玉米出苗后使用培养箱模拟低温环境，待玉米长至3叶期，测定玉米幼苗生物学性状、根系活力、叶绿素含量和叶片保护酶活性等生理指标。结果表明，低温胁迫下，S-诱抗素拌种处理能显著提高玉米幼苗生长量、根系活力、叶绿素含量和保护酶活性；降低膜脂中的丙二醛（MDA）含量；增加还原糖和可溶性蛋白质的积累，且均随着S-诱抗素有效成分的增加呈现出先上升后下降的趋势，表明S-诱抗素提高玉米耐寒性的介导调控具有一定浓度效应，整体表现为低促高抑。

姚晨涛等（2020）研究干旱胁迫下，不同浓度S-诱抗素拌种对玉米种子萌发作用和生理生化影响，综合评价后筛选出缓解玉米干旱胁迫的最佳S-诱抗素拌种浓度。系统聚状分析和主成分分析结果表明，不同浓度S-诱抗素拌种能提高玉米发芽率和发芽势，提高种子抗旱能力。S-诱抗素拌种能显著提高玉米抗氧化酶活性，降低MDA含量，减缓叶绿素的降解，同时通过提高PEP羧化酶和RuBP羧化酶活性，进而提高玉米光合能力，提高玉米抗旱性。S-诱抗素拌种对玉米有低促高抑效应，其中，0.01 g a.i./100 kg种子的S-诱抗素拌种能有效提高玉米抗旱性。

2. 激动素（KT）　邵瑞鑫（2012b）为探明外源激动素（KT）和丁二酸（SUA）对叶绿体结构和功能特性的影响，以郑单958（晚衰型品种）和豫单2002（早衰型品种）为材料，采用盆栽试验，研究了0.00003 mg/kg的KT和300 mg/kg SUA复合剂进行拌种处理后叶绿体超微结构和荧光参数的变化。结果表明，KT和SUA拌种能明显抑制嗜锇颗粒的增加，防止基粒片层的扩张，从而维持了叶绿体结构的稳定性，表现出叶绿素（Chl）水平、类胡萝卜素含量（Car）及Chl a/b比值的增加；KT和SUA还能提高玉米生育后期叶片的光合效率，郑单958、豫单2002在1/2叶尖枯黄时的F_v/F_m和Φ_{PSII}值分别比对照提高7.8%和6.2%、10.2%和2.7%，qP和qN值有所降低，从而调节PSⅡ反应中心的开放，以减少热耗散，利于延长叶片光合功能持续期。

3. 胺鲜酯（DA-6）　谢方（2021）研究用不同浓度的DA-6和复硝酚钠对玉米种子拌种处理，以及DA-6和复硝酚钠拌种处理对种子活力、田间出苗特性、农艺性状和产量的影响，为DA-6和复硝酚钠在玉米生产中的应用提供理论依据。主要研究结果如下：(1)适宜浓度的DA-6拌种处理可有效提高玉米种子活力，促进植株的生长发育。对郑单958、先玉335、邦玉339使用150 mg/L的DA-6拌种处理后，3个玉米品种的种子活力指数较对照分别显著提高了13.9%、13.7%、8.2%，并显著高于其他处理，幼苗根长和单株干重较其他各处理和对照也有了大幅度的增长。3个玉米品种的种子经150 mg/L浓度的DA-6拌种处理后，田间的出苗率和苗重较对照和其他各处理提高幅度最大。各处理浓度对灌浆初期玉米植株的株高和穗位高影响不显著。DA-6拌种处理可明显提高玉米各个生育时期的叶面积指数，显著提高叶色值，增强了叶绿素含量及光合作用能力，有助于植株干物质积累的提高，浓度为150 mg/L时效果最好。DA-6拌种处理显著提高了玉米籽粒的千粒重，提高了玉米产量，150 mg/L DA-6拌种处理下郑单958、先玉335较对照分别增产2.3%、2.49%。(2)适宜浓度的复硝酚钠拌种处理对玉米生长发育的调控效果和DA-6拌种处理效果相似，复硝酚钠在拌种浓度为200 mg/L时处理效果最佳。200 mg/L的复硝酚钠拌种处理后，3个玉米品种的种子活力指数较对照分别显著提高了15.9%、12.4%、6.7%，并显著高于其他处理。200 mg/L的复硝酚钠拌种处理可以明显提高玉米幼苗的根长和单株干重，显著提高了3个玉米品种田间出苗率和苗重，显著提高了3个玉米品种拔节期到灌浆期的叶色值，显著提高了3个玉米品种各个生育时期的地上干物质量。200 mg/L的复硝酚钠拌种处理下，郑单958和邦玉339的产量较对照分别提高了2.2%和2.1%。(3)DA-6、复硝酚钠两者复配拌种处理对郑单958、先玉335、邦玉

339 三个玉米品种对种子活力、出苗特性、农艺性状和增产也均有影响，在 100＋100 mg/L 时促进效果最好。但是在本试验条件下 DA-6 和复硝酚钠复配施用不如单独施用的效果好，对于 DA-6 和复硝酚钠复配施用还需要进一步的研究。

4. 多胺　刘冰等(2016)通过小区试验，研究外源多胺拌种对玉米抗涝能力的影响。结果表明，淹水后，多胺拌种植株的丙二醛物质的量浓度均低于不拌种植株，且在恢复期内基本能下降到正常水平；多胺拌种植株的可溶性蛋白和可溶性糖质量分数在处理时期均低于不拌种植株，淹水后均升高，且表现出先升后降的趋势；淹水条件下，百粒质量和产量均大幅度下降，在淹水 3 d、5 d、7 d、9 d 条件下，多胺拌种和不拌种植株百粒质量下降幅度分别为 2.94%、14.42%、21.88%、22.11%和 16.24%、18.30%、25.59%、27.99%，产量降幅分别为 32.10%、43.20%、48.74%、43.94%和 35.13%、47.65%、53.67%、48.86%；持续淹水条件下，多胺拌种产量比不拌种产量最高可提高 625.11 kg/hm^2。

5. 其他复合调节剂　邵瑞鑫等(2014)以玉米早衰型品种豫单 2002 和晚衰型品种郑单 958 为试验材料，研究玉米叶片衰老过程中内源激素、活性氧与膜脂抗氧化的变化及复合调节剂的调控效应。结果表明，郑单 958 各个叶位叶片中过氧化氢(H_2O_2)、丙二醛(MDA)和脱落酸(ABA)含量明显低于豫单 2002($P<0.05$)，而郑单 958 叶片过氧化氢酶(CAT)、玉米素(ZR)和赤霉素(GA_3)含量明显高于豫单 2002($P<0.05$)。但是，自主研发的植物生长复合调节剂拌种能降低各叶位叶片 H_2O_2、MDA 和 ABA 累积量，叶片中 CAT、ZR 和 GA_3 含量显著增加($P<0.05$)，以有效地防止活性氧对质膜的伤害，延长叶片功能期。

宋吉英等(2016)通过室内拌种法，研究了新型植物生长调节剂碧护与种衣剂比卡奇复配后不同温度下对小麦、花生、玉米 3 种作物出苗率的影响。结果表明，碧护与种衣剂比卡奇复配，小麦、玉米、花生 3 种作物的最佳药种比分别为 1∶500、1∶250、1∶500，与单剂及空白对照相比，小麦、玉米、花生在不同时期的出苗率分别可提高 6.3%～18.6%、8%～12%、14%～22%，复配对 3 种作物的出苗率均有一定的增强作用，并在花生上的效果尤为明显。

(二)浸种

用于玉米浸种的化控剂主要有烯效唑、赤霉素、细胞分裂素、乙烯利、水杨酸等。

1. 烯效唑　李炳华等(2004)为摸清烯效唑浸种最适浓度，试验设计 100 mg/kg、150 mg/kg、200 mg/kg、300 mg/kg、500 mg/kg 和清水(对照)共 6 个处理。试验结果表明，至移栽时 100 mg/kg、150 mg/kg、200 mg/kg、300 mg/kg、500 mg/kg 各浸种处理控长率分别为 12.9%、25.0%、30.2%、35.3%、40.1%，差异均达极显著水平。其中 200 mg/kg 和 300 mg/kg 的烯效唑浸种效果最好，能明显延缓钵内玉米幼苗地上部的生长，使之适应机械化移栽，而随着玉米生育进程的推进，烯效唑的控长作用消逝，玉米生长后期不受限制，对提高玉米产量十分有利。

廖尔华等(2014)以西南区主推的玉米杂交种正红 311 和正红 6 号为材料，探讨了不同浓度的烯效唑溶液浸种对其种子萌发及幼苗生长的影响。结果表明，烯效唑浸种降低了两玉米品种发芽初期(前 3 d)的 α-淀粉酶活性，但提高了后期(5 d 后)的 α-淀粉酶活性，因而降低了发芽势，但提高了种子发芽的整齐度。适宜浓度的烯效唑(浓度以 45～60 mg/L 较适宜)浸种对两品种幼苗的生长具有明显的控上促下作用，可以显著增加茎粗和根数，降低苗高，提高叶片游离脯氨酸、可溶性糖、可溶性蛋白和叶绿素含量，增强叶片 POD 活性、根系活力，降低 MDA 积累，提高根干重和根冠比，培育出健壮幼苗。

赵丽娟等(2015)用不同质量浓度烯效唑、胺鲜酯配比的复配剂对玉米种子郑单 958 进行

12 h及24 h的浸种处理，测定玉米的发芽情况、幼苗形态指标以及干旱胁迫下玉米幼苗叶片的相对含水量、相对电导率、丙二醛浓度、过氧化氢酶活性、叶绿素质量分数。结果表明，当40 mg/L烯效唑、50 g/L胺鲜酯配比下浸种24 h时，显著抑制玉米种子的芽长，但对玉米种子的发芽率影响不大，促进幼苗壮苗的形成；对干旱的抗性响应因浸种时间不同而异，在浸种12 h时，不同质量浓度烯效唑、胺鲜酯配比的混合剂中烯效唑质量浓度高的效果优于质量浓度低的处理，而在浸种24 h时，烯效唑质量浓度低的效果反而优于质量浓度高的处理。通过形态及生理指标的测定，已明确40 mg/L烯效唑、50 g/L胺鲜酯的配比质量浓度进行浸种处理24 h对玉米有较好的壮苗效果及提高植物抗逆性的作用。

2. 赤霉素　许高平等(2018)研究单一低温胁迫和低温干旱双重胁迫对不同耐寒性玉米品种的籽粒萌发特性和苗期生理生化性能的影响，并比较不同浓度赤霉素溶液浸种的抗逆效果。以抗寒性较强的郑单958和抗寒性较弱的CB15098为供试品种，设置低温单一胁迫和低温干旱双重胁迫2种逆境，研究10 mg/L、50 mg/L、100 mg/L的赤霉素浸种对玉米籽粒萌发和苗期生长的影响。结果表明，赤霉素浸种效果表现为在单一胁迫下增加不同耐寒性玉米的地上部干、鲜质量，在双重胁迫下减少两玉米品种浸种后的地上部干、鲜质量。对抗寒性较强的郑单958，赤霉素浸种可增加其低温和低温干旱胁迫下的地上部高度；对抗寒性较差的CB15098，浸种显著提升其低温和低温干旱胁迫下的发芽势，浸种在低温胁迫下抑制CB15098地上部高度和根系长度，在低温干旱胁迫下促进CB15098地上部高度。抗寒性较强的郑单958发芽率、地上部干、鲜质量和高度对不同浓度赤霉素浸种的响应幅度均高于抗寒性较弱的CB15098。低温干旱胁迫下建议采用低浓度赤霉素浸种。单一低温胁迫下建议采用高浓度赤霉素浸种，低温干旱复合胁迫下采用低浓度赤霉素浸种抗逆效佳。

王改净等(2020)为了探讨赤霉素(GA_3)对玉米种子发芽及生理性状的影响，以普通玉米自交系豫537 A为材料，采用不同浓度(0 mg/L、100 mg/L、200 mg/L、300 mg/L、400 mg/L)和时间(0 h、4 h、6 h、8 h)的赤霉素(GA_3)进行种子处理，按照GB/T 5520-2011进行标准发芽试验，研究其发芽势、发芽率、发芽指数、活力指数等发芽性状，测定可溶性糖(SS)、丙二醛(MDA)、α-淀粉酶、β-淀粉酶等生理性状。结果表明，(1) GA_3处理时间为8 h、浓度为100 mg/L时，发芽势最高，极显著高于其余各水平组合和对照(CK)；GA_3处理时间和浓度分别为8 h、浓度为200 mg/L，6 h、浓度为100 mg/L，6 h、浓度为400 mg/L时，发芽率显著高于对照(CK)；GA_3处理时间为4 h、浓度为200 mg/L时，发芽指数最高，显著高于对照(CK)。(2) GA_3处理时间为4 h、浓度为400 mg/L时，玉米幼苗最高，极显著高于其余各水平组合，显著高于对照(CK)；GA_3处理时间为4 h、浓度为400 mg/L时，根长最长，极显著高于对照(CK)；GA_3处理时间和浓度分别为4 h和400 mg/L、8 h和200 mg/L、6 h和200 mg/L、6 h和300 mg/L、6 h和400 mg/L时，植株干重极显著或显著高于对照(CK)；GA_3处理时间为8 h、浓度为100 mg/L时，根冠比最高，极显著高于其余各水平组合和对照(CK)。(3) GA_3浓度为300 mg/L、处理时间为4 h时，可溶性糖含量最高；GA_3浓度为200 mg/L、处理时间为4 h时，丙二醛含量最高；GA_3浓度为300 mg/L、处理时间为4 h时，α-淀粉酶含量高；GA_3浓度为100 mg/L、处理时间为8 h时，β-淀粉酶含量最高。因此，GA_3浸种对玉米种子萌发及幼苗生长有促进作用，其效果受浸种浓度及浸种时间2个因素影响。

左月桃等(2021)以郑单958(抗冷型)和丰禾1号(低温敏感型)两种类型玉米品种为实验材料，在低温(7 ℃)条件下，采用GA_3溶液浸种处理(GA_3的浓度对郑单958为5 mg/L、对丰禾1

号为 20 mg/L)，探究 GA_3 对低温胁迫下玉米种子萌发过程中种胚内保护酶活力、MDA 含量变化及内源激素含量变化的影响。结果表明，低温胁迫条件下，适宜浓度 GA_3 溶液浸种处理后，种胚内两种抗氧化酶(SOD、POD)活力显著提高；内源激素 IAA、GA、ZR 含量均有所提高；丙二醛(MDA)、内源激素 ABA 含量显著降低；种子萌发期遇到低温胁迫，GA_3 浸种可有效提高种胚保护酶活性，提高种子代谢强度；内源激素 IAA 和 GA 含量增加促进低温下种子的萌发；使种子抵御低温胁迫的能力显著增强。

3. 细胞分裂素　汤海军等(2005)通过室内培养试验、砂培试验和土培试验，研究了不同生长调节物质浸种对玉米种子发芽、幼苗生长及水分利用效率的影响。室内培养试验和砂培试验表明，低浓度矮壮素(CCC，2.5 g/kg 和 5.0 g/kg)和细胞分裂素(6-BA，0.01 g/kg)处理提高了农大 108 的发芽率、发芽势和幼苗及根系干重，高浓度处理则表现出明显的抑制作用。土培试验表明，使用 CCC、6-BA 及其配合均不同程度提高了农大 108 和陕单 902 玉米叶片叶绿素 SPAD 值和光合作用速率，促进了根系生长和干物质的累积。用生长调节物质浸种对玉米水分利用效率的影响与玉米品种及水分供应水平有关。且水分胁迫下的水分利用效率增幅明显高于正常水分下，正常水分和水分胁迫下农大 108 的水分利用效率提高为 1.83%～4.57%和 2.31%～7.51%，陕单 902 分别为 2.84%～12.80%和 11.05%～15.26%。

4. 乙烯利　闫秋洁等(2013)为了优选出能使玉米种子在干旱胁迫下最佳萌发的乙烯利浸种浓度，用 0 mg/L、100 mg/L、200 mg/L、400 mg/L、800 mg/L 的乙烯利对玉米(三北 2 号)种子浸种 24 h，再分别用 0%、5%、10%、15%的聚乙二醇(PEG6000)模拟干旱处理，测定 20 个双重胁迫处理组合下玉米种子发芽率、幼苗长度、MDA 含量、CAT 活性和 POD 活性，并运用方差分析和多重比较方法进行差异显著性检验。结果表明，(1)100～800 mg/L 的乙烯利都能提高 PEG6000 胁迫下玉米种子的发芽率和幼苗长度，同时降低 MDA 含量，增强 POD 和 CAT 活性。(2)各指标在 200 mg/L 乙烯利浸种时与相同 PEG 水平下 0 mg/L 乙烯利处理有显著差异($P<0.05$)。200 mg/L 乙烯利浸种能显著缓解玉米幼苗在 5%～15% PEG6000 模拟下的干旱胁迫。

田文杰(2018) 用不同质量浓度的乙烯利对玉米品种农禾 518 进行浸种处理，通过室内萌发试验研究乙烯利对农禾 518 种子发芽率、发芽势、发芽指数、活力指数的影响。结果表明，在乙烯利 125 mg/L 和 250 mg/L 2 个较低质量浓度下均可提高农禾 518 种子的发芽率、发芽势、发芽指数和活力指数等指标，且各项指标均随着乙烯利质量浓度的升高而上升；在试验设定的最高质量浓度 500 mg/L 处理下，各项指标均呈现降低趋势，发芽率与清水对照无显著性差异，但其余 3 个指标仍然显著高于清水对照。说明适当质量浓度的乙烯利浸种可缩短玉米种子发芽时间，提高发芽率等萌发指标。

5. 水杨酸　王芳等(2012)用不同浓度(0.25 mmol/L、0.5 mmol/L、0.75 mmol/L、1.0 mmol/L、1.25 mmol/L、1.5 mmol/L)的水杨酸(SA)溶液浸泡处理甜玉米种子进行发芽试验，统计种子萌发情况，分析幼苗相关生理指标的变化。结果表明，较低浓度的水杨酸溶液(0.25～0.75 mmol/L)处理有利于甜玉米种子的萌发，能有效提高种子发芽率、发芽势及发芽指数，提高可溶性糖和脯氨酸含量，增强幼苗中过氧化物酶(POD)活性，降低淀粉酶活性；较高浓度的水杨酸溶液(1.25～1.50 mmol/L)抑制甜玉米的萌发，与对照相比降低幼苗可溶性糖含量，增强淀粉酶活性，1.50 mmol/L 水杨酸溶液处理降低 POD 活性及脯氨酸含量。综合各指标，在生产中建议使用 0.25～0.75 mmol/L 水杨酸溶液处理种子，可促进种子萌发，调节酶活性，提高植物对逆境的抗性。

肖小君等(2017)采用10%PEG-6000模拟干旱胁迫，研究不同浓度(0 mmol/L、0.001 mmol/L、0.01 mmol/L、0.05 mmol/L、0.1 mmol/L、1.0 mmol/L和2.0 mmol/L)的水杨酸浸种对干旱胁迫下玉米种子萌发及幼苗生长的影响。结果表明，与对照相比，10%PEG-6000胁迫对玉米种子萌发及幼苗生长有明显的抑制作用，使可溶性蛋白质含量明显降低，MDA含量升高，POD、CAT和SOD活性降低。适宜浓度水杨酸浸种对玉米种子萌发及幼苗生长有明显的促进作用，可溶性蛋白质含量增加，MDA含量降低，POD、CAT和SOD活性增强，其中以浓度为0.01～0.05 mmol/L效果最好。

6. 其他浸种剂　张红(2012)采用营养液水培，以玉米品种天泰16(TT16)、豫玉18(YY18)为材料，探讨外源硝普钠(NO的外源供体SNP)+2,4-表油菜素内酯(EBR)/水杨酸(SA)浸种对盐胁迫下玉米种子萌发及幼苗生长的影响。结果显示，2种外源物组合浸种后，促进了盐胁迫(150 mmol/L NaCl溶液)下玉米种子的萌发，以500 mg/L 2,4-表油菜素内酯+硝普钠复合浸种和200 mg/L水杨酸+硝普钠复合浸种效果最佳，其发芽率TT16分别比对照增加15%和13%，YY18增加16%和13%；发芽势TT16分别比对照增加24%和22%，YY18增加43%和44%，主根长、芽长及生物量也较对照增加。经外源物质浸种后，盐胁迫下的玉米幼苗长势较好，SOD、POD酶活性相比对照增加显著，MDA含量较少，可溶性糖在200 mg/L水杨酸+硝普钠浸种的幼苗中积累最多，分别为对照的4.35倍(TT16)和4.03倍(YY18)。与对照相比，500 mg/L EBR+100 mmol/L SNP复合浸种和200 mg/L SA+100 mmol/L SNP复合浸种，玉米种子及幼苗耐盐性增强。

王铭琦等(2014)以玉米品种东农253为材料，通过与2,4-D对比，研究3种取代苯氧乙酸二乙氨基乙酯类化合物对玉米种子幼苗形态、NR活性、叶绿素含量及CAT、POD活性的影响。结果表明，3-氯苯氧乙酸二乙氨基乙酯浸种的玉米幼苗地上部分生长较2,4-D处理效果好，2,6-二甲基苯氧乙酸二乙氨基乙酯浸种其地下部分生长较2,4-D浸种处理发达。4-氯-3,5-二甲基苯氧乙酸二乙氨基乙酯浸种的玉米幼苗在处理浓度为10 mg/L时NR活性最高，且在各个处理浓度下的叶绿素a含量、a/b值均高于2,4-D处理。当处理浓度在530 mg/L范围内时其POD的活性增长显著。

李丽杰等(2015)为了探究DCPTA[2-(3,4-dichorophenoxy)triethylamine]浸种对寒地玉米种子萌发及根系建成的影响，以郑单958为材料，设置不同浓度的DCPTA(0 mg/L、0.5 mg/L、1.0 mg/L、1.5 mg/L)浸种处理，研究DCPTA浸种对玉米籽粒萌发、幼苗根系特征参数(根长、根系表面积、根体积、根平均直径)、根系生物量积累及根系活力的调控作用。结果表明，0.5～1.5 mg/L的DCPTA溶液浸种对玉米种子萌发均有显著促进作用，种子发芽势、发芽率、发芽指数、活力指数及单株幼苗鲜重增加，与对照相比差异显著，1.0 mg/L的DCPTA浸种处理效果最好。0.5～1.5 mg/L DCPTA浸种处理发芽出苗后进行水培的幼苗，其根系特征参数均增加，根系生物量增加，根系活力增强。DCPTA处理能够促进玉米种子萌发的全苗和壮苗，同时促进幼苗根系的生长，增强其吸收转运养分的能力，为玉米生育后期的生长发育奠定了坚实的物质基础。

尚宏芹等(2019)为探讨萘乙酸(NAA)浸种对镉胁迫下玉米种子萌发和幼苗生长的影响，以郑单958玉米种子为试验材料，采用培养皿滤纸发芽法，研究了不同浓度NAA浸种对Cd^{2+}胁迫下玉米种子萌发和幼苗生长的影响。结果表明，与单独Cd^{2+}胁迫相比，一定浓度

NAA 浸种缓解了 Cd^{2+} 胁迫对玉米种子萌发和幼苗生长的影响，使其发芽势和发芽率升高，苗高、根长、侧根数和鲜重增加，以 NAA 浓度为 5 mg/L 缓解效果最好，过高浓度 NAA 浸种抑制玉米种子萌发和幼苗生长。

（三）喷施

用于玉米喷施的化控剂主要有乙烯利、胺鲜酯、6-苄基腺嘌呤，玉黄金、乙矮合剂等。

1. 乙烯利　卫晓轶等（2011）以玉米杂交种农大 108、鲁单 981 及其相应亲本许 178、黄 C、齐 319 和 lx9801 为材料，在拔节期叶面喷施 200 mg/L 乙烯利药液，研究了乙烯利对不同基因型玉米株型及其生理生化特征的影响。结果表明，乙烯利处理显著降低了农大 108、鲁单 981 的株高和穗位高，特别是显著抑制了基部第 1～6 节间伸长；乙烯利处理显著提高了基部伸长节间中的苯丙氨酸解氨酶（PAL）和吲哚乙酸氧化酶（IAAO）活性，降低了基部伸长节间中生长素（IAA）和赤霉素（GA_4）含量，增加了脱落酸（ABA）的积累。乙烯利处理显著降低了亲本许 178、黄 C、齐 319 和 lx9801 的株高和穗位高，显著缩短了基部节间长度；乙烯利处理后显著提高了基部伸长节间 PAL 和 IAAO 活性，显著降低了节间 IAA 和 GA_4 含量，提高了脱落酸含量，降低了 GA_4/ABA 比值。结合植株性状和生理生化特征分析，杂交种对乙烯利调控反应敏感性差异是由其双亲对乙烯利反应差异造成的，表现在乙烯利处理父母本间株高、穗位高、PAL 和 IAAO 活性以及内源激素含量变化上存在显著差异。

王海永等（2013）以郑单 958 为试验材料，于玉米第 9 展叶期喷施 200 mg/L、400 mg/L、800 mg/L 乙烯利，喷施清水作对照，测定籽粒发育过程中灌浆速率及可溶性糖、淀粉和激素含量，考种计产。结果表明，400 mg/L 和 800 mg/L 乙烯利处理显著降低郑单 958 的单穗重和千粒重，同时降低灌浆后期生长素（IAA）、脱落酸（ABA）和赤霉素（GA_3）的含量及平均灌浆速率和最大灌浆速率，降低籽粒中淀粉含量；200 mg/L 乙烯利处理单穗重及灌浆速率与对照差异不显著。结合产量、干物质积累和激素含量变化分析，喷施高浓度乙烯利导致籽粒中激素含量变化使籽粒灌浆速率下降、干物质积累速率减慢和千粒重下降。建议生产中用 200 mg/L 乙烯利为主要喷施浓度。

张帅等（2020）为进一步明确化控处理时期对玉米冠层、根系形态及产量的影响，2017 年和 2018 年在吉林省西部开展 2 年大田试验，供试品种为富民 985，2 年均喷施乙烯利类型的化控试剂；其中 2017 年种植密度为 7 万株/hm^2 和 9 万株/hm^2，在 8 叶和 10 叶期（T(8＋10)）、8 叶和 16 叶期（T(8＋16)）分别进行化控处理；2018 年在 8 叶期（T(8)）、8 叶和 16 叶期（T(8＋16)）、16 叶期（T(16)）分别进行化控处理，种植密度为 6 万株/hm^2 和 9 万株/hm^2。结果表明，(1) 玉米增密后，倒伏率增加；化控处理可缩短植株节间长，降低株高和穗位高，降低倒伏率，其中 T(8＋16) 处理最为显著；(2) 化控处理后穗位以上叶片叶面积呈现下降趋势，其中 T(8＋16) 处理能够降低 15％以上，从而提高透光率，利于下层叶片进行光合作用；(3) 化控处理增加玉米根系投影面积和最大扩展宽度，降低顶部夹角，使根系更加平展，增强抗倒伏能力，其中 T(8＋16) 处理效果较为理想；(4) T(8＋16) 处理能增加玉米产量，其中 2017 年 T(8＋16) 处理与 CK 相比增加 6.5％的产量。所以在玉米群体结构建成的 8～9 叶和 15～16 叶期，运用乙烯利类型（1.5 L/hm^2）化控试剂 2 次，能够改善穗上群体结构，增强茎秆和根系的抗倒伏能力，维持后期群体结构物质生产能力，提高玉米产量。

耿文杰等（2022）为研究种植密度和喷施乙烯利对夏玉米木质素代谢与抗倒伏性能的调控机理，探讨种植密度和乙烯利对夏玉米抗倒伏性能的作用机制，选用夏玉米品种浚单 20（XD20）为试验材料，设置 60000 株/hm^2(低密度，L)、75000 株/hm^2(中密度，M)和 90000 株/hm^2(高密度，H)3 个种植密度，于 7 叶期(V7)分别对不同处理玉米植株喷施清水或乙烯利，研究密度和乙烯利对植株形态、第 3 节间显微结构、木质素代谢和产量等影响。结果表明，乳熟期(milking stage，R3)，与低密度处理(LCK)相比，高密度处理(HCK)第 3 茎节节间长度增加 19.75%，茎粗、穿刺强度、小维管束数目、小维管束面积和皮层厚度分别降低 8.00%、43.46%、20.41%、26.92%和 22.05%；木质素含量、PAL 活性、4CL 活性、CAD 活性和 POD 活性分别降低 24.04%、33.81%、10.92%、49.06%和 20.78%。R3 时期，与 HCK 相比，高密度喷施乙烯利处理(HE)第 3 茎节节间长度降低 40.70%，茎粗、穿刺强度、小维管束数目、小维管束面积和皮层厚度分别提高 14.22%、66.10%、22.71%、22.11%和 35.96%；木质素含量、PAL 活性、4CL 活性、CAD 活性和 POD 活性分别提高 28.28%、30.74%、13.01%、59.26%和 16.99%。得出结论，随种植密度的增加，夏玉米抗倒伏性能降低。喷施乙烯利后，夏玉米茎秆强度和木质素代谢能力增强，抗倒伏性能增强，最终产量增加。在本试验条件下，浚单 20 种植密度为 90000 株/hm^2 时喷施乙烯利对木质素代谢和抗倒伏性能的改善作用最显著，产量最高。

2. 胺鲜酯　聂乐兴等(2010a)采用田间小区试验，以高产玉米新品种登海 661 为材料，研究了拔节期叶面喷施 10 mg/L、20 mg/L 和 40 mg/L 的胺鲜酯(DA-6)对玉米叶片光合羧化酶、保护酶活性和产量的影响。结果表明，喷施胺鲜酯各处理玉米分别比对照(含有表面活性剂和水)增产 10.0%(10 mg/L)、8.9%(20 mg/L)和 9.4%(40 mg/L)，增产效果显著，但各浓度间差异不显著。胺鲜酯处理后，花后玉米的叶面积指数、光合速率、RuBP 羧化酶和 PEP 羧化酶活性均显著上升($P<0.05$)，且对光合速率、RuBP 羧化酶和 PEP 羧化酶活性的影响随着处理浓度的增加而提高；与对照相比，胺鲜酯处理后吐丝期、灌浆期、乳熟期和蜡熟期叶片 SOD、CAT、POD 和 GSTs 活性及可溶性蛋白质含量显著提高($P<0.05$)，MDA 含量显著降低($P<0.05$)，其中 CAT 活性随着处理浓度的增加呈上升趋势，其余生理指标各浓度间无显著性差异。

聂乐兴等(2010b)还研究了胺鲜酯在高产玉米新品种不同生育时期喷雾处理对植株的生理调控作用和产量的影响。结果表明，胺鲜酯(10 mg/L)各时期处理显著增加了茎秆粗度，提高了植株根系活力、穗位叶叶绿素含量、光合速率、硝酸还原酶(NR)和谷氨酰胺合成酶(GS)的活性，在植株开花期至灌浆期提高幅度最大。7～8 叶期喷雾处理调控作用最佳，可减少雌穗秃尖长度，增加行粒数，对籽粒产量的增产幅度达 13.0%，增产作用显著。

潘彬荣等(2015)以甜玉米金玉甜 1 号为试验材料，于吐丝期叶面喷施胺鲜酯(DA-6)，研究其对甜玉米叶片光合特征、籽粒粒重、糖分积累、光合作用关键酶磷酸烯醇式丙酮酸羧化酶(PEPCase)和核酮糖二磷酸羧化酶(Ru BPCase)及蔗糖代谢相关酶蔗糖磷酸化酶(SPS)和蔗糖合成酶(SS)活性动态变化的调控效应。结果表明，DA-6 处理显著提高了甜玉米籽粒灌浆期穗位叶叶绿素含量和光合速率，改善了 PEPCase 和 Ru BPCase 的活性；DA-6 处理显著促进了籽粒 SPS 和 SS 活性表达，处理后 12 d 籽粒中可溶性糖、蔗糖和淀粉含量比对照分别增加了 8.4%、8.8%和 8.9%；DA-6 处理显著促进了籽粒灌浆速率，提高了穗粒数和粒重，增加了产量，其中鲜穗产量、穗粒数和千粒重比对照分别增加了 15.8%、9.6%和 11.9%。研究结果证实，DA-6 可以显著改善甜玉米产量和品质形成，为其在甜玉米高产优质栽培中推广应用提供了理论依据。

3. 6-苄基腺嘌呤　刘西美等(2008)对在授粉前喷施 60 mg/L 的 6-苄基腺嘌呤(6-BA)，对玉米胚乳发育过程中主要内源激素（Z＋ZR、IPA、IAA、ABA）含量的差异及其动态变化差异作了比较分析。结果表明，外源6-BA对胚乳细胞增殖的影响主要表现为加快了胚乳细胞增殖速率，提前胚乳细胞最大增殖速率出现的时间。在玉米灌浆初期，6-BA使胚乳内Z＋ZR、IPA、IAA含量明显高于对照，ABA含量低于对照，可能是胚乳细胞数目增加的主要原因。

董志强等（2008）以郑单958为材料，3叶期叶面喷施不同浓度的6-BA，研究6-BA对不同器官硝酸还原酶活性的影响。结果表明，3叶期玉米叶鞘、叶片和根组织中NRA表现为叶鞘＞叶片＞根系；叶片中NRA含量表现为由基部向上数倒1叶＞倒2叶＞倒3叶；叶面喷施10～100 mg/kg 6-BA溶液提高了叶片中硝酸还原酶的活性，降低了根组织中硝酸还原酶的活性，对叶鞘中硝酸还原酶活性影响没有规律性；200 mg/kg 6-BA溶液可以提高叶片、叶鞘和根组织中硝酸还原酶活性。

杨雪等（2019）为研究6-BA对玉米生殖期碳水化合物转运和分配的影响，通过田间小区试验，在玉米抽丝初期对"穗三叶"叶面喷施不同质量浓度（0 mg/L、50 mg/L、100 mg/L、200 mg/L、500 mg/L和1000 mg/L）6-BA，探讨6-BA对玉米生殖期碳水化合物转运和分配的影响。结果表明，玉米进入生殖生长后，其穗位叶叶片中的叶绿素a、叶绿素b和类胡萝卜素含量随生长发育的延续而持续降低，叶面喷施6-BA溶液可明显减缓光合色素含量的降低过程。喷施6-BA溶液7 d后，无论是对照还是6-BA处理植株中，可溶性糖含量在叶片—叶鞘—茎秆之间呈现显著增加的趋势，且茎秆中可溶性糖含量显著高于幼棒（穗轴＋籽粒）；淀粉含量在叶片—叶鞘—茎秆—幼棒之间逐渐增加，且在幼棒中显著高于其他部位；喷施6-BA可使穗位叶和茎秆中可溶性糖及淀粉含量均有所增加，而且苞叶和幼棒（穗轴＋籽粒）中可溶性糖含量及幼棒中的淀粉含量也有所增加，并伴随着各个器官生物量以及单个植株总生物量的明显增加。与对照植株相比，喷施28 d后穗位叶和苞叶中的可溶性糖和淀粉含量无明显变化，但叶鞘、茎秆和穗轴中的可溶性糖和淀粉含量降低；6-BA对各个器官生物量和单株总生物量的促进效应也消失，籽粒中可溶性糖和淀粉含量以及生物量显著增加。得出结论，在玉米生殖生长初期，"穗三叶"喷施6-BA可明显减缓光合色素的降解过程，提高各器官中可溶性糖和淀粉的含量，使各个器官的生物量迅速增加，并促进碳水化合物向籽粒的转运及其在籽粒中的积累，从而显著增加单株玉米的籽粒产量。

4. 玉黄金　杨振芳等（2015）选用东农253为试验材料，设5万株/hm^2、6万株/hm^2、7万株/hm^2、8万株/hm^2共4个种植密度，于拔节期叶面喷施玉黄金（300 mL/hm^2），研究化控对不同种植密度下东北春玉米叶片光合特性及产量的影响。结果表明，与清水处理相比，玉黄金的施用改善了叶片的光合性能，增加了叶片的叶绿素SPAD值和净光合速率P_n，提高最大光化学效率F_v/F_m、实际量子产量Y(Ⅱ)、光化学淬灭系数qP，降低非调节性能量消耗的量子产量Y(NO)、非光化学淬灭系数qN。在7万株/hm^2种植密度下，玉黄金处理获得最高产量，达11428.18 kg/hm^2。

席凯鹏等（2017）研究不同浓度玉黄金（主要成分为胺鲜酯和乙烯利）喷施化控（1∶3000倍液、1∶1500倍液、1∶750倍液）对不同种植密度（6.75万株/hm^2、7.5万株/hm^2、8.25万株/hm^2、9.0万株/hm^2）条件下玉米抗倒伏性及产量的影响。结果表明，密度、玉黄金浓度以及2个因素的互作，均对玉米产量有极显著的影响；随着密度增加产量增高，以9.0万株/hm^2产量最高；不同栽植密度与玉黄金喷施浓度对产量影响不同，在低密度（6.75万株/hm^2）下，喷施低中浓度玉黄金产量间差异不显著，喷施高浓度比对照显著减产11.2%；密度在7.5万株/hm^2和9.0万株/hm^2

时，化控处理明显提高了夏玉米产量，以喷施低中浓度有利于增产，增产幅度为 6.7%和 9.3%；玉黄金处理显著降低了株高和穗位高，显著增加了茎粗，增强了玉米抗倒伏性。

田再民等(2019)为探究植物生长调节剂玉黄金(30%水剂，含胺鲜酯 3%、乙烯利 27%)对玉米茎秆和产量等性状的影响，选择玉米品种巡天 969 为试验材料，设置 6.0 万株/hm^2、7.5 万株/hm^2、9.0 万株/hm^2 和 10.5 万株/hm^2 共 4 个种植密度，以清水处理为对照，分析苗期喷施玉黄金(300 mL/hm^2)对玉米抗倒伏性和产量构成因素的影响，明确植物生长调节剂玉黄金增强玉米抗倒伏能力的机制。结果表明，随着种植密度的增加，无论是清水处理还是玉黄金处理，巡天 969 的株高均呈先升高后降低的变化，穗位高和穗高系数均逐渐升高；玉米茎秆穿刺强度随着节间的上升均逐渐下降，而每个密度下第 2～6 节间的茎秆穿刺强度均呈下降趋势；倒伏率均呈上升趋势，穗行数呈先增加后降低趋势，而行粒数、穗粒数和百粒重均呈现下降趋势。与清水处理相比，玉黄金处理的玉米株高、穗位高和穗高系数均有所降低；不同密度下巡天 969 的茎秆穿刺强度均显著增加，且随着密度的增加茎秆穿刺强度均呈下降趋势；各密度下的倒伏率均有所降低，平均倒伏率显著降低。种植密度由 6.0 万株/hm^2 增加到 10.5 万株/hm^2，玉黄金处理下巡天 969 的理论产量分别较同密度清水处理提高了 3.8%、6.8%、0.9%和 1.3%，其中在密度为 7.5 万株/hm^2 时达最高值 14 689.0 kg/hm^2。

王英华等(2021)以在黄淮海区域广泛种植的郑单 958 为供试材料，研究喷施玉黄金对玉米抗倒伏性能及穗位叶光合能力的影响。结果表明，喷施玉黄金在 7.5 万株/hm^2 种植密度下玉米籽粒产量平均增加了 11.34%，产量的提高得益于玉黄金处理后玉米的可收获穗数与千粒重显著增加。此外，玉黄金能够降低玉米株高、穗位高与重心高度，并提高玉米基部节间的茎秆质量，玉米的田间倒伏率从 10.31%降低至 3.36%。玉黄金能够通过提高玉米穗位叶的光照环境提高其相对叶绿素含量与净光合速率，进而保证玉米产量的形成。化控处理能够通过提高玉米的抗倒伏性能与穗位叶光合能力提高夏玉米的产量。

刘子刚等(2022)以京农科 728 和金农 738 为试验材料，研究 6.75 万株/hm^2、8.25 万株/hm^2 和 9.75 万株/hm^2 3 个种植密度下化控剂玉黄金(主要成分胺鲜酯和乙烯利)对春玉米抗倒伏性状及产量的影响。结果表明，施用玉黄金后，能够降低株高和穗位高，缩短节间，提高穿刺强度和压碎强度，从而提高抗倒伏性能。与清水对照相比，玉黄金处理后，随密度升高，京农科 728 产量分别提高 12.54%、11.24%和 8.81%，金农 738 产量分别提高 4.39%、4.05%和 7.00%。为春玉米高产及实现全程机械化提供参考。

5. 乙矮合剂　李玲等(2007)在大田条件下，在玉米吉单 209 和郑单 958 拔节前叶面喷施生长调节剂乙矮合剂。试验表明，乙矮合剂处理缩短了玉米穗下部节间的长度，降低了玉米的穗位高，降低了植株的重心，增加了基部节间的茎粗和茎秆密度，提高了玉米茎秆的抗倒伏能力。同时，乙矮合剂在控制玉米株型的基础上，保持了低密度(6.0 万株/hm^2、7.5 万株/hm^2、9 万株/hm^2)条件下玉米的正常产量，提高了高密度(10.5 万株/hm^2、12.0 万株/hm^2)条件下玉米的穗行数和行粒数，显著提高了产量，使玉米籽粒产量与茎秆质量得到了协同改善。

卢霖等(2015a)为探讨乙矮合剂调控夏玉米氮素同化和防止后期早衰的生理机制，为建立华北夏玉米区密植高产稳产化学调控技术提供理论依据，2013—2014 年在中国农业科学院新乡试验站，以中单 909 和浚单 20 为材料，设置乙矮合剂和密度梯度处理，于 6 展叶期叶面喷施乙矮合剂 0.45 L/hm^2，研究密度梯度对花后玉米穗位叶氮同化特征和早衰的影响，以及乙矮合剂的化学调控效应。结果表明，灌浆期(花后 0～40 d)，穗位叶硝酸还原酶(NR)活性和谷氨酰胺合成酶(GS)活性随密度的增加而显著下降;灌浆后期(花后30～40 d),谷草转氨酶(GOT)和谷丙转氨酶(GPT)活性随种植密度的增加而显著降低。穗位叶叶绿素相对含量、可溶性蛋白含量和游离氨基酸含量在灌浆中后期(花后20～40 d)随种植密度的增加而显著降低;两品种产量在7.5万株/hm^2密度达最大值,7.5万～10.5万株/hm^2密度群体产量下降,高密群体易发生早衰。乙矮合剂处理显著提高了各密度群体灌浆中后期(花后20～40 d)穗位叶NR活性、GS活性、游离氨基酸含量、可溶性蛋白含量和叶绿素含量;显著提高了高密度群体(7.5万～10.5万株/hm^2)GOT活性和GPT活性;较高密度群体下(7.5万～10.5万株/hm^2),中单909和浚单20较各自对照的增产幅度分别为5.59%～6.63%和6.73%～8.10%。乙矮合剂处理提高了高密度群体夏玉米穗位叶片氮代谢关键酶活性及其产物含量,保证密植群体氮代谢正常进行,有效防止早衰及提高产量。综上所述,采用合理的种植密度并结合喷施乙矮合剂可作为华北夏玉米区高产栽培的重要技术措施。

卢霖等(2015b)以中单909和浚单20为试验材料,还研究了乙矮合剂对不同密度夏玉米茎秆形态建成、抗折力、抗倒伏指数及产量的影响。结果表明,随密度的增加,株高、穗位高、重心高度、节间长度、倒伏率呈升高趋势,而节间粗度、单位长度节间干重、抗折力及抗倒伏指数呈降低趋势,这些变化品种间存在差异。乙矮合剂处理显著降低株高、穗位高、重心高度,缩短节间长度、增加节间直径和单位长度节间干重,抗折力和抗倒伏指数提高,倒伏率降低;较高密度下(≥7.5万株/hm^2),中单909和浚单20较各自对照增产幅度分别为3.77%～8.15%和6.73%～68.94%。综上所述,采用合理的种植密度并结合喷施乙矮合剂,能够提高抗倒伏能力和产量,可作为华北夏玉米区高产栽培的重要技术措施。

李光彦等(2016)以中单909和吉单35为材料,设置乙矮合剂和聚糠萘合剂双重化控处理,于6展叶期叶面喷施乙矮合剂0.45 L/hm^2,9展叶叶面喷施聚糠萘合剂0.45 L/hm^2,研究玉米穗位叶和籽粒中蔗糖代谢相关酶活性的动态变化,探讨双重化学调控玉米碳代谢的生理机制,为建立玉米高产稳产的化学调控技术提供理论基础。结果表明,双重化控提高了灌浆期穗位叶蔗糖合成酶(SS)和蔗糖磷酸合成酶(SPS)的活性,尤其显著提高了灌浆后期(花后50 d)蔗糖合成能力,提高灌浆前期(花后10～20 d)穗位叶蔗糖含量,降低后期(花后30～50 d)蔗糖含量。双重化控处理对玉米籽粒蔗糖合成酶(合成方向)和蔗糖磷酸合成酶活性的影响较小,蔗糖合成酶分解方向活性呈升高趋势;中单909籽粒蔗糖含量灌浆前期(花后10 d)升高,灌浆后期(花后50 d)降低,花后20～40 d影响不显著;吉单35籽粒蔗糖含量花后10～20 d降低,30～40 d升高,50 d没有显著差异。双重化控处理提高了中单909和吉单35灌浆中期和灌浆中后期灌浆速率,使两品种粒重和产量均显著提高,分别比对照增产4.61%和7.78%。本研究说明,乙矮合剂和聚糠萘合剂双重化控处理可通过调控源库蔗糖代谢关键酶的活性,促进蔗糖在源端的合成和在库端的降解,从而促进碳同化物向籽粒的转运,达到高产。

(四)与化肥混用

解振兴等(2012b)以郑单958为材料,设置不同氮素梯度于苗期利用完全营养液培养,3叶期叶面喷施聚糠萘合剂,研究供氮量对苗期玉米氮素吸收分配特征的影响以及聚糠萘合剂化学调控的效果。结果表明,与去离子水处理相比,增加氮素供应可使株高增加,根系增长,根冠比值显著降低,叶片与根中硝酸还原酶活性(NRA)增大,鞘中NRA减小。随氮素浓度的增加,株高、最大根长和叶片数逐渐增加,各器官干物质积累量依次增加,叶片中NRA依次增强,氮素吸收和向地上部分配的比例显著增加。聚糠萘合剂处理与相应清水对照相比,提高了植株干物质积累,缩短了最大根长,增加了侧根条数,提高了玉米植株中总吸氮量及氮素利用率。对于不同浓度梯度的氮素处理,低浓度(2.5 mmol/L)和中浓度(5.0 mmol/L)培养液中调节剂处理氮素利用率分别比对照增加52.75%和54.91%,表明中、低氮条件下聚糠萘合剂提高了氮素利用率。

陈晓璐等(2013)以玉米自交系齐319(Qi319)为试材,利用叶绿素荧光快速诱导动力学曲线,研究了喷施外源激素6-苄氨基嘌呤(6-BA)对不同氮素水平下玉米花后叶片光系统Ⅱ(PSⅡ)性能的调控效应。两年研究结果表明,花后穗位叶叶绿素含量和净光合速率(Pn)均呈降低趋势。在不施氮条件下,外源喷施6-BA,可提高叶绿素含量及后期Pn,但对PSⅡ反应中心的活性无显著改善。施氮可显著提高Pn和PSⅡ的性能,6-BA可显著增强其效果。二者互作条件下,叶绿素含量显著提高,Pn显著增加($P<0.05$),PSⅡ供体侧和受体侧的活性得到有效改善,其中对PSⅡ供体侧性能的改善幅度大于对受体侧,花后10d PSⅡ反应中心的活性提高最显著。光合性能的提高使单株生物量和籽粒产量显著增加($P<0.05$)。因此,在适量施用氮肥的条件下结合喷施6-BA可以显著改善叶片光合性能。

焦念元等(2016)为了协调玉米/花生间作后期花生光能利用率降低的问题,进一步提高玉米/花生间作优势,研究了化学调控(乙烯利)和施磷肥对间作玉米和间作花生叶面积指数、光合物质积累分配和产量的影响。结果表明,对间作玉米化学调控后,间作玉米叶面积指数和光合物质积累量降低,光合产物向籽粒分配比例提高,但产量降低了1.20%~3.92%;间作花生叶面积指数、光合物质积累量和产量增加,光合产物向荚果分配比例增加,其中产量提高了21.09%~29.78%,化学调控后间作体系产量比化学调控前提高了1.81%~4.26%;施磷肥后,化学调控间作玉米和花生叶面积指数、光合物质积累和产量都得到提高,光合产物向玉米籽粒和花生荚果分配比例提高,与不施磷肥相比,化学调控后间作体系产量提高了14.26%~23.66%。这表明在玉米/花生间作体系中,对间作玉米进行化学调控可以提高间作花生产量,施磷肥可以提高化学调控间作体系产量,因此,可以在生产上采用化学调控和施磷肥的方式,保证玉米/花生间作体系的高产高效。

焦念元等(2016)还研究了化学调控和磷肥对玉米/花生间作体系磷营养的调控效应,于2012—2013年在河南科技大学农场进行田间试验,试验设单作玉米、单作花生、玉米/花生间作和玉米/花生间作+化学调控4种种植方式,分别施磷[180 kg(P_2O_5)/hm^2]和不施磷共8个处理,研究了间作玉米和间作花生不同器官磷含量、磷积累分配的特点,分析了化学调控和施磷对间作体系磷间作优势的影响。结果表明,间作显著提高了玉米籽粒磷含量、茎和籽粒磷积累量,促进了磷向籽粒分配;明显降低了花生各器官磷含量、磷积累量,不利于磷向果仁分配;与单作玉米和单作花生相比,间作提高了玉米/花生间作体系磷吸收量,磷吸收间作优势为15.99~19.54 kg/hm^2。在玉米小口期喷施化学调控剂提高了间作玉米籽粒磷含量,降低了茎、叶和籽粒的磷积累量,提高了磷向籽粒分配比例;提高了间作花生果仁磷含量和茎、叶及果仁磷积累量,促进了磷向果仁分配。化学调控间作玉米施磷肥显著增加了间作玉米和花生各器官的磷含量以及磷积累量,提高了磷向玉米籽粒和花生果仁分配比例,促进了间作体系对磷的吸收;磷吸收间作优势为19.50~22.00 kg/hm^2,比不施磷提高16.51%~57.51%,达到显著差异水平。这表明玉米/花生间作具有明显的磷间作优势,化学调控间作玉米再施磷有利于间作体系磷吸收量增加,显著提高磷间作优势。因此,生产上可以采用化学调控同时施磷肥来进一步提高磷间作优势。

刘笑鸣等(2020)为探讨高密度下化学调控和氮肥对玉米光合特性、籽粒灌浆及光热水利用效率的影响,为玉米密植抗逆高产高效栽培提供依据,于2017—2018年哈尔滨区域玉米生长季,在大田高密度种植下(90000株/hm^2),设置3个不同氮肥水平N100(100 kg/hm^2)、N200(200 kg/hm^2)和N300(300 kg/hm^2),7叶期喷施化控剂(玉黄金,30%胺鲜酯·乙烯利水剂),研究化控和氮肥对高密度种植下玉米生长发育和光热水利用效率的影响。结果表明,随氮肥施用量的增加,玉米叶片净光合速率(P_n)、最大光化学效率(F_v/F_m)、籽粒内源激素含量、灌浆速率、光热水利用效率(RUE、HUE和WUE)及产量均呈先升高后降低趋势,在施氮量200 kg/hm^2下达到最大。与单施氮肥处理相比,化控和氮肥共同作用显著提高了叶片Pn和F_v/F_m,提高了籽粒内源激素含量和灌浆速率,RUE、HUE和WUE显著提高,使产量得到进一步增加。相关分析表明,灌浆速率与籽粒内源激素生长素(IAA)、细胞分裂素(CTK)、赤霉素(GA)和脱落酸(ABA)含量极显著正相关,产量与RUE、HUE和WUE显著正相关。得出结论,高种植密度下,200 kg/hm^2施氮量和化控显著改善玉米的光合特性,促进了籽粒灌浆进程,提高了光热水利用效率,显著提高了产量。

(五)土壤施入

肖长新等(2014)以郑单958为材料,用浓度为10 mg/L的6-苄基腺嘌呤(6-BA)溶液在玉米灌浆期(花后40 d)浇灌根系,研究6-BA对玉米根系与叶片衰老及产量形成的影响。结果表明,花后6-BA灌根处理能延缓玉米根系的衰老,使收获期单株总根长显著高于对照,增长48%,其中,轴根长与对照相比差异不显著,侧根长显著高于对照。6-BA灌根处理同样延缓叶片衰老,使成熟期绿叶面积增加。6-BA灌根处理显著增加吐丝期—成熟期植株吸氮量和植株干物质积累量,不影响营养器官中氮素与干物质的转运。6-BA灌根处理显著提高单株籽粒产量,与对照相比增产16%,其中,主要是百粒重的增加,同时保持籽粒中氮浓度不变。通过细胞分裂素延缓后期根系衰老,可能是协调玉米后期氮素吸收与转运、提高玉米籽粒产量的一条途径。

第三节　其他粮食作物栽培中的化学调控

一、水稻栽培的化学调控

温福平等(2009)介绍,用粳稻日本晴(*Oryza sativa* L. cv. *Nipponbare*),研究了盐胁迫对水稻种子萌发的抑制作用和赤霉素(GA_3)对盐胁迫的缓解作用;分别以H_2O(对照)、5 g/L NaCl(处理Ⅰ)、5 g/L NaCl+100μmol/L GA_3(处理Ⅱ)培养水稻种苗48 h,提取芽中的蛋白质,利用双向电泳(2-DE)和基质辅助激光解吸电离飞行时间质谱(MALDI-TOF MS)技术分析了水稻蛋白质组的变化。结果表明,在盐胁迫条件下,日本晴种子的萌发显著受到抑制,而GA_3能显著缓解这种抑制作用;用ImageMaster软件分析2-DE凝胶,发现有4个蛋白质斑点表现出显著的变化,在盐胁迫下斑点S1、S2和S3表达下调,而斑点S4消失,在GA_3与盐共处理时,这4个蛋白质点的表达均有不同程度的恢复;经MALDI-TOF MS分析,其中2个蛋白质斑点(S1、S3)分别被鉴定为isoflavone reductase-like蛋白与葡萄糖磷酸变位酶,这些蛋白可能与GA_3提高水稻耐盐性途径相关。

程建平等(2011)曾为探明叶面肥(赤霉素与磷酸二氢钾混合液)中不同赤霉素(GA_3)剂量和喷施时期对水稻花期低温的调控效果，以遭受低温危害的中稻迟熟品种杂交稻培两优 537 和常规稻鄂中 5 号为材料，在叶面喷施 3 kg/hm^2 磷酸二氢钾的基础上，按每公顷添加 0.0 g(A0)、7.5 g(A1)、15.0 g(A2)、22.5 g(A3)、30.0 g(A4)、37.5 g(A5)的 GA_3 分别于破口期(B1)、始穗期(B2)、抽穗期(B3)、齐穗期(B4)施用，考查水稻抽穗动态、穗层整齐度、产量及其构成。结果表明，GA_3 用量控制在 15.0～22.5 g/hm^2，且在 B1 或 B2 期施用有利于提高水稻的千粒重、穗实粒数和结实率，缩短出穗的时间，进而提高产量，而在 B3 或 B4 喷施，则要适当加大 GA_3 喷施的剂量；加大 GA_3 的处理或在抽穗早期喷施均能提高水稻穗层的整齐度，但前者会影响籽粒的灌浆，降低千粒重。在叶面肥中增加 GA_3 可以提高水稻对低温的抗性，其中 GA_3 15.0～22.5 g/hm^2 是较为适当的喷施剂量，而对于因下雨等原因导致必须在抽穗后期喷施时，可适当加大 GA_3 的剂量。

刘杨等(2011)曾以扬稻 6 号和南粳 44 为材料，研究了外源 ABA(脱落酸)、GA_3(赤霉素)和 NAA(生长素)对水稻分蘖芽生长的影响及其与内源激素的关系。结果表明，外源 GA_3 和 NAA 可以完全抑制分蘖芽的生长，而外源 ABA 只是减缓了分蘖芽的生长速率而没有完全抑制其生长。外源 GA_3 和 NAA 均提高了分蘖节和分蘖芽中 ABA 含量，抑制了分蘖节和分蘖芽中 Z+ZR 含量的提高，而且外源 GA_3 还提高了分蘖节中 IAA 含量。另外，IAA 和 Z+ZR 含量的变化早于 ABA 含量的变化。分析试验结果表明，IAA、ABA 和 Z+ZR 3 种内源激素与水稻分蘖芽生长密切相关，IAA 和 Z+ZR 是生长的主要调控因素，而 ABA 不是，外界因素对分蘖芽生长的调控主要通过调控这 3 种激素实现。

雷东阳等(2014)为了提高陆两优 996 制种父母本花期相遇率、花时相遇率要求和改善父母本异交特性，采用“九二 O”、调花宝、硼肥等化学物质，对父母本的花期花时进行调控。结果表明，在盛花期喷施“九二 O”15 g/hm^2，在幼穗分化Ⅻ期施用调花宝 120 g/hm^2 或 180 g/hm^2，在抽穗 50%时每公顷喷施硼肥 1.5 kg/hm^2 效果较好。因此，通过化学调控能够改良陆两优 996 亲本的异交特性，较大幅度地提高该组合的制种产量。

胡晓芳等(2017)研究了 5 个来自不同产地的不同品种的水稻种子在相同条件下的萌发进程，从中选择萌发最快(临籼 21)和最慢(稻花香 2 号)的 2 个品种的种子作为进一步试验的材料，测试并对比它们萌发时对外源 GA_3、乙烯利和 ABA 的响应。结果显示，GA_3 和乙烯利对 2 个品种的水稻种子的萌发均有显著的促进作用，而 ABA 则有显著的抑制作用，且这种促进或抑制作用具有浓度依赖性和品种依赖性；萌发快速的临籼 21 水稻种子对 GA_3 和乙烯利的促进作用相对敏感，对 ABA 的抑制作用相对不敏感，而萌发相对较慢的稻花香 2 号水稻种子则恰好相反。这些试验结果似乎暗示着 2 个品种的水稻种子之所以萌发速率不同，或许是因为它们具有不同的内源植物激素组成比例。

法哈德(2015)选用不同高温耐性类型水稻品种，通过人工温室控温处理设置不同的温度组合，比较研究了不同的植物生长调节剂、抗氧化剂和生物炭对高温胁迫下水稻生长发育、产量和品质形成的影响及其机理。试验采用株型相似但高温耐性不同的两个籼稻品种(IR64、黄华占)为材料，设置的温度处理包括：正常温度对照(AT)、高夜温(HNT)和高日温(HDT)3 个处理；外源化学物质叶面喷施处理包括维生素 C、维生素 E、油菜素内酯(Br)、茉莉酸甲酯(MeJA)和三唑酮(Tr)及不同物质相互间混用，不施用任何物质作为空白处理，试验于 2013 年和 2014 年 5—10 月在华中农业大学植物科技学院人工气候室进行。此外，2014 年在上述化学物质叶片喷施的基础上，增加了盆钵中土壤增施磷肥、生物炭、磷肥＋生物炭等处理。于水稻开花后采样，比较分析不同温度处理下外源化学物质施用对水稻生长发育、光合速率、干物质积累、产量和品质形成的变化，重点观察了对开花期的花粉育性、花药开裂、花粉萌发、抗氧化能力和花粉粒代谢物质合成的影响。主要研究结果如下：(1)高温显著降低了两个水稻品种的花粉育性、花药开裂率、柱头花粉接受数及花粉萌发率、代谢物质合成和花粉粒抗氧化活性，而且高夜温处理对各性状的影响比高日温处理下的更明显。外源化学物质施用可以缓解高温对花粉生理生化性状的不利影响，其中以抗氧化剂与生长调节剂混施(Vc＋Ve＋MeJA＋Br)处理下的缓解效应最好。品种间也表现出明显差异，黄华占在高温处理下表现出花粉育性、花药开裂能力和柱头花粉接受数及花粉萌发率均高于IR64。黄华占耐高温的生理原因主要在于其较高的抗氧化能力和较高的代谢物质合成能力。(2)高温处理对水稻生长有显著影响，降低水稻产量。研究表明，高温处理显著降低叶面积、地上部及地下部生物量、光合作用和水分利用效率，同时提高了两个供试品种叶片水势；高温处理对有效穗数影响不大，但显著降低水稻结实率和千粒重，从而导致产量降低；高温对水稻生长和产量的影响存在品种间差异，黄华占在高温下的生长和产量均比IR64好，与常温处理相比降幅也低于IR64；外源化学物质施用可以有效缓解高温对水稻产量的不利影响，其中以Vc＋Ve＋MeJA＋Br混施处理效果最好，该处理可以显著提高光合速率、颖花育性和籽粒灌浆，从而缓解高温伤害导致的不利影响。(3)高温胁迫对稻米的外观品质和食味品质均造成不利影响，两年的试验结果趋势相同。研究结果表明，高日温和高夜温处理降低了两个供试品种的籽粒粒长、粒宽、籽粒面积和整精米率，增加了垩白粒率和垩白度；RVA分析表明，高温显著增加了稻米的崩解值、最终黏度、冷胶恢复值和糊化温度，同时显著降低了峰值黏度、谷值黏度、最终黏度，从而导致食味品质降低；外源化学物质可以有效缓解高温对稻米品质的不利影响，其中以4种外源化学物质混施(Vc＋Ve＋MeJA＋Br)处理下的表现最好。(4)高温处理比常温处理的花粉育性、花药开裂率、柱头花粉数和花粉萌发率降低，这是结实率下降的主要成因，耐高温品种黄华占比高温敏感品种降低幅度少。肥料施用可以有效缓解高温对水稻花粉育性和活力的不利影响，其中以生物炭＋磷肥混合处理下的效果最明显。同时，生物炭施用可以促进植株生长、提高产量，但与磷肥混施后的部分效果反而下降。生物炭＋磷肥混施处理下的稻米品质最优，可能在于该处理增强植株光合作用，提高水分利用效率，促进灌浆，补偿了高温胁迫导致的不利影响。本研究结果表明，高温胁迫严重影响水稻植株生长发育，外源化学物质混施(Vc＋Ve＋MeJA＋Br)或生物炭＋磷肥等措施可以有效缓解高温对水稻的不利影响，但后者的效果不如Vc＋Ve＋MeJA＋Br混合施用。此外，从代谢物质合成、内源激素平衡和基因型差异等方面进行了高温胁迫及其缓解的机理探索，有助于丰富水稻植株对高温胁迫的响应与机理等方面的知识，为水稻抗热减灾提供技术指导。

王强等(2015)在盆栽条件下，在人工气候室模拟水稻抽穗扬花期高温热害，研究了不同时期和不同化学调控处理对水稻高温热害的缓解作用。结果表明，化学缓解处理仅在抽穗扬花前喷施时能预防高温胁迫的发生，对高温胁迫有一定的缓解效果，而在高温胁迫发生后追喷的效果不显著；选用的化学调控物质中，S诱抗素表现最好，其次为茉莉酸甲酯和磷酸二氢钾；化学调控物质缓解效应主要通过对结实率的改善来缓解高温胁迫的减产效应；化学调控处理仅对花期高温热害起缓解作用，不能完全补偿高温胁迫所产生的产量损失。

萧长亮等(2017)以垦稻12为试验材料，设置4个氮素水平(分别为250 kg/hm^2、300 kg/hm^2、

350 kg/hm^2 和 400 kg/hm^2，依次记作 N1、N2、N3 和 N4），2 个烯效唑调控水平（有效成分含量 5%，用量为 600 g/hm^2，记作 T，以喷施同量清水作为对照，记作 T0），进行小区试验，研究不同氮素水平下烯效唑调控对水稻茎秆形态和倒伏性状的影响。结果表明，氮对寒地水稻抗倒性有较大影响，随施氮量的增加，水稻株高、下部节间长度和弯曲力矩有增加趋势，单位长度节间干重降低，高氮处理水平下水稻茎秆抗折力有降低趋势，水稻倒伏指数增加。采用烯效唑调控措施后，水稻株高、节间长度和弯曲力矩减小，单位长度节间干重、节间粗度和茎秆抗折力增加，水稻倒伏指数降低。在各施氮水平下烯效唑调控均能有效增强水稻抗倒伏能力，特别是在较高施氮量条件下效果更为明显，是水稻高氮栽培的有效保障措施。在产量和产量构成因素方面表现为烯效唑调控增加了水稻有效穗数，穗粒数和千粒重也有增加趋势，N3 处理在烯效唑调控后产量最高。

徐江民等（2018）为明确多种外源激素的不同浓度对水稻叶片衰老的影响情况，采用野生型水稻日本晴（NIP）和早衰突变体（esd1）为试验对象，通过喷施多种外源激素，包括生长素（2，4-D）、脱落酸（ABA）、赤霉素（GA_3）、水杨酸（SA）、细胞分裂素（KT-30）、油菜素内酯（GR24），检测了 NIP 和 esd1 叶片中与衰老相关的生理指标（包括叶绿素含量，丙二醛（MDA）含量，超氧化物歧化酶（SOD）活性）。研究结果表明，在灌浆期，喷施 2，4-D 会增加 NIP 和 esd1 叶片中的叶绿素 a∶叶绿素 b 的比值，喷施 GA_3 和低浓度的 KT-30 会降低 NIP 和 esd1 叶片中 MDA 的含量，说明喷施外源激素 2，4-D、GA_3 和低浓度的 KT-30 具有延缓衰老的作用，且都对 esd1 的延缓作用更为明显；而喷施 ABA 会降低 NIP 和 esd1 叶片中的叶绿素 a∶叶绿素 b 的比值，说明具有加速衰老的作用，对 NIP 的作用较明显；幼苗期喷施 SA，发现 NIP 和 esd1 的叶片中 SOD 酶活性下降，但变化程度不明显。另外，喷施 GR24 对叶片衰老没有起到延缓的作用，但发现 esd1 对这 2 个激素敏感反应更大。本研究发现喷施外源植物激素对水稻延缓衰老具有可行性，这为探究激素生理奠定一定的理论基础，同时对水稻生产起到一定的参考作用。

项洪涛等（2019）为了探讨低温条件下外源 ABA 对水稻叶鞘内源激素含量和抗寒生理指标的调控效应，以水稻品种龙稻 5（耐冷型品种）和龙粳 11（冷敏型品种）为材料，于开花期喷施 ABA 后，在人工气候室进行低温（15 ℃，分别持续 1 d、2 d、3 d、4 d、5 d）处理。结果表明，开花期低温可导致水稻花粉活力和结实率显著降低，冷敏型品种尤为严重，喷施 ABA 可有效抑制花粉活力和结实率的降低。低温处理可引起水稻叶鞘 MDA、可溶性糖、可溶性蛋白和脯氨酸含量及相对电导率的提高，同时导致 SOD、POD 和 CAT 活性发生变化；外源 ABA 具有降低 MDA 含量和相对电导率的作用，同时促进可溶性糖、可溶性蛋白、脯氨酸含量和保护酶活性的提高。研究证实外源 ABA 具有提高水稻抗冷的作用，对优化东北地区水稻生产抗冷方法，建立寒地水稻生产的抗冷技术体系，达到保产增产的目的有积极意义。

舒宛等（2019）分析了外源生长激素对水稻 T-DNA 插入突变体褐飞虱抗性的影响，并测定其农艺性状，为突变基因介导的抗虫分子机理研究提供理论参考。以水稻受体中花 11（ZH11）及其 T-DNA 插入突变体 CF54 为材料，利用三引物 PCR 鉴定出纯合突变株系，并用乙烯利（ET）、水杨酸（SA）和茉莉酸甲酯（MeJA）对 ZH11 及其纯合突变株系进行处理，测定植株上褐飞虱的蜜露分泌量和虫体增重量。对 ZH11 及其纯合突变株系的株高、穗长、有效穗数、有效分蘖数、每穗实粒数和千粒重等农艺性状进行测定。结果表明，从突变体 CF54 后代中共筛选出 10 个株系，其中纯合突变株系有 2 个，分别为 CF54-6 和 CF54-10。经 ET、

SA 和 MeJA 处理后 ZH11 及其纯合突变株系 CF54-6 和 CF54-10 植株上褐飞虱的虫体增重量和蜜露分泌量较未处理对照显著($P<0.05$,下同)或极显著($P<0.01$,下同)下降,但未处理对照间均无显著差异($P>0.05$,下同)。经 MeJA 处理后,纯合突变株系 CF54-6 和 CF54-10 植株上褐飞虱的虫体增重量和蜜露分泌量较 ZH11 显著下降,但经 SA 和 ET 处理的纯合突变株系 CF54-6 和 CF54-10 植株上褐飞虱的蜜露分泌量和虫体增重量与 ZH11 无显著差异。纯合突变株系 CF54-6 和 CF54-10 的有效分蘖数、有效穗数和千粒重与 ZH11 无显著差异,但株高、穗长和每穗实粒数显著或极显著高于 ZH11。由此得出结论,ET、SA 和 MeJA 3 种外源生长激素均能诱导水稻野生型及其纯合突变株系植株对褐飞虱的取食与生长发育产生抑制作用,尤其是 MeJA 抑制效果最佳,推测纯合突变株系抗虫性受茉莉酸(JA)信号途径的影响更大。T-DNA 插入明显影响水稻植株的农艺性状。

赵黎明等(2019)为明确孕穗期低温下水稻 SPAD 值与产量构成变化及化防效果,在大田条件下,以垦鉴稻 6 号和空育 131 为试验材料,叶面喷施 spd、6-BA 和 SY203 种植物生长调节剂,比较水稻低温后与常规之间的差异,分析植物生长调节剂对低温水稻的调控效果。结果表明,与常规水稻相比,低温处理导致 SPAD 值下降和株高、穗长以及节间长的缩短,显著降低水稻单株实粒数、单株粒重、结实率和产量。而与清水对照相比,叶面喷施 6-BA 与 SY20 可以明显缓解 SPAD 值降低和株高、穗长以及节间长的缩短,减小低温对产量及其构成的不利影响,降低产量损失。综合分析表明,叶面喷施植物生长调节剂 6-BA 和 SY20 可以调控低温对水稻的影响,受敏感性差异影响,其中 6-BA 对垦鉴稻 6 号作用效果最佳,而 SY20 对空育 131 作用效果更明显。

李永松等(2021)为筛选适宜湘南双季超级稻的化学调控剂,以中嘉早 17 和盛泰优 018 为材料,比较研究了 3 种化学调控剂(壮谷饱、壳寡糖、胺鲜酯)对湘南双季超级稻产量形成的源库关系的影响。结果表明,3 种化学调控剂中,胺鲜酯增源效果最好,其各时期叶面积指数、高效叶面积指数、叶片 SPAD 值和干物质积累量均显著高于对照(清水),壮谷饱也有较好的增源效果,而壳寡糖增源效果不明显;胺鲜酯扩库效果最好,其颖花数、有效穗数和结实率显著提高;与对照相比,胺鲜酯处理早晚 2 季总产量提高 13.81%,壮谷饱处理增产 8.86%,壳寡糖增产效果不明显;壮谷饱对提高千粒重的效果最好;胺鲜酯处理的粒叶比、叶片与茎鞘物质输出率较高,壮谷饱次之,壳寡糖效果不明显。综合来看,3 种化学调控剂对水稻源库关系的影响有差异,胺鲜酯和壮谷饱有较好的增源、扩库、协调源库关系的效果,从而可显著增产。

武志峰等(2021)利用自然低温条件,以陵两优 722 和中早 35 为试验材料,设置 T1(芸苔素内酯+赤霉素)、T2(芸苔素内酯+赤霉素+磷酸二氢钾)、T3(赤霉素+磷酸二氢钾)和对照(CK,清水)4 个处理,研究化学调控剂对直播晚稻遭遇寒露风危害的缓解作用。结果表明,在寒露风危害下,喷施不同化学调控剂均可有效缩短水稻抽穗时间,与 CK 相比,陵两优 722 和中早 35 生育期平均缩短了 2.5 d,其中,T1 生育期均缩短 1 d,T2 分别缩短 3 d 和 5 d,T3 分别缩短 2 d 和 4 d,喷施化学调控剂还可有效减缓叶绿素相对值(SPAD 值)与净光合速率(Pn)的下降,CK 的 SPAD 值较第 1 次测定最大下降幅度平均为 6.55%,T1、T2 和 T3 分别为 3.50%、4.22%和 3.77%;CK 的 P_n 较第 1 次测定最大下降幅度平均为 10.59%,T1、T2 和 T3 分别为 5.96%、1.22%和 3.36%。喷施化学调控剂不仅能稳定结实率与千粒重,且产量、稻米加工品质及外观品质均优于 CK,与 CK 相比,陵两优 722 与中早 35 在 T1 处理下结实率分别提高 8.17%与 2.31%,T2 分别提高 6.20%与 5.36%,T3 分别提高 7.88%与 6.31%;千粒重则仅T2有促进作用,陵两优722与中早35较CK分别提高了1.67%与2.92%;与CK相比,陵两优722和中早35在T1处理产量平均提升9.01%,T2平均提升20.69%,T3平均提升19.01%,出糙率、精米率与整精米率较CK均明显提高,垩白度与垩白粒率明显降低。总体而言,磷酸二氢钾、赤霉素和0.01%芸苔素内酯混合液(T2)对水稻低温胁迫的缓解效果最明显。

袁帅等(2021)为明确湘南超级杂交早稻适宜氮肥运筹方式与化学调控措施,以超级杂交早稻品种株两优819和陆两优996为材料,于2019—2020年在湖南衡阳县开展大田试验,研究了不同氮肥运筹方式(分蘖肥、穗肥、粒肥用量比,N1、N2、N3分别为7∶2∶1、6∶3∶1、5∶4∶1)与化学调控剂(H1、H2分别为多效唑、壳寡糖)对早稻茎蘖利用特征和产量的影响。结果表明,(1)氮肥运筹和化学调控对早稻产量影响显著,2个品种均以N2H2处理产量最高,但其对产量构成因素的影响存在品种间、年际间差异;(2)氮肥运筹方式中,N1处理茎蘖数最多,但N2处理分蘖成穗率较高,有效穗数最多;(3)多效唑与壳寡糖均能促进水稻分蘖,且以多效唑处理效果较好,但成穗率与有效穗数以壳寡糖处理较高;(4)从互作效应来看,N1H1处理促进分蘖效果最好,而N2H2对提高成穗率的效果最好;(5)相关分析表明,氮肥运筹方式与化学调控主要通过提高有效穗数和穗粒数来提高产量。综上,在分蘖肥、穗肥、粒肥比例为6∶3∶1条件下,于拔节初期喷施壳寡糖处理可获得最高产量,其原因在于促进水稻分蘖的同时提高了分蘖成穗率和有效穗数。

王敬东等(2021)为了探索外源生长素对植物在逆境中的调节作用,研究了外源IAA对0.1 mol NaCl胁迫下水稻种子萌发的影响。采用培养皿滤纸培养法,研究0.1 mol NaCl胁迫下IAA对水稻萌发期盐危害的抵消效应。方差分析(ANOVA)和LSD多重比较结果显示,材料的基因型和IAA浓度均控制0.1 mol NaCl条件下外源IAA对水稻种子萌发的影响。外源IAA对0.1 mol NaCl胁迫下水稻种子的发芽率影响较小,能显著提高发芽势;50~100 mg/L IAA能显著,甚至极显著恢复部分材料胚根的伸长生长及胚根数;150 mg/L IAA能显著提高部分材料根叶干重。

化控处理通过增加水稻叶面积指数,提高光合效率,改善水稻库源关系,抗倒伏,有效缓解淹水、干旱、盐等胁迫对水稻生长的影响,从而实现水稻产量的提高。

二、薯类栽培的化学调控

(一)马铃薯

肖关丽等(2010)以合作88、大西洋和米拉3个云南主栽马铃薯品种为试验材料,分别于大、小春种植,在大春设叶面喷施1 mg/L PPP_{333}、10 mg/L PPP_{333}、100 mg/L PPP_{333}、1 mg/L CCC、10 mg/L CCC、100 mg/L CCC共6个处理,小春设叶面喷施10 mg/L、50 mg/L GA_3和50 mg/L GA_3浸种3个处理,以喷施清水做对照,研究生长调节剂对马铃薯生育期和块茎形成的影响。结果表明,同一马铃薯品种,小春单株产量明显低于大春,大春使用PPP_{333}或CCC可缩短马铃薯生育期,使块茎提早形成,并提高马铃薯单株产量;小春马铃薯采用喷施GA_3和GA_3浸种,可延长马铃薯生育期,其中大西洋和米拉单株产量提高,合作88单株产量下降。

康小晓等(2012)在2010—2011年以早大白马铃薯脱毒苗为试验材料,通过人工温室苗床栽培探讨外源激素萘乙酸(NAA)、吲哚丁酸(IBA)和硼酸生根处理对扦插脱毒苗生长和生理特征的影响,为马铃薯微型薯的实际生产提供理论依据。结果显示:(1)外源激素生根处理较对照扦插苗根系长势好,根活力、根系可溶性蛋白含量增加。(2)外源激素生根处理较对照脱毒扦插苗光合速率提高、叶绿素含量增加,光合物质的形成与积累增多。(3)外源激素生根处理较对照叶片SOD、POD、CAT活性和游离氨基酸含量均表现出不同程度的上升,MDA含量下降,衰老减缓。(4)外源激素生根处理有利于小区产量和单株结薯数的增加。研究表明,不同外源激素生根处理可改善脱毒马铃薯扦插苗农艺性状和生理指标,并以NAA 100 mg/L+IBA 50 mg/L+硼酸17.5 mg/L配方处理植株的长势最好,叶绿素含量、保护酶活性及游离氨基酸含量最高,净光合速率大、小薯膨大速度快且单株结薯数量及产量增加显著,更利于发挥脱毒薯的增产优势。

张艳萍等(2013)以彩色马铃薯品种03-1为试验材料,采用固体诱导方式研究MS培养基中添加不同种类和浓度的外源激素以及激素组合对试管薯诱导的影响。结果表明,单独使用适宜浓度的香豆素(10 mg/L或30 mg/L)能够有效地提高彩色马铃薯试管薯的薯重,同时结薯能力也有所提高;细胞分裂素6-BA与几种激素的互作,对彩色马铃薯试管薯的诱导没有显著的促进作用。

冯璐等(2016)为研究不同外源激素及其配比对紫马铃薯试管苗生长的影响,以紫马铃薯的无菌试管苗为试验材料,在添加不同浓度的生长素(IBA、NAA、2,4-D)和细胞分裂素(TDZ、6-BA、ZT)的MS培养基上培养,观察并分析各项生长指标。结果表明,IBA、NAA两种生长素对根系生长的影响较大,IBA 1.0 mg/L时有利于紫马铃薯试管苗根的生长,对根系作用效果明显,NAA浓度在0.5 mg/L以上时不利于根系生长;2,4-D 0.5~2.0 mg/L时试管苗株高增加、茎纤细、根系极不发达,产生乳白色、块状愈伤组织。0.5 mg/L的TDZ或ZT可促进不定芽产生,利于芽增殖;单独使用6-BA时,无不定芽产生,也不利于试管苗生长。得出结论,紫马铃薯试管苗生长的最适培养基成分:MS+IBA 1.0 mg/L+6-BA 1.0 mg/L、MS+NAA 0.5 mg/L+6-BA 0.2~0.5 mg/L。

张晓勇等(2018)设置不同浓度的6-BA和GA_3处理低温胁迫下脱毒马铃薯扦插苗叶片,研究两种激素对其生理指标、光合性能及叶绿素荧光参数的影响。结果表明,0.1 mg/L 6-BA处理低温胁迫的脱毒马铃薯扦插苗后可促进叶片生长,提高叶片叶绿素和淀粉含量,降低叶片可溶性糖和丙二醛(MDA)含量,而且净光合速率(P_n)、最大光化学效率(F_v/F_m)、光化学猝灭系数(qP)和PSⅡ实际光量子效率(Φ_{PSII})显著提高,非光化学猝灭系数(NPQ)和胞间CO_2浓度(C_i)显著降低;2个浓度的GA_3处理显著降低低温胁迫扦插苗叶绿素含量、叶片淀粉含量和MDA含量,P_n、qP和Φ_{PSII}显著提高,NPQ和C_i显著降低。当GA_3浓度提高到20 mg/L后导致叶面积减小;当6-BA处理浓度提高至0.5 mg/L后出现了显著的副作用,叶片淀粉含量升高,Gs、蒸腾速率(T_r)、P_n、F_v/F_m、qP和Φ_{PSII}都显著下降,NPQ和C_i显著升高,表现出明显的叶片老化症状。从隶属函数来看,0.1 mg/L的6-BA对提高扦插苗抗寒性效果最佳。

颉瑞霞等(2018)以马铃薯栽培种费乌瑞它为材料,研究了激素配比与基因型对马铃薯诱导的影响。结果表明,随着IAA和NAA浓度的增加,费乌瑞它的试管薯诱导率和单薯重呈波浪式递减,6-BA+IAA处理的诱导率高于6-BA+NAA处理,6-BA+NAA处理的单薯重高于6-BA+IAA,添加6-BA+NAA有利于改变组培苗腋芽处茎尖的生长方向,诱导试管薯的形成;添加6-BA+IAA有利于试管薯块茎膨大、提高试管薯鲜重,通过主成分分析,试管薯诱导率和单薯重对激素诱导效果的贡献率分别为60.26%和34.78%。综合比较5个品种在

L5 和 L7 两种激素配比处理时的试管薯诱导效果，L5 处理比 L7 处理的费乌瑞它、黑美人、庄薯 3 号和大西洋 4 个品种试管薯诱导率高出 5.83～11.11 个百分点，以试管薯诱导率为第一主分量，筛选出最适宜试管薯诱导的培养基为：MS＋6-BA 3.0 mg/L＋NAA 1.4 mg/L＋白糖 30 g/L＋琼脂 4.8 g/L。

李佩华等(2020)为研究提高马铃薯的杂交结实率，采用随机区组设计不同浓度的植物激素 GA 和 BA 组合处理植株。结果表明：(1)通过采用醋酸洋红染色法、蓝墨水染色法和氯化三苯基四氮唑(TTC)法 3 种方法测定父本的花粉活力，发现不同方法的测定结果存在差异，但乌洋芋和米拉的花粉活力均高于 50%，适宜做父本；(2)3 组杂交组合在马铃薯孕蕾期使用 GA_3 和 6-BA 对母本顶部进行喷施，可以促进马铃薯开花并延长花期，并且能有效降低花柄节离层现象，从而促进马铃薯的杂交结实率。由此可知，使用 20 mg/L 6-BA＋50 mg/L GA_3 的处理组合，能使马铃薯杂交结实率达到最高。

(二)甘薯

张立明等(2007)为研究脱毒苗和植物生长调节剂对甘薯内源激素含量及块根产量的影响，以徐薯 18 甘薯苗为材料，设置脱毒原种苗(VF)、氯化胆碱(LH)浸根、叶面喷洒壮丰安(ZFA)、未脱毒徐薯 18 苗(CK)4 个处理，测定不同处理对块根产量、块根日增长速率、T/R 值、不同时期叶片及块根内源激素的影响。结果表明，VF 和 LH 处理使甘薯块根干物质产量两年平均分别增产 21.0%和 24.2%，达极显著水平；ZFA 处理使块根干物质产量两年平均增产 5.2%，未达显著水平；与对照比较，各处理均可显著提高膨大高峰期块根的日鲜重增长速率；脱毒和氯化胆碱浸根处理可显著降低生长前、中期的 T/R 值，不同程度地提高功能叶叶片的 IAA 含量、CTKs 含量和 GA_4 含量，提高膨大高峰期块根的 CTKs 含量、ABA 含量和 IAA 含量，并使高峰期提早出现 3～4 周；壮丰安处理显著降低了中后期叶片的 GA_4 含量和 ABA 含量，提高了叶片 CTKs 含量、IAA 含量及生长后期块根的 CTKs、ABA 及 IAA 含量，但均未达显著水平。得出结论，VF、LH 和 ZFA 处理全面改变了甘薯源、库器官多种激素的含量水平，有效延缓叶片的衰老，延长叶片功能期，控制甘薯地上部的群体并防止茎叶的徒长，使地上部茎叶的生长与地下部块根的膨大更为协调，有利于块根产量的提高。

唐君等(2007)以 MS 为基本培养基，对两种嘌呤型细胞分裂素：激动素(呋喃氨基嘌呤 KT)、苄氨基嘌呤(BAP)与不同种类的生长素(NAA、IAA、GA_3)协同，对甘薯茎尖离体培养的影响进行研究。结果表明，MS＋KT 2mg/L＋IAA 0.5mg/L 能使 58%的甘薯品种茎尖培养成苗；而 MS＋BA 1～2 mg/L 可使品种成苗率达 80%以上。同时还表明，KT 附加低浓度的 IAA 有利于甘薯茎尖培养时芽的形成；而 BAP 与低浓度的 NAA 互作对甘薯茎尖培养芽形成具有促进作用。当降低基本培养基中的 NH^{4+} 浓度并附加 GA_3 和不同的有机物质时，可能对甘薯茎尖离体培养时的器官分化顺序有影响。

后猛等(2013)于 2011 年为了研究吲哚乙酸(IAA)和赤霉素(GA)对甘薯产量及品质性状的影响，以苏薯 8 号、徐 1901 和徐薯 28 号甘薯种苗为材料，设置 IAA 浸根、GA_3 浸根和清水浸根(CK)3 个处理，调查不同处理对茎叶产量、块根产量及其构成因素、T/R 值以及品质性状的影响。结果表明，10 mg/L GA_3 或 IAA 对甘薯产量及品质性状的影响效应及其在不同类型品种间存在一定差异，IAA 和 GA_3 处理对甘薯地上部生长影响未达显著水平。与对照相比，GA_3 能够显著提高食用型品种苏薯 8 号的块根烘干率、鲜薯淀粉和可溶性糖含量，降低其鲜薯蛋白质含量，显著增加高胡萝卜素型品系徐 1901 的 T/R 比值，降低其单株结薯数，显著降低兼用型品种徐薯28的薯干率。IAA能够显著提高苏薯8号的块根烘干率，显著增加徐1901的大中薯率，降低其单株结薯数，还可以显著减少徐薯28的T/R比值。

解备涛等(2016)为了探讨植物生长调节剂对甘薯产量和激素含量的影响，以济薯18、徐薯18和商薯0110为试验材料，在开始进入块根膨大期时(移栽后第35 d)，叶面喷施矮壮素·DA-6合剂和烯效唑，观察植物生长调节剂对不同生长类型甘薯的产量、光合作用和叶片、块根中的激素含量的影响。结果表明，植物生长调节剂处理促进同化物向根部的转运，提高了块根的产量。其中每公顷喷施1500 mL矮壮素·DA-6合剂处理显著提高了3个品种的产量，225 g烯效唑处理显著提高了济薯18和徐薯18的产量。调节剂处理对不同类型甘薯光合作用的影响不同，矮壮素·DA-6合剂处理显著提高了徐薯18的光合速率，而对济薯18和商薯0110的光合速率的提高没有达到显著水平，烯效唑处理对甘薯叶片的光合作用没有显著影响。烯效唑处理降低了3个甘薯品种的叶片IAA含量，显著降低了济薯18膨大中期的GA_3和叶片ZR含量，降低了徐薯18膨大后期的块根ZR和ABA含量；增加了济薯18和徐薯18膨大中、后期的叶片ABA含量，膨大前、中期块根IAA含量以及整个商薯0110膨大期的块根IAA含量。矮壮素·DA-6合剂处理显著降低了济薯18膨大中期的叶片IAA、膨大后期的块根和叶片ZR含量，降低了徐薯18膨大前期叶片IAA、ZR、ABA、块根ZR含量，以及降低了商薯0110膨大前期的叶片GA_3和后期的ZR含量；增加了济薯18膨大前期的块根ABA、GA_3，叶片ZR、中期的叶片ABA和整个膨大期的块根IAA含量，增加徐薯18膨大前期的叶片ZR、中期的块根GA_3和ZR含量，叶片IAA、ABA、后期的块根IAA含量，增加了商薯0110膨大期的块根ZR、ABA、中期的叶片ZR、后期的叶片GA含量。植物生长调节剂处理部分改变了甘薯内源激素的变化动态，促进了地上部同化物向块根的转运，提高了甘薯的块根产量，植物生长调节剂对甘薯光合作用的影响因品种类型而异，并不是影响甘薯块根产量的主要因素。

闫明明等(2018)以甘薯一号脱毒试管苗为材料，研究了在MS基本培养基中添加不同浓度激素组合和有机物组合对其生长和快繁的影响。结果表明，各激素及有机物对甘薯脱毒苗生长指标总值的作用为6-BA＞NAA＞IAA和烟酸＞肌醇＞VB1＞甘氨酸＞VB6。激素及有机物最佳浓度组合分别为NAA(0 mg/L)＋6-BA(0.1 mg/L)＋IAA(0.1 mg/L)和甘氨酸(3.0 mg/L)＋VB1(0.6 mg/L)＋VB6(0.25 mg/L)＋烟酸(100 mg/L)＋肌醇(1.00 mg/L)，在此组合下，试管苗光照培养30 d，形态指标总值和繁殖系数分别为25.52和24.98，达到最佳。

王金强等(2020)为探讨不同时期干旱胁迫下喷施外源植物激素对甘薯生理特性和产量的影响，明确喷施外源植物激素的最佳时期，在人工控水条件下研究了移栽后20 d(前期)、60 d(中期)和100 d(后期)干旱胁迫下喷施6-苄氨基嘌呤(6-BA)、α-萘乙酸(NAA)和脱落酸(ABA)对甘薯内源激素含量、光合荧光特性和产量的影响。结果表明，与喷清水相比，喷施外源植物激素均能显著提高甘薯产量，以6-BA增幅最大，其次是NAA和ABA；前期喷施效果好于中期和后期。不同时期干旱胁迫下，喷施外源植物激素可显著提高甘薯叶片的光合和叶绿素荧光参数，缓解因干旱引起的玉米素核糖核苷(ZR)和生长素(IAA)含量下降的现象。逐步回归分析表明，内源激素和光合特性是影响甘薯产量的关键指标。通径分析表明，前期干旱胁迫下喷施外源植物激素主要通过影响净光合速率(P_n)、IAA、ZR、最大光化学效率和光化学性能指数来影响甘薯产量。生长前期喷施6-BA可调控甘薯内源激素含量，提高光合特性，有效缓解干旱造成的产量损失。

马铃薯、甘薯等薯类作物化控处理的方法主要有浸种和叶面喷施等。化控处理可促进薯类作物根系及叶片生长，延长开花期及功能叶片功能期，改变源、库器官的激素含量水平，提高光合性能，使地上部茎叶生长和地下部块根生长更为协调，有利于块根产量的提高。化控处理还可有效缓解干旱、低温胁迫等对薯类作物产量造成的损失。

三、其他粮食作物栽培的化学调控

(一)高粱

梅晓岩等(2012)为降低甜高粱茎秆采后自然贮藏期内含糖量损失，掌握糖分损失与有关酶活性变化的关系，研究了采用植物生长调节剂处理甜高粱植株对其采后贮藏含糖量的影响，以及有关酶活性的变化情况。结果表明，用适当种类和剂量的植物生长调节剂处理可以将甜高粱茎秆贮藏期延长到3～4个月，贮藏至112 d。赤霉素(40 mg/L)、马来酰肼钾盐(400 mg/L)、萘乙酸钠(70 mg/L)处理的茎秆干基含糖量分别为初始值的95%、92%、94%，均显著高于对照组。采用适当种类和剂量的植物生长调节剂对调节与甜高粱茎秆采后衰老及糖代谢有关酶的活性具有显著作用，这3种植物生长调节剂对甜高粱茎秆采后糖分损失的抑制与其调节有关酶活性有关。

周宇飞等(2017)以高粱品种辽杂10和辽杂19为试验材料，分别用0 mg/L、100 mg/L和200 mg/L 3个浓度的IAA在高粱3叶期进行叶面喷施，研究外源IAA喷施对高粱内源激素含量及分蘖发生的影响。结果表明，喷施外源IAA在短时期内可以显著影响高粱内源激素的含量，喷施3 d后，高粱内源IAA和GA_3含量显著升高，ZR和ABA含量显著降低；喷施6 d后，高粱内源IAA、GA_3和ABA含量明显回落，而ZR含量明显升高；外源IAA提高了高粱分蘖节第1和第4节位分蘖发生的概率，降低了第2节位分蘖发生的概率；外源IAA抑制了单株多个分蘖的产生，减少了单株23个分蘖发生的概率，使单株1个分蘖发生的概率有所增加；同时，外源IAA降低了高粱分蘖发生和无效分蘖产生的概率；外源IAA提高了高粱穗长、千粒重及穗粒重等主要农艺性状，对高粱产量的提升起到一定的促进作用。

(二)黑麦草

王竞红等(2016)通过2013年的温室试验和2014年的大田试验，研究了多效唑对不同生境多年生黑麦草抗旱性的影响。以北方园林草坪中的常用草种多年生黑麦草“轰炸机”(*Loliumperenne* Bomber)为研究材料，为解决控制草坪用水的实际问题，分别在温室和大田模拟干旱胁迫，对多年生黑麦草施用不同浓度的多效唑(PP_{333})处理，研究其生理变化特征。结果表明，多效唑处理后，与未处理相比，叶片各项生理指标在轻度胁迫(10 d)时没有表现出明显不同，但在中度胁迫(20 d)和重度胁迫(30 d)时表现出显著差异($P<0.05$)；叶片相对含水量(RWC)呈现下降趋势，相对电导率、丙二醛含量和游离脯氨酸含量升高，超氧化歧化酶活性呈现先升高后降低的变化；综合各项生理指标的变化规律，施用浓度为200 mg/L的多效唑可以提高多年生黑麦草的抗旱性；相同程度的干旱胁迫下，大田苗的受伤害程度要小于温室苗，表明草坪草的实际耐旱性要强于温室干旱条件下。

单旭东等(2019)为研究赤霉素浸种对PEG模拟干旱条件下多年生黑麦草(Lolium perenne)种子萌发的影响，以多年生黑麦草麦迪进行了4种浓度(0 mg/L、100 mg/L、200 mg/L和300 mg/L)的赤霉素浸种处理。浸种24 h后分别在不同浓度PEG(0、5%、10%和15% PEG)胁迫下进行发芽试验，在第5 d时测定发芽势，第14 d测定发芽率、芽长、根长、芽抑制率、根抑制率和根冠比。结果表明，随着干旱胁迫程度的提高，多年生黑麦草种子发芽势、发芽率和芽长呈现减小趋势，根长呈现先增大后减小的趋势。在0、5%和10%PEG胁迫中，赤霉素浸种处理种子的发芽率均无明显影响，但在15%PEG胁迫时，200 mg/L和300 mg/L赤霉素浸种处理能够明显缓解干旱对多年生黑麦草种子发芽率的抑制作用。在各干旱胁迫下，200 mg/L和300 mg/L赤霉素浸种处理能降低芽抑制率，且能提高多年生黑麦草的根冠比。综上所述，缓解干旱对多年生黑麦草萌发的抑制作用，促进其幼苗生长的最适赤霉素处理浓度为200～300 mg/L。

王慧等(2022)以黑麦草和苜蓿为研究对象，分别叶面喷施和根施100μmol/L的褪黑素溶液，在干旱胁迫下测定了生物量、丙二醛(MDA)含量、相对电导率，超氧化物歧化酶(SOD)、过氧化物酶(POD)和过氧化氢酶(CAT)活性，养分含量(有机碳C、全氮N、全磷P)等指标，研究外源褪黑素对干旱胁迫下植物抗氧化能力及养分吸收的影响。结果表明，干旱胁迫下，黑麦草和苜蓿的地上、地下生物量显著降低，外施褪黑素能够有效缓解干旱胁迫对黑麦草和苜蓿生长的抑制作用，叶面喷施和根施褪黑素使干旱胁迫下黑麦草的生物量分别增加14.5%和29.6%，苜蓿的生物量分别增加36.6%和49.1%。干旱胁迫下，黑麦草的SOD、POD活性和苜蓿的SOD活性显著降低，外施褪黑素显著提高黑麦草和苜蓿的SOD、POD、CAT活性，减少叶片中MDA的积累，使叶片相对电导率显著下降，抗氧化能力显著提高。干旱协迫和外施褪黑素对黑麦草和苜蓿有机碳含量无显著影响。干旱胁迫下，黑麦草叶片和根中的N、P含量和苜蓿根中的N含量降低，外施褪黑素提高黑麦草和苜蓿根和叶片中的N、P含量，这表明褪黑素对干旱胁迫下黑麦草和苜蓿养分吸收有一定的调节作用。施用褪黑素不仅能改善植物的抗氧化能力，还能调节养分吸收，以增强植物对干旱胁迫的适应性，而且叶面喷施褪黑素效果好于根施。

尉欣荣等(2020)以顶峰ⅡI为供试多年生黑麦草品种，研究了低温和干旱胁迫下内源褪黑素(MT)的响应，并采用叶面喷施不同浓度MT(0 μmol/L、20 μmol/L、100 μmol/L、1000 μmol/L)的方法，探讨了MT对低温和干旱胁迫下黑麦草幼苗生长和抗氧化防御系统的影响。结果表明，低温和干旱胁迫下内源MT水平均显著增加($P<0.05$)；在不同胁迫强度下，喷施一定浓度的MT会在一定程度上降低叶片相对电导率，使幼苗鲜重发生改变，其中100 μmol/L的MT处理对提高幼苗鲜重和降低相对电导率的效果最佳；低温和干旱胁迫下，黑麦草叶片中O_2、H_2O_2和丙二醛(MDA)含量显著增加；过氧化物酶(POD)、过氧化氢酶(CAT)、抗坏血酸过氧化物酶(APX)和谷胱甘肽还原酶(GR)活性发生不同程度的改变；MT显著地降低了MDA和活性氧的积累，提高了CAT、APX和GR活性及脯氨酸含量。综上所述，低温和干旱胁迫下MT能够诱导植物体内抗氧化酶活性增强和脯氨酸积累，有效地清除活性氧，从而缓解了黑麦草的生长抑制，增强了其抗寒和抗旱性。

(三)谷子

郑林林等(2014)为了研究外源赤霉素对谷子灌浆的影响，并为激素调控籽粒的粒质量提供理论依据，以张杂谷5号和晋谷21号为试验材料，在灌浆初期喷施不同浓度的赤霉素(GA)，测量灌浆进程中谷子农艺性状和产量的变化。结果表明，晋谷21号的株高、叶面积明显高于张杂谷5号，茎粗和产量明显小于张杂谷5号。叶面喷施赤霉素可以显著增加2个品种的株高、茎粗、叶面积和产量；张杂谷5号表现为$GA_3>GA_4>GA_2>GA_1>CK$，晋谷21号表现为$GA_2>GA_4>GA_3>GA_1>CK$。30 mg/L的GA对张杂谷5号产量的提高幅度最大，

20 mg/L 的 GA 对晋谷 21 号产量的提高幅度最大。

钟妍婷等(2015)为了明确不同油菜素内酯(BR)处理对谷子生长的影响,2014 年采用浸种和叶面喷施的方法,研究 BR 浸种对晋谷 21 号和张杂谷 5 号种子过氧化物酶(POD)和超氧化物歧化酶(SOD)活性的影响,及叶面喷施 BR 对谷子株高、生物重、POD 活性、叶绿素和丙二醛(MDA)含量的影响。结果表明,两个品种的 POD 和 SOD 活性均随 BR 浸种浓度的增加呈先增高后降低趋势,分别在 0.10 mg/L 和 0.05 mg/L 的处理达最大值;晋谷 21 号的 POD 活性高于张杂谷 5 号,SOD 活性无明显差别。两个品种的株高、生物重、叶绿素含量和 POD 活性均随 BR 喷施浓度的增大呈先增高后降低趋势;MDA 含量却呈先降低后增高趋势。晋谷 21 号的株高明显高于张杂谷 5 号,但叶面积和生物重低于张杂谷 5 号。0.10 mg/L 和 0.05 mg/L 的 BR 浸种明显提高晋谷 21 号和张杂谷 5 号种子的抗氧化能力;叶面喷施 0.05~0.20 mg/L 的 BR 可显著提高谷子叶片的 POD 活性和叶绿素含量,降低膜脂化产物,增强谷子的抗逆性,培育壮苗,但对 BR 处理的反应存在品种间差异。

第四节　经济作物栽培中的化学调控

一、棉花栽培的化学调控

郑莎莎等(2009)于 2007 年和 2008 年研究棉花初花期(7 月 6 日)、盛花期(7 月 17 日)喷施不同浓度 GA_3(赤霉素)、BR(油菜素内酯)和 6-BA(6 苄基腺嘌呤)对棉花盛花期(7 月 17 日)和盛铃期(7 月 31 日)主茎功能叶生理特性的影响。试验设 GA_3、BR 和 6-BA 3 种激素处理,每种激素设 2 种浓度,即 GA_3(10 mg/L 和 30 mg/L)、BR(0.01 mg/L 和 0.1 mg/L)和 6-BA(10 mg/L 和 100 mg/L),以喷清水为对照。测定主茎功能叶内的可溶性糖、MDA(丙二醛)、叶绿素、可溶性蛋白质、内源激素含量、SOD(超氧化物歧化酶)和 POD(过氧化物酶)活性。结果表明,100 mg/L 的 6-BA 能够显著提高盛花期主茎功能叶叶绿素、可溶性蛋白质含量和 SOD、POD 活性,使 MDA 含量显著降低。100 mg/L 的 6-BA 和 30 mg/L 的 GA_3 处理,使盛花期内源 ZR(玉米素核苷)、GA_3 含量和 ZR/ABA(脱落酸)、GA_3/ABA、(ZR+GA_3)/ABA 值均显著高于对照。0.01 mg/L 的 BR 和 10 mg/L 的 GA_3 处理,盛花期主茎功能叶生理活性也有所提高。100 mg/L 的 6-BA 和 30 mg/L 的 GA_3 处理也显著提高了棉花盛铃期主茎功能叶可溶性蛋白质含量、GA_3/ABA 和 GA_3+ZR/ABA 值,并使 MDA 含量显著降低。由此可知,在本试验条件下,叶面喷施 100 mg/L 的 6-BA 和 30 mg/L 的 GA_3 能够显著提高棉花花铃期主茎功能叶的生理活性,为生产中采用生长促进类外源激素防止棉花过早衰老提供了依据。

谢志霞等(2012)以转基因抗虫棉 *Gossypium hirsutum* L.、中棉所 41、中棉所 45 和新棉 99B 为试材,通过水培试验研究了冠菌素对盐胁迫条件下棉花幼苗中渗透调节物质和激素水平的影响。结果表明,在盐胁迫条件下,冠菌素可提高棉花中脯氨酸含量(冠菌素处理后脯氨酸的含量是用盐处理的 2.1 倍),0.01 μmol/L、0.1 μmol/L 和 1 μmol/L 的冠菌素处理分别使棉花真叶中脱落酸(ABA)含量提高 27%、119%和 239%,0.1 μmol/L 和 1μmol/L 的冠菌素处理使棉花根系中的 ABA 含量分别提高 222%和 130%;冠菌素也可提高棉花中茉莉酸类物质(JAs)和真叶中吲哚-3-乙酸(IAA)的含量,诱导与盐胁迫相关蛋白的表达,保护细胞膜的稳定性，增强盐胁迫下棉花体内的渗透调节能力。

李鹏程等(2013)于2011年以鲁棉28为材料，在大田条件下设置吲哚乙酸(IAA)5 mg/L、10 mg/L，6-苄基腺嘌呤(6-BA)50 mg/L、100 mg/L，赤霉素(GA)20 mg/L、50 mg/L 6个不同浓度水溶液处理，以清水为对照，在苗期至蕾期叶面喷施3次，研究外源激素对棉花前期生长发育的影响。结果表明，外源激素处理后，棉花主茎纵向生长速度缓于对照，茎粗大于对照。50 mg/L的GA处理的棉株出叶速度、单株叶面积高于对照。6个处理的棉株主茎功能叶叶绿素SPAD值均高于对照。不同浓度IAA、GA处理均促进棉花现蕾，其中20 mg/L的GA处理棉花单株现蕾数多于对照。本试验条件下，苗期叶面喷施IAA和GA能协调棉花营养与生殖生长，促进蕾的发育，GA处理效果优于IAA处理，其中20 mg/L的GA效果最佳，6-BA处理未能促进棉花现蕾。

杨成勋等(2016)介绍了他们在2014—2015年的试验研究。选用氟节胺复配型、缩节胺复配型2种化学打顶剂，研究田间喷施化学打顶剂对棉花株型特征、冠层结构、群体光合生产及产量的影响，分析冠层结构变化对群体光合生产和产量的影响，为棉花化学打顶技术的应用提供理论依据。选用北疆棉区主栽品种(新陆早45号)和主推品种(系)(中棉所50、45-21)为试验材料，在田间自然条件下，以常规人工打顶的棉花为对照，分别测定不同棉花品种(系)株高、株宽、叶面积指数、叶片叶绿素含量、冠层不同部位透光率、群体光合速率及产量构成等指标。研究化学打顶技术对棉花叶面积指数、冠层透光率、群体光合速率及产量的影响。结果表明，与人工打顶的棉花相比，化学打顶的棉花株高显著高于人工打顶处理，且喷药后生长量较大；株宽显著小于人工打顶处理，喷药后横向生长被明显抑制。化学打顶的棉花叶面积指数和叶片叶绿素含量较高，且高值持续期长，至初絮期(出苗后115 d)仍维持较高的值，与人工打顶的棉花相比差异均达到极显著水平；冠层上、中部透光率较高，生育后期冠层下部漏光损失较小。化学打顶的棉花群体光合速率显著高于人工打顶，且高值持续期长，至初絮期仍维持在16.04μmol/(m^2・s)以上，较人工打顶的棉花高出14.35%～36.35%，差异均达到显著水平；群体呼吸速率在达到峰值前显著高于人工打顶的棉花，峰值后与人工打顶的棉花无显著差异；群体呼吸速率占群体总光合速率的比率高于人工打顶的棉花。化学打顶的棉花单株结铃多，其中氟节胺处理棉花产量高于人工打顶。试验结论是棉花化学打顶技术具有塑造株型、调节棉花冠层结构形成的重要作用；同时棉花冠层上、中部透光率大，改善了冠层中、下部光环境，保证了冠层各部位均匀的光分布。化学打顶的棉花叶面积指数高且高值持续期长，增加了光合面积。叶片叶绿素含量高且高值持续时间长，延长了光合时间，保证了较高的群体光合能力及长的光合功能持续期。

高丽丽等(2016)为了筛选出适宜的脱叶剂喷施时间及脱叶效果较好的脱叶剂，研究了大田条件下脱叶剂喷施时间及脱叶剂种类对棉花叶片内源激素含量、抗氧化酶活性及丙二醛含量的影响，并探讨了脱叶剂对棉花生理效应的影响。采用裂区试验设计，以脱叶剂喷施时间为主区、脱叶剂种类为副区进行试验。结果表明，喷施540 g/L脱吐隆悬浮剂(主要成分为18%噻苯隆和36%敌草隆)及5.5%噻苯隆悬浮剂后，棉花叶片中脱落酸(ABA)含量及超氧化物歧化酶(SOD)、过氧化物酶(POD)和过氧化氢酶(CAT)活性均呈先升高后降低的趋势，丙二醛(MDA)含量升高，生长素(3-吲哚乙酸，IAA)含量下降，其中脱吐隆对叶片膜系统破坏严重；在棉花吐絮率为50%时喷施540 g/L脱吐隆悬浮剂，25 d后棉花脱叶率和吐絮率分别可达90.1%和99.9%。

李星星等(2017)以中棉所41号和中棉所49号为试验材料,通过盆栽试验,研究外源水杨酸(SA)对盐胁迫下棉花幼苗激素水平和生长特性的影响。结果表明:(1)0.6% NaCl胁迫条件下,棉花幼苗叶片中ABA含量增加,CTK、GA和IAA含量减少,在0.05 mmol/L SA浸种+0.2 mmol/L叶面喷施复合处理下,中棉所41号和中棉所49号幼苗中ABA含量分别降低了59.14%和76.71%,CTK、GA、IAA含量分别提高了55.39%、21.05%、22.39%和17.08%、12.5%、18.20%,说明SA处理可有效缓解盐胁迫的伤害;(2)ABA/IAA+GA、CTK/IAA和ABA/CTK值在0.6% NaCl胁迫处理下分别为增高、降低和增高,0.05 mmol/L SA浸种+0.2 mmol/L叶面喷施复合处理下,中棉所41号和中棉所49号幼苗中ABA/IAA+GA、ABA/CTK值分别降低了63.40%、74.03%和71.66%、79.99%,CTK/IAA值分别增加了28.41%和21.18%,说明SA可使幼苗体内激素恢复动态平衡,促进幼苗的生长发育;(3)0.6%NaCl胁迫处理下棉花幼苗的株高、根鲜重、茎鲜重和叶鲜重都表现为降低,在不同浓度外源SA浸种和喷施处理下都有所恢复,幼苗根表现最为明显,用0.05 mmol/L SA浸种+0.2 mmol/L叶面喷施处理0.6%NaCl胁迫下,两品种棉花幼苗单株鲜重分别增加了24.20%和22.39%。SA能通过调控棉花幼苗激素含量从而提高棉花幼苗的耐盐性,其中以0.05 mmol/L SA浸种+0.2 mmol/L叶面喷施对缓解棉花幼苗盐胁迫的伤害效果明显。

栗战帅等(2018)通过对果枝节间长短不同的两个陆地棉中2549和中5081测定内源激素以及喷施不同的外源激素,探究棉花不同长度果枝节间的内源激素差异和喷施外源激素对棉花果枝节间长度的影响;同时对两个材料的果枝节间组织进行切片处理观察其细胞水平上的差异。结果表明,果枝节间长的中2549内源激素IAA、GA_3和ABA的含量都明显高于果枝节间短的中5081;喷施外源激素IAA、GA_3和ABA都能使棉花果枝节间长度有一定程度的伸长;与中5081相比,中2549的果枝节间组织细胞明显较大,但细胞数量明显较少。结论显示,不同棉花果枝节间长度材料在内源激素以及细胞水平上的差异,为棉花果枝节间长度分子机理探究奠定了基础。

何庆雨等(2021)为探究干旱后棉花化学调控增产稳产的可行性,通过模拟田间干旱,采用裂区设计,探究化学调控下干旱后棉花冠层时空分布及产量变化。主区设置人工打顶与化学封顶,副区设置干旱后复水3 d、6 d、9 d喷施低量缩节胺及空白对照。结果表明,喷施缩节胺显著提高棉花籽棉产量、叶绿素相对含量(SPAD)、冠层中上部比叶重及各部位平均叶簇倾角和散射辐射透过系数(TC),显著降低冠层下部、上部叶面积指数,并随喷施时间的提前效果更显著。化学封顶显著增加冠层中下部比叶重、下部叶面积指数、上部叶面积指数及各部位TC。干旱后复水6 d喷施缩节胺,采用化学封顶,棉花SPAD值和比叶重较高,叶面积指数分布均匀,叶片保持直立,冠层整体通风良好,棉花产量最高。

马春梅等(2021)为探究不同外源调节剂组合喷施对棉花生长发育和产量品质的调控效应,于2019—2020年分别在新疆昌吉、库尔勒以闫棉67为材料,设置复硝酚钠15 g/hm^2(AU1)、复硝酚钠15 g/hm^2+苯肽胺酸75 g/hm^2(AU2)、复硝酚钠15 g/hm^2+苯肽胺酸75 g/hm^2+调环酸钙30 g/hm^2(AU3)3种外源调节剂组合,以清水为对照(CK),通过随机区组试验,分析打顶前后各喷施1次外源调节剂后棉花株高、果枝数、叶绿素含量、干物质累积及分配、产量、品质等指标的变化。结果表明,3种外源调节剂组合均可有效调节棉花株高,提高棉花果枝数、叶绿素含量、干物质积累量和产量,其中AU3、AU2、AU1处理的2年平均果枝数较CK分别增加了4.48%、7.68%、8.51%;外源调节剂对棉花生殖生长的调节作用大于营养生长，AU3、AU2、AU1 处理的 2 年平均生殖器官质量(蕾、花、铃)较 CK 分别增加 23.58%、19.38%、13.46%。棉花产量随外源调节剂组合种类增加而增加，其中处理 AU3 较 CK 处理增产率最高，增产率 2 年平均为 15.84%，仅在 2019 年显著提高棉花衣分，较 CK 增加 2.30%，但对纤维品质无影响。因此，复硝酚钠 15 g/hm^2＋苯肽胺酸 75 g/hm^2＋调环酸钙 30 g/hm^2 组合的调控效果最佳。

化控处理可调节棉花株高，增加冠层中下部比叶重、下部叶面积指数、上部叶面积指数及透光率，改善光合条件，从而提高棉花果枝数、叶绿素含量、干物质积累量和产量。

二、油料作物栽培的化学调控

化控处理在油料作物中研究相对较少。化控处理能增加油料作物产量、改善品质、提高含油量等，缓解淹水、干旱、低温、盐等胁迫对产量造成的影响，缓解除草剂药害。本节分别就油菜、花生、向日葵进行介绍。

(一)油菜

黄星群(2015)分析了 43 个拟南芥贮藏物质合成相关基因的启动子序列，检测了油菜的主要种子转录因子和贮藏物质合成相关基因的表达特性，研究了外源赤霉素(GA)和脱落酸(ABA)对油菜籽贮藏物质积累的影响及其相关基因表达的影响，筛选到了可能响应脱落酸或赤霉素并调控贮藏物质合成的 bZIP 转录因子。研究结果如下：(1)系统分析了 35 个油脂合成关键酶基因和 8 个贮藏蛋白的编码基因的启动子序列，发现共有 246 种顺式元件出现在上述序列中，其中出现频率大于 70%的顺式元件共有 67 种。其中，与脱落酸、赤霉素等植物激素信号途径相关的顺式元件有 15 种，与胁迫相关的顺式元件有 14 种，与光调节相关的顺式元件有 12 种，与糖代谢相关的顺式元件 5 种。以上分析结果暗示，植物油脂及贮藏蛋白的合成除受环境因素的影响外，还受到了植物内源激素的调控。(2)采用半定量 RT-PCR 分析了 20 个贮藏物质相关基因和 6 个主要种子转录因子基因在甘蓝型油菜不同组织器官中的表达情况，发现在果荚中有大量表达的贮藏物质相关基因(16/20)最多，在叶片、花蕾和花朵中有表达的次之(12/20)，在茎和根中有表达的较少(3/20)。而 6 个主要种子转录因子基因都集中在果荚中大量表达。随后，采用荧光实时定量 PCR (Q-PCR)进一步分析了上述基因在果荚各发育时期的表达量，发现转录因子 LEC1、LEC2 和 WRI 以及多数的贮藏物质相关基因(15/20)的表达量呈现先升高，随后下降，至 25 DAF (Days After Flowering)达到最低，然后再升高的模式；转录因子 FUS3、ABI3 和 ABI5 的表达量则随油菜果荚发育而持续增加到后期；贮藏蛋白基因 Napin 和 Cruciferin 在 20 DAF 时才有明显表达，之后分别在 25 DAF 和 30 DAF 出现表达高峰。同时，检测了不同成熟时期油菜籽的总蛋白和粗脂肪含量，发现蛋白与油脂都随着种子的成熟而持续增加，但二者在 25 DAF 后的增加速度发生了对调。以上结果表明，25 DAF 是油菜籽发育的一个关键转折点，其可能的原因是由于主要种子转录因子在 25 DAF 前后的表达变化引起了贮藏物质合成相关基因的表达变化，从而导致了油菜籽总蛋白和粗脂肪含量变化。(3)采用 100 mmol/L 赤霉素 GA_3 在油菜籽成熟前(15 DAF)、中(25 DAF)、后(35 DAF)期分别处理甘蓝型油菜 W6 的果荚，发现 3 个时期的处理均能增加油菜籽的总糖含量和硫苷含量，而对油菜籽的含油量影响不明显。同时发现，前期和中期 GA_3 处理都能降低总蛋白含量，但后期处理则提高其含量，而油菜籽重量基本不受前期 GA_3 处理的影响，却在中

期和后期 GA_3 处理后降低。另外，通过对油脂合成相关基因转录水平的检测发现，油脂合成限速酶基因 DGAT 的表达量在前期处理中增加了 1 倍以上，而在中期和后期处理中则没有明显变化，该结果与油菜籽含油量的变化一致。以上结果说明，在油菜籽成熟期间施用赤霉素对油菜籽产量、品质及含油量都可能会造成不利影响。(4)采用 10μmol/L 的脱落酸在油菜籽成熟的前、中、后期分别处理甘蓝型油菜 W6 和湘杂油 3 号的果荚，发现 3 个时期的处理都能够增加油菜籽的重量和含油量，降低菜籽油中超长链脂肪酸含量。而对油菜籽的粗蛋白、总糖及硫苷含量的影响则两个品种中存在不同。另外，通过对油脂合成相关基因转录水平的检测发现，脱落酸处理能够长期地(5 d 或更长)促进基因 DGAT 的表达量增加，其表达量变化与油菜籽含油量变化一致。该研究结果表明，在油菜籽成熟期间进行脱落酸处理不但能显著增加油菜籽产量及含油量，还能改善菜籽油的品质，对实际生产具有相当重要的指导意义。(5)通过基因芯片数据分析和 Q-PCR 鉴定，筛选得到了在种子中大量表达并可能响应脱落酸或赤霉素的 3 个功能未知的 BnbZIP 基因，并分别将其过量表达于拟南芥中。随后对转基因拟南芥的表型分析发现，BnbZIP12 过量表达株系的生长受到抑制，BnbZIP43 过量表达株系的结实率显著降低，而 BnbZIP66 过量表达株系的种子重量增加且贮藏物质比例改变明显。据此推测，bZIP12 参与了植物营养生长的调控，bZIP43 参与了配子产生或受精过程的调控，bZIP66 则参与了种子贮藏物质合成的调控。综上所述，本研究为油菜的育种研究和实际生产提供了有益参考，也为探索种子贮藏物质合成表达调控的分子机理与相关转录因子的作用提供了进一步研究的方向，具有一定的理论和现实价值。

王曾桢等(2016)针对江汉平原油菜开花结果期雨水多易受渍涝的实际，通过向田间灌水营造渍涝 10 d(田面淹水 0～3 cm)，渍涝结束后第 3 d 通过叶面喷施进行营养调控和化学调控。结果表明，尿素可迅速提高油菜涝后叶绿素含量，促进光合作用；赤霉素可有效降低油菜叶、根的丙二醛(MDA)含量；复硝酚钠或脱落酸可显著降低油菜产量的损失。

史中飞等(2019)为了研究褪黑素(MT)对低温胁迫下油菜幼苗抗性的影响，以白菜型油菜陇油 6 号为试验材料，研究了外源 MT 对低温胁迫下油菜幼苗丙二醛(MDA)含量、相对电导率、叶绿素含量、活性氧(ROS)含量、抗氧化酶活性和 MAPK3、MAPK4、MAPK6 基因表达的影响。结果显示，与单独的 4 ℃胁迫处理相比，100μmol/L 褪黑素预处理后再进行低温胁迫处理不同的时间(12 h、24 h、36 h、48 h)，油菜幼苗 MDA 含量、相对电导率和 ROS 含量均显著降低，其中 MDA 和相对电导率分别降低了 14.3%、15.0%、17.2%、20.0%和 11.5%、12.8%、16.2%、15.1%，而叶绿素含量、3 种抗氧化酶活性(CAT、POD、SOD)和 MAPK3、MAPK4、MAPK6 基因表达均增加，其中 CAT 的活性分别增加 28.5%、23.1%、7.6%、13.1%，POD 和 SOD 的活性分别增加 36.0%、25.3%、5.9%、18.7%和 14.6%、18.6%、9.1%、13.6%。表明低温胁迫下，100μmol/L 外源 MT 预处理可以显著降低油菜幼苗 MDA 含量、ROS 水平和电解质的渗漏，增加叶绿素含量和抗氧化酶系统的活性，诱导 MAPK3、MAPK4、MAPK6 基因表达，降低质膜过氧化水平，保持细胞膜的完整性，增强油菜幼苗对低温的适应性。

张盛楠等(2020)为缓解重金属对作物的胁迫，降低重金属对作物的毒害作用，通过叶面喷施比较不同外源物质茉莉酸(JA)、褪黑素(MT)、亚精胺(SPD)和 2,4-表油菜素内酯(EBL)对 Cd、As 胁迫下油菜生理指标及吸收积累 Cd、As 的影响。结果表明，喷施 200 μmol/L 的 JA 和 MT 均显著提高油菜叶片的叶绿素 SPAD 值，而喷施 20 μmol/L 的 EBL 显著降低油菜叶片的叶绿素 SPAD 值；与 CK 处理相比，喷施 500 μmol/LSPD 和 20 μmol/LEBL 分别降低油菜叶片中 MDA 含量 41.0% 和 52.3%，同时 EBL 处理提高油菜叶片 SOD 活性 88.2%；喷施 200 μmol/LMT 导致油菜地上部 Cd 含量比 CK 处理降低 27.8%，而喷施 200 μmol/L 的 JA 和 20 μmol/L 的 EBL 却分别提高油菜地上部 As 含量 159.8%和 136.8%；JA、MT、SPD 和 EBL 在某种程度上均缓解了 Cd、As 复合污染对油菜的胁迫，为重金属污染农田防治提供修复材料。

（二）花生

钟瑞春等（2013）为了探明花生在化学调控作用下的产量、品质变化及与之相关的光合作用机理，比较研究了初花期喷施矮壮素、缩节胺和结荚初期喷施多效唑对花生的化学调控效应。结果表明，3 种植物生长调节剂均可矮化植株，增加茎粗、有效分枝数及结果数，提高花生叶片的叶绿素含量和光合速率，并在结荚期降低叶片的蒸腾速率，最终达到提高花生产量和改善花生品质的目的。其中，多效唑对增加花生叶绿素含量、降低蒸腾速率、增加产量和粗蛋白含量的调控效果最好，其产量和蛋白质含量分别比对照增加了 9.0%和 7.8%；而缩节胺对提高花生的光合速率调控效果最佳，其光合速率比对照增加了 25.0%；矮壮素最利于改善花生的亚油酸含量，其亚油酸含量比对照增加了 6.4%。综合考虑花生的产量品质和光合生理效应，多效唑对花生的化学调控增产效应最好，其次为缩节胺处理。

张甜等（2018）在日光温室条件下，以鲁花 11 号花生品种为材料，通过浸种处理，系统研究了 PEG 模拟干旱胁迫下冠菌素（COR）对花生幼苗叶片光合特性和内源激素含量的影响。结果表明，干旱胁迫明显影响花生幼苗叶片叶绿素合成，降低叶绿素含量；降低叶片净光合速率（P_n）、蒸腾速率（T_r）和气孔导度（G_s），提高胞间 CO_2 浓度（C_i）；降低叶片生长素（IAA）、赤霉素（GA）和玉米素核苷（ZR）含量，提高脱落酸（ABA）含量。COR 浸种可明显缓解干旱胁迫对花生幼苗生理功能的不良影响，提高干旱胁迫条件下叶片叶绿素含量、P_n、T_r 和 G_s，降低 C_i，提高叶片 IAA、GA 和 ZR 含量，降低 ABA 含量。在正常水分条件下，COR 也可明显改善花生幼苗叶片光合特性和内源激素水平。

（三）向日葵

颜宏等（2012）研究了胁迫条件下利用生长素（IAA）、赤霉素（GA_3）、细胞分裂素（6-BA）、脱落酸（ABA）预浸种对向日葵种子萌发的影响。结果表明，在 NaCl 胁迫条件下，向日葵种子的萌发受到抑制，种子发芽率、发芽指数、活力指数都随着盐浓度的增加而降低。4 种激素的浸种处理，不同程度地促进了向日葵种子的萌发（$P<0.05$），缩短了发芽时间，提高了向日葵的发芽指数、活力指数，其中缓解效果最明显的是 6-BA，而浸种处理对向日葵种子萌发影响最小的是 IAA。

徐安阳等（2016）曾在 2014 年以新食葵 5 号为材料，探讨植物生长调节剂甲哌鎓 100 mg/L、200 mg/L、300 mg/L、400 mg/L、500 mg/L，矮壮素 800 mg/L、1200 mg/L、1600 mg/L、2000 mg/L、2400 mg/L，多效唑 50 mg/L、75 mg/L、100 mg/L、125 mg/L、150 mg/L 对向日葵产量及品质的影响。结果表明，植物生长调节剂能不同程度地提高向日葵产量、改善向日葵籽粒品质。甲哌鎓 400 mg/L、矮壮素 800 mg/L、多效唑 75 mg/L 处理能显著提高向日葵盘径、单盘粒质量、百粒质量、籽仁率、产量；甲哌鎓 400 mg/L、矮壮素 1200 mg/L、多效唑 75 mg/L 处理能增加向日葵籽粒粗蛋白含量、粗脂肪含量、粒长、粒宽。综合考虑，新疆地区向日葵产量提高、品质改善的最佳植物生长调节剂为多效唑，其使用浓度为 75 mg/L。

柳延涛等(2018)为使用化控技术塑造合理株型,通过不同浓度缩节胺、多效唑和矮壮素对食用向日葵生理特性分析,研究植物调节剂对向日葵生理特性影响以及合理的施用量。以新食葵 7 号为材料,将喷施缩节胺、多效唑和矮壮素设置 5 个不同处理浓度,研究不同浓度的植物生长调节剂处理下向日葵叶绿素、游离脯氨酸和可溶性蛋白含量、膜脂过氧化以及保护性酶活性的变化规律。结果表明,不同浓度植物生长调节剂对向日葵的各生理指标影响不同,缩节胺 200 mg/L、多效唑 100 mg/L 和矮壮素 12 g/L 提高向日葵叶片的叶绿素和可溶性蛋白含量,增加游离氨基酸的积累量,降低丙二醛的产生,增强 SOD、POD、CAT 保护酶活性,提高植株的生理代谢功能。

参考文献

蔡来龙,林克显,林俊城,等,2013. 外源激素对甜玉米光合特性及产量构成因素的影响[J]. 福建农林大学学报(自然科学版),42(1):1-9.

曹晋军,刘永忠,李万星,等,2015. 不同化学调控试剂对玉米密植生产的影响[J]. 山西农业科学,43(4):415-418.

曹庆军,2016. 春玉米抗茎倒能力评价及其化学调控技术研究[D]. 长春:中国科学院东北地理与农业生态研究所.

陈成军,2020. 土壤调理剂对小麦产量的影响[J]. 种业导刊(6):34-36.

陈德清,王亮,王娜,等,2018. 氨基寡糖素浸种对小麦生长发育的影响[J]. 黑龙江农业科学(8):11-14.

陈开平,耿辉辉,蒋晴,等,2016. 矮壮丰与多效唑对小麦的田间效应[J]. 大麦与谷类科学,33(4):53-55.

陈蔚燕,2017. 新植物生长调节剂缓解盐胁迫对小麦种子生根的影响[J]. 种子,36(8):102-104+111.

陈文兴,田娟,虞江,2015. 植物生长调节剂在长效有机—无机复混肥料中的应用方法[J]. 广东化工,42(8):36,26.

陈晓璐,李耕,刘鹏,等,2013. 6-苄氨基嘌呤(6-BA)对不同氮素水平下玉米叶片衰老过程中光系统Ⅱ性能的调控效应[J]. 作物学报,39(6):1111-1118.

陈晓光,石玉华,王成雨,等,2011. 氮肥和多效唑对小麦茎秆木质素合成的影响及其与抗倒伏性的关系[J]. 中国农业科学,44(17):3529-3536.

程建平,赵锋,游爱兵,等,2011. 赤霉素喷施量及时期对水稻穗层整齐度和产量的影响[J]. 华中农业大学学报,30(6):657-662.

崔雯雯,2020. 稀土元素和促进型生长调节剂对玉米生长发育及产量的调控效应[D]. 杨凌:西北农林科技大学.

戴知宁,陈明堂,刘颖,等,2018. 硝普钠浸种对低温胁迫下小麦种子萌发和幼苗生长的影响[J]. 大麦与谷类科学,35(2):36-41.

董庆,王芳,王俊,等,2021. 中国化学调控技术对玉米产量效应的 Meta 分析[J]. 分子植物育种,19(14):4864-4872.

董志强,解振兴,薛金涛,等,2008. 苗期叶面喷施 6-BA 对玉米硝酸还原酶活力的影响[J]. 玉米科学(5):54-57.

杜小凤,顾大路,杨文飞,等,2019. 增产抗倒伏化控剂劲丰谷德对小麦生长发育及产量构成的影响[J]. 农业科技通讯(2):113-115.

杜小凤,顾大路,杨文飞,等,2021. 拌种剂对不同播种方式下稻茬小麦生长发育及产量的影响[J]. 江西农业学报,33(11):8-13.

法哈德,2015. 高温胁迫对水稻产量和品质的影响与化学调控的缓解效应与机理[D]. 武汉:华中农业大学.

范秀珍,肖华山,刘德盛,等,2003. 三十烷醇和磷酸二氢钾混用对水稻的生理效应[J]. 福建师范大学学报(自然科学版),19(4):80-84.

冯璐,王玉国,温银元,等,2016. 外源激素对紫马铃薯试管苗快繁的影响[J]. 山西农业大学学报(自然科学版),36(8):544-550,556.

冯文静，高巍，刘红恩，等，2021. 植物生长调节剂促进小麦幼苗生长及降低镉吸收转运的研究[J]. 河南农业大学学报，55(6)：1036-1044.

付乃鑫，贺明荣，诸葛玉平，等，2019. 外源SA对盐胁迫下冬小麦幼苗生长的缓解效应及其机理[J]. 中国农业大学学报，24(3)：10-17.

高丽丽，李淦，康正华，等，2016. 脱叶剂对棉花抗氧化酶及内源激素的影响[J]. 农药学学报，18(4)：439-446.

高源，梁斌，隋方功，等，2016. 喷施胺鲜酯对不同种植密度夏玉米抗倒伏性状及产量的影响[J]. 青岛农业大学学报(自然科学版)，33(04)：255-260.

葛超，王孝杰，徐娥，等，2011. 化学调控与钾肥互作对辽南地区玉米形态指标及产量的影响[J]. 华北农学报，26(增刊)：114-117.

耿文杰，李宾，任佰朝，等，2022. 种植密度和喷施乙烯利对夏玉米木质素代谢和抗倒伏性能的调控[J]. 中国农业科学，55(2)：307-319.

郭世保，陈俊华，王朝阳，等，2016. 5%调环酸钙EA对小麦生长和光合作用的影响[J]. 贵州农业科学，44(3)：23-26.

郭振升，崔保伟，张慎举，等，2013. 土壤调理剂在豫东平原黄潮土区冬小麦上的应用效果研究[J]. 河南农业科学，42(7)：10-13.

杭波，杨晓军，陈养平，等，2013. 无机肥料配合腐植酸铵、复硝酚钠对玉米生长的影响[J]. 腐植酸(5)：25-28.

何立锋，李敏，李岩，等，2018. 化学调控剂对玉米自交系株高及穗上各节间长度的影响[J]. 玉米科学，26(4)：99-104.

何庆雨，代建敏，窦巧巧，等，2021. 化学调控对干旱后棉花冠层时空分布及产量的影响[J]. 西北农业学报，30(6)：860-869.

何闻静，沙莎，曹亚娟，等，2020. 密度与化学调控对洞庭湖区夏玉米产量形成的影响[J]. 作物研究，34(3)：236-242.

后猛，王欣，张允刚，等，2013. 外源激素对甘薯生长发育的影响[J]. 西南农业学报，26(5)：1829-1832.

胡铁军，张怀杰，许熔熔，等，2020. 植物生长调节剂“芸乐收”在冬小麦上的施用效果试验初报[J]. 上海农业科技(6)：113-115.

胡晓芳，向先斌，熊莉军，等，2017，不同品种水稻种子萌发速率的差异及其对外源植物激素的响应[J]. 种子，36(1)：1-6.

华智锐，李小玲，2019. 外源抗坏血酸对盐胁迫下商麦1619生长生理的影响[J]. 江西农业学报，31(9)：1-8.

黄华，张万平，扶继军，等，2007. 烯效唑对小麦幼苗高温胁迫的缓解效应研究[J]. 河南省植物保护研究进展Ⅱ(上)：249-252.

黄兰，2021. 高密度栽培条件下化控处理对玉米光热水利用效率的影响[J]. 热带农业科学，41(9)：17-21.

黄鑫慧，高佳，任佰朝，等，2019. 植酶Q9对大田遮阴夏玉米产量形成的影响[J]. 中国农业科学，52(19)：3309-3322.

黄星群，2015. 油菜种子贮藏物质合成及外源激素调控的生化分析[D]. 长沙：湖南大学.

黄益洪，汤日圣，叶晓青，等，2009. 脱落酸(ABA)对白粒小麦种子萌发及幼苗生长的影响[J]. 麦类作物学报，29(3)：503-507.

姬玉梅，王岭，2015. 化控剂对小麦矮抗58农艺和产量性状的影响[J]. 吉林农业科学，40(2)：31-33.

冀保毅，李杰，信龙飞，等，2018. 亚精胺对水分胁迫下稻茬小麦幼苗抗氧化特性及根系活力的影响[J]. 河南农业科学，47(03)：29-33.

焦念元，汪江涛，尹飞，等，2016. 化学调控与施磷肥对玉米花生间作光合物质积累和产量的影响[J]. 江苏农业科学，44(4)：99-104.

颉瑞霞，张小川，张国辉，等，2018. 激素配比对马铃薯试管薯诱导和块茎形成的影响[J]. 分子植物育种，16(13)：4355-4362.

靖建国,郭翔,俞蓉,等,2020. 多胺对高温胁迫下小麦灌浆的影响及生理机制研究[J]. 种子,39(07):43-48.
康小晓,刘孟君,张艳,等,2012. 外源激素对脱毒马铃薯扦插苗生长及生理效应研究[J]. 西北植物学报,32(7):1412-1419.
兰宏亮,王海波,付铁梅,等,2014. 种植密度与化学调控对夏播青贮玉米产量的影响[J]. 作物杂志(2):80-83.
雷东阳,肖层林,2014.'陆两优996'制种化学调控技术初步研究[J]. 农学学报,4(8):9-11.
李炳华,郑淑华,孙淑珍,等,2004. 烯效唑浸种在玉米营养钵育苗中的应用效果[J]. 种子(4):76-77.
李晨昱,卢树昌,2020. 北方冬小麦—夏玉米复种区生物炭与明矾配施对土壤碳氮状况影响研究[J]. 中国农学通报,36(18):97-103.
李春喜,王言景,邵云,等,2010. 化学调控剂不同施用方式对小麦抗冻性的影响[J]. 麦类作物学报,30(2):384-390.
李光彦,王庆燕,许艳丽,等,2016. 双重化控对春玉米灌浆期穗位叶和籽粒蔗糖代谢关键酶活性的影响[J]. 作物学报,42(8):1215-1223.
李华伟,陈欢,赵竹,等,2015. 作物生长调节剂对小麦抗倒性及产量的影响[J]. 中国农学通报,31(3):67-73.
李慧明,段宏凯,平俊爱,等,2016. 不同化控剂处理下玉米穗部性状与产量的研究[J]. 中国农学通报,32(9):52-57.
李均乾,徐辰峰,吴燕,2018. 不同生化调节剂对小麦抗倒性影响试验总结[J]. 农业开发与装备(08):106-108.
李丽杰,顾万荣,王泳超,等,2015. DCPTA 浸种对寒地玉米种子萌发及根系生长的影响[J]. 作物杂志(4):152-156.
李玲,赵明,李连禄,等,2007. 乙矮合剂对玉米产量和茎秆质量的影响[J]. 作物杂志(5):51-54.
李佩华,杨亚辉,彭正松,等,2020. GA 和 BA 激素调控对马铃薯杂交结实的影响[J]. 西南农业学报,33(5):947-951.
李鹏程,董合林,刘爱忠,等,2013. 外源激素对棉花前期生长发育的影响[J]. 棉花学报,25(3):278-282.
李星星,王立红,高丽丽,等,2017. 外源水杨酸对盐胁迫下棉花幼苗激素含量及生长特性的影响[J]. 干旱地区农业研究,35(5):216-222.
李永松,陈基旺,袁帅,等,2021. 3 种化学调控剂对湘南双季超级稻源库关系的影响[J]. 杂交水稻,36(1):93-100.
李振丽,程瑞婷,李瑞奇,等,2013. 行距配置和化控对冬小麦茎秆质量和抗倒性能的影响[J]. 麦类作物学报,33(3):507-513.
栗战帅,魏恒玲,庞朝友,等,2018. 棉花果枝节间长短性状内源激素的差异以及外施激素对其影响[J]. 棉花学报,30(3):224-230.
梁广坚,黄桂萍,邓莉,等,2011. 硼、糖、钙和 DA-6 对枇杷花粉管生长的影响[J]. 肇庆学院学报,32(2):50-52,56.
廖尔华,丁丽,罗延宏,等,2014. 烯效唑浸种对玉米种子萌发及幼苗生长的影响[J]. 西南农业学报,27(6):2339-2344.
刘冰,周新国,李彩霞,等,2016. 叶面喷施外源多胺提高夏玉米灌浆前期抗涝性[J]. 农业工程学报,32(12):122-128.
刘娟,马小乐,尚勋武,等,2009. 外源 IAA 对小麦'西旱 2 号'幼苗水分胁迫和 NaCl 胁迫的缓解响应[J]. 甘肃农业大学学报,44(02):47-51.
刘丽杰,苍晶,于晶,等,2013. 外源 ABA 对冬小麦越冬期蔗糖代谢的影响[J]. 植物生理学报(11):1173-1180.
刘良全,张水利,景小元,等,2010. 几种化学调控物质对盐胁迫下小麦幼苗生长及生理指标的调控作用[J]. 麦类作物学报,30(1):73-78.
刘伟,刘景辉,萨如拉,等,2014. 腐殖酸水溶肥料对水分胁迫下小麦光合特性及产量的影响[J]. 中国农学通报,30(3):196-200.

刘西美，董树亭，高荣岐，2008. 6-BA 对玉米籽粒内源激素含量的影响[J]. 玉米科学(1)：79-82.

刘笑鸣，顾万荣，李从锋，等，2020. 化学调控和氮肥对高密度下春玉米光热水利用效率和产量的影响[J]. 中国农业科学，53(15)：3083-3094.

刘杨，丁艳锋，王强盛，等，2011. 植物生长调节剂对水稻分蘖芽生长和内源激素变化的调控效应[J]. 作物学报，37(4)：670-676.

刘子刚，卢海博，武敏桦，等，2022. 化控剂玉黄金对春玉米抗倒伏性状及产量的影响[J]. 作物杂志(1)：142-146.

柳延涛，徐安阳，段维，等，2018. 缩节胺、多效唑和矮壮素对向日葵生理特性的影响[J]. 中国油料作物学报，40(2)：241-246.

卢霖，董志强，董学瑞，等，2015a. 乙矮合剂对不同密度夏玉米花粒期叶片氮素同化与早衰的影响[J]. 作物学报，41(12)：1870-1879.

卢霖，董志强，董学瑞，等，2015b. 乙矮合剂对不同密度夏玉米茎秆抗倒伏能力及产量的影响[J]. 作物杂志(2)：70-77.

卢霖，董志强，董学瑞，等，2016. 乙矮合剂对不同密度夏玉米花粒期不同部位叶片衰老特性的影响[J]. 作物学报，42(4)：561-573.

吕双庆，李生秀，2005. 多效唑对旱地小麦一些生理、生育特性及产量的影响[J]. 植物营养与肥料学报，11(1)：92-98.

骆永丽，杨东清，尹燕枰，等，2016. 外源 6-BA 和不同用量氮肥配合对小麦花后叶片功能与荧光特性的调控效应[J]. 中国农业科学，49(6)：1060-1083.

马春梅，吴雪琴，李江余，等，2021. 外源调节剂组合喷施对化学打顶棉花的调控效应[J]. 干旱地区农业研究，39(5)：193-198.

马瑞琦，亓振，常旭虹，等，2018. 化控剂对冬小麦植株性状及产量品质的调节效应[J]. 作物杂志(1)：133-140.

马少康，李克民，常旭红，等，2015. 不同化控处理对中麦 8 号产量和品质的影响[J]. 农业科技通讯(12)：82-85.

马原松，辛倩，朱晓琴，等，2018. 精胺对盐胁迫下小麦幼苗生理生化指标的影响[J]. 江苏农业科学，46(3)：53-56.

梅晓岩，刘荣厚，曹卫星，2012. 植物生长调节剂对甜高粱茎秆贮藏中糖分变化的影响[J]. 农业工程学报，28(15)：179-184.

孟庆堂，王素霞，2006. 矮壮丰・壮丰安化控对小麦生长发育的影响[J]. 安徽农业科学，34(24)：1.

孟祥盟，孙宁，边少锋，等，2014. 化控技术对春玉米农艺性状及光合性能的影响[J]. 玉米科学，22(4)：78-83.

聂乐兴，姜兴印，吴淑华，等，2010a. 胺鲜酯对高产夏玉米产量及叶片光合羧化酶和保护酶活性的影响[J]. 应用生态学报，21(10)：2558-2564.

聂乐兴，姜兴印，吴淑华，等，2010b. 胺鲜酯对高产玉米的调控作用研究[J]. 玉米科学，18(6)：33-37.

潘彬荣，岳高红，刘永安，等，2015. 胺鲜酯对甜玉米叶片光合特征、籽粒糖分积累和产量的调控效应[J]. 农药学学报，17(6)：660-666.

裴志超，王海波，董志强，等，2012. 膦酸胆碱合剂对玉米自交系形态及产量影响[J]. 作物杂志(6)：61-64.

祁利潘，陶洪斌，周祥利，等，2013. 化学药剂处理对灌浆期低温条件下玉米光合特性及产量的影响[J]. 玉米科学，21(3)：52-56.

齐英杰，陈为峰，张民，等，2009. 控释氮肥与多效唑互作对运动场草坪草抗寒性生理指标的影响[J]. 中国草地学报，31(4)：111-115.

邱宗波，李金亭，郭君丽，2008. 外源一氧化氮对 PEG6000 水分胁迫下小麦幼苗生理特性的影响[J]. 河南师范大学学报(自然科学版)(5)：135-138.

僧珊珊，王群，张永恩，等，2012. 外源亚精胺对淹水胁迫玉米的生理调控效应[J]. 作物学报，38(6)：1042-1050.

沙莎，何闻静，曹亚娟，等，2019. 化学调控对洞庭湖区不同群体夏玉米抗倒性及产量的影响[J]. 南方农业学报，50(4)：726-735.

单旭东,张睿,麦吾丽代·卡哈尔,等,2019. 赤霉素浸种对PEG模拟干旱条件下多年生黑麦草种子萌发的影响[J]. 草业科学,36(9):2304-2311.

尚宏芹,高昌勇,2019. NAA浸种对镉胁迫下玉米种子萌发和幼苗生长的影响[J]. 种子,38(6):121-124.

邵庆勤,周琴,王笑,等,2018. 不同小麦品种物质积累转运与抗倒性差异及其对多效唑的响应[J]. 核农学报,32(12):2438-2447.

邵瑞鑫,李健,赵宇,等,2012a. 激动素和丁二酸拌种对玉米衰老过程中抗氧化系统和植物激素的影响[J]. 植物生理学报(4):343-349.

邵瑞鑫,李健,信龙飞,等,2012b. 激动素和丁二酸拌种对玉米衰老过程中叶绿体结构和叶绿素荧光参数的影响[J]. 植物营养与肥料学报,18(6):1362-1369.

邵瑞鑫,李健,陈建辉,等,2014. 复合调节剂拌种对玉米叶片衰老过程中激素含量和膜脂过氧化的影响[J]. 核农学报,28(6):1142-1147.

邵云,张黛静,冯荣成,等,2011. 3种化学调控剂对西农979抗倒伏性的影响[J]. 西北农业学报,20(4):53-57.

申占保,2013. 玉米健壮素对浚单20玉米生长发育的影响[J]. 现代农业科技(23):43-44.

石达金,张玉,闫飞燕,等,2015. 不同种植密度和化控剂对玉米农艺性状及产量的影响[J]. 广东农业科学,42(6):1-7.

石光达,康鹏,潘雅清,等,2021. 干旱复水条件下外源褪黑素对玉米幼苗生长及生理特性的影响[J]. 安徽农业科学,49(24):60-66.

史宏志,梁芳芝,汤继华,1994. 盛花期喷施多效唑和氮磷钾肥对夏大豆的保荚增产效应[J]. 河南农业大学学报,28(1):37-40.

史中飞,梁娟红,张小花,等,2019. 外源褪黑素对低温胁迫下油菜幼苗抗寒性的影响[J]. 干旱地区农业研究,37(4):163-170.

侍瑞高,赵慧云,戚名扬,等,2020. 外源氯化胆碱和氯化钙对盐胁迫下小麦种子萌发和幼苗生理特性的影响[J]. 安徽农业科学,48(14):22-26.

舒宛,王心怡,李志华,等,2019. 外源生长激素对水稻T-DNA插入突变体褐飞虱抗性的影响及其农艺性状测定[J]. 南方农业学报,50(2):230-236.

宋吉英,李军德,李晓月,等,2016. 碧护与比卡奇复配拌种对小麦、花生及玉米出苗率的影响[J]. 青岛农业大学学报(自然科学版),33(3):214-218.

宋顺,于敦洋,于海涛,等,2019. 小麦甜菜碱浸种增产效果研究[J]. 农业科技通讯(9):140-141.

苏玉环,刘保华,王雪香,等,2014. 植物生长调节剂麦巨金对冬小麦产量及抗倒性的影响[J]. 河北农业科学(2):36-38.

苏昭柏,尤艳,陈迪娟,等,2022. 不同化控产品对小麦抗倒性及产量的影响[J]. 农业科技通讯(1):79-83.

孙宁,边少锋,孟祥盟,等,2021. 化学调控对高密条件下玉米抗倒性能的影响[J]. 分子植物育种,19(13):4449-4455.

孙倩,梁威威,贾琳,等,2014. α-酮戊二酸对低水氮下冬小麦产量相关性状的影响[J]. 安徽农业科学,42(3):671-674,676.

孙晓慧,李成亮,陈剑秋,等,2017. 不同胺鲜酯(DA-6)浓度及施用方式对菠菜生长的影响[J]. 北方园艺(13):122-128.

孙小玉,刘金娜,周蒙,等,2018. LA浸种对小麦种子萌发和幼苗生理特性的影响[J]. 麦类作物学报,38(6):742-747.

汤海军,周建斌,侯晨,2005. 不同生长调节物质浸种对玉米种子萌发生长及水分利用效率的影响[J]. 玉米科学(4):77-80+88.

唐君,赵冬兰,张允刚,等,2007. 甘薯离体培养配方中不同激素效应的研究[J]. 作物杂志(1):19-21.

陶群,黄官民,郭庆,等,2019. 冠菌素对玉米抗倒伏能力及产量的影响[J]. 农药学学报,21(1):43-51.

田文杰,2018. 乙烯利浸种对玉米种子萌发的影响[J]. 现代农业科技(15):1-2.
田晓东,边大红,蔡丽君,等,2014. 高密条件下化学调控对夏玉米抗茎倒伏能力的影响[J]. 华北农学报,29(S1):249-254.
田再民,黄智鸿,赵海超,等,2019. 玉黄金化控对不同种植密度下玉米抗倒伏性和产量构成因素的影响[J]. 23(5):51-55,82.
王贝贝,徐旭,赵艳,等,2022. 植物生长调节剂对花后渍水遮阴小麦籽粒淀粉合成和干物质积累的影响[J]. 江苏农业学报,38(1):9-19.
王成雨,李静,张一,等,2015. 化控剂对冬小麦茎秆抗倒性能、植株整齐度及产量的影响[J]. 中国农业气象,36(2):170-177.
王成雨,朱紫薇,章鑫,等,2020. 3种化学调控剂对夏玉米光合特性、灌浆期和籽粒含水量的影响[J]. 云南农业大学学报(自然科学),35(4):591-595.
王丹,张保军,张正茂,等,2012. 化学调控剂对小麦光合特性及产量的影响[J]. 麦类作物学报,32(1):119-122.
王迪,罗音,高亚敏,等,2016. 外施海藻糖对高温胁迫下小麦幼苗膜脂过氧化的影响[J]. 麦类作物学报,36(07):925-932.
王芳,庞自学,王汉宁,等,2012. 水杨酸浸种对甜玉米种子萌发及生理特性的影响[J]. 玉米科学,20(4):74-77.
王改净,陈亚龙,赵明君,等,2020. GA_3浸种对玉米种子发芽及生理性状的影响[J]. 种子,39(6):37-42.
王海永,张明才,陈小文,等,2013. 乙烯利对夏玉米籽粒干物质积累的影响及生理机制探究[J]. 玉米科学,21(5):57-61.
王贺正,沈思涵,张冬霞,等,2020. 水杨酸对水分胁迫下小麦幼苗生理生化特性的影响[J]. 作物杂志(2):168-171.
王慧,王冬梅,张泽洲,等,2022. 外源褪黑素对干旱胁迫下黑麦草和苜蓿抗氧化能力及养分吸收的影响[J]. 应用生态学报,33(5):1311-1319.
王金强,李欢,刘庆,等,2020. 干旱胁迫下喷施外源植物激素对甘薯生理特性和产量的影响[J]. 应用生态学报,31(1):189-198.
王敬东,白海波,马斯霜,等,2021. 外源激素IAA对NaCl胁迫下水稻种子萌发的影响[J]. 安徽农业科学,49(14):25-28.
王竞红,刘素欣,王非,等,2016. 多效唑对不同生境多年生黑麦草抗旱性的影响[J]. 草业科学,33(5):926-934.
王梦雨,王文霞,赵小明,等,2016. 壳寡糖对低温胁迫下小麦幼苗的保护作用及相关代谢产物的影响[J]. 麦类作物学报,36(5):653-658.
王铭琦,吕静,张静,等,2014. 新型植物生长调节物质浸种对玉米幼苗生长及生理特性的影响[J]. 湖北农业科学,53(24):5939-5942.
王鹏,王铁兵,王瑞,等,2021. 外源5-氨基乙酰丙酸对干旱胁迫下玉米幼苗生理特性及抗氧化酶基因表达的影响[J]. 干旱地区农业研究,39(1):75-81.
王强,陈雷,张晓丽,等,2015. 化学调控对水稻高温热害的缓解作用研究[J]. 中国稻米,21(4):80-82.
王维领,2015. 外源水杨酸对小麦高温胁迫的缓解效应及其生理机制[D]. 南京:南京农业大学.
王先如,吴明,梁加寺,等,2013. 不同时期施用多效唑对小麦的化控效果研究[J]. 大麦与谷类科学(3):40-42.
王相敏,曹丽茹,鲁晓民,2021. 脱落酸对干旱胁迫下玉米幼苗生长和生理生化特性的影响[J]. 分子植物育种,19(21):7193-7201.
王兴,徐琛,苍晶,等,2013. 外源6-BA对小麦种子萌发及越冬期植株冻害的缓解作用[J]. 麦类作物学报,33(2):357-363.
王英,何立荣,2017. 水杨酸浸种对小麦种子萌发的影响[J]. 安徽农业科学,45(11):39-40.
王英华,盛中飞,曲树杰,等,2021. 喷施"玉黄金"对夏玉米抗倒伏性能和产量的影响[J]. 玉米科学,29(6):83-89.
王玉娇,曹祺,常旭虹,等,2021. 不同土壤条件下化学调控对小麦产量和品质的影响[J]. 作物杂志(2):

96-100.
王泽琼,蔡珺,韩国良,等,2019. 不同植物生长调节剂对复合盐胁迫下黑小麦种子萌发的影响[J]. 福建农业学报,34(3):358-363.
王曾桢,朱建强,戴思薇,2016. 叶面化学调控和营养调控减轻油菜花果期渍涝危害的效果[J]. 江苏农业科学,44(2):136-138.
王志勇,廖丽,邹少丰,等,2006. 磷钾肥和多效唑对高羊茅越夏性的影响研究Ⅲ. 高温对高羊茅叶片中 N、P、K 含量的影响[J]. 草业科学,23(9):119-122.
卫晓轶,张明才,李召虎,等,2011. 不同基因型玉米对乙烯利调控反应敏感性的差异[J]. 作物学报,37(10):1819-1827.
尉欣荣,张智伟,周雨,等,2020. 褪黑素对低温和干旱胁迫下多年生黑麦草幼苗生长和抗氧化系统的调节作用[J]. 草地学报,28(5):1337-1345.
魏湜,杨振芳,顾万荣,等,2015. 化控剂玉黄金对玉米品种东农 253 穗部和抗倒性影响[J]. 东北农业大学学报,46(12):1-7,15.
魏秀俭,王珍,2010. 外源水杨酸对水分胁迫下小麦幼苗根茎生长的影响[J]. 江苏农业科学(01):108-109.
温福平,张檀,张朝晖,等,2009. 赤霉素对盐胁迫抑制水稻种子萌发的缓解作用的蛋白质组分析[J]. 作物学报,35(3):483-489.
文廷刚,于洪喜,王伟中,等,2017a. 不同生长期喷施植物生长调节剂对小麦籽粒品质的影响[J]. 金陵科技学院学报,33(4):53-57.
文廷刚,钱新民,王伟中,等,2017b. 不同生长调节剂拌种对小麦种子发芽及幼苗素质的影响[J]. 江苏农业科学,45(1):59-61.
吴传万,杜小凤,文廷刚,等,2013. 喷施抗倒调理剂劲丰对小麦增产抗倒的生物学效应[J]. 江苏农业学报,29(5):946-652.
吴九林,刘蓉蓉,刘文广,2007. 多效唑对弱筋小麦宁麦 9 号产量和品质的影响[J]. 安徽农业科学,35(2):468-470.
吴琼,丁凯鑫,余明龙,等,2020. 新型植物生长调节剂 B2 对玉米光合荧光特性及产量的影响[J]. 作物杂志(5):174-181.
吴秋平,蒋飞,韩成卫,等,2020. 化控剂对不同密度青贮玉米生长和产量的影响[J]. 玉米科学,28(4):61-66.
吴玥,刘红杰,胡新,等,2020. 化学调控剂对冬小麦干物质贮运和籽粒灌浆特性的影响[J]. 麦类作物学报,40(1):102-109.
武月梅,王瑞华,赵俊兰,等,2020. 药剂拌种对小麦根部病虫害防效及产量的影响[J]. 河北农业科学,24(02):59-62.
武志峰,刘凯丽,乐丽红,等,2021. 化控措施对直播晚稻抽穗扬花期低温胁迫的缓解效应[J]. 作物杂志(3):114-119.
席凯鹏,席吉龙,杨娜,等,2017. 玉黄金化控对玉米抗倒性及产量的影响[J]. 山西农业科学,45(6):993-995.
项洪涛,齐德强,李琬,等,2019. 低温胁迫下外源 ABA 对开花期水稻叶鞘激素含量及抗寒生理的影响[J]. 草业学报,28(4):81-94.
萧长亮,解保胜,王安东,等,2017. 氮和烯效唑调控对寒地水稻倒伏和产量的影响[J]. 作物杂志(6):96-103.
肖长新,陈延玲,米国华,2014. 灌浆后期 6-BA 灌根对玉米衰老和产量形成的影响[J]. 玉米科学,22(1):103-107,113.
肖关丽,龙雯虹,郭华春,2010. 多效唑和温光对马铃薯组培苗内源激素及微型薯诱导的影响[J]. 西南大学学报(自然科学版),33(8):21-26.
肖小君,黄倩,罗陈勇,等,2017. 水杨酸浸种对干旱胁迫下玉米种子萌发及幼苗生长的影响[J]. 福建农业学报,32(6):583-586.

解备涛，王庆美，张海燕，等，2016. 植物生长调节剂对甘薯产量和激素含量的影响[J]. 华北农学报，31(1)：155-161.

解振兴，董志强，兰宏亮，等，2012a. 磷酸胆碱合剂对不同种植密度玉米叶片衰老生理的影响[J]. 核农学报，26(1)：157-163.

解振兴，董志强，薛金涛，2012b. 供氮量及化学调控对玉米苗期生长及氮素吸收分配特征的影响[J]. 玉米科学，20(2)：128-133，137.

谢方，2021. 玉米种子 DA-6 和复硝酚钠拌种处理的田间效应研究[D]. 泰安：山东农业大学.

谢志霞，杜明伟，李茂营，等，2012. 冠菌素对盐胁迫下棉花幼苗中渗透调节物质和激素水平的调控[J]. 农药学学报，14(3)：267-276.

辛秀竹，石怡彤，刘豆豆，等，2021. 不同植物生长调节剂对小麦叶绿素与干物质的影响[J]. 中国农技推广，37(4)：79-82.

邢玉美，万云婷，刘延龙，等，2021. 宛氏拟青霉提取物对淹水胁迫下玉米叶片叶绿素荧光动力学参数的影响[J]. 灌溉排水学报，40(10)：52-57.

邢则森，姜兴印，孙石昂，等，2018. 低温胁迫下 S-诱抗素拌种对玉米生理指标的影响[J]. 中国农学通报，34(16)：1-6.

熊乐，马富裕，樊华，等，2012. 冬灌与化学调控互作对滴灌春小麦抗倒伏能力和产量的影响[J]. 麦类作物学报，32(5)：932-936.

徐安阳，段维，吴慧，等，2016. 3 种植物生长调节剂对向日葵产量与品质的影响[J]. 江苏农业科学，44(5)：149-151.

徐江民，蒋玲欢，沈晨辉，等，2018. 多种外源激素处理对水稻叶片衰老的影响[J]. 浙江师范大学学报(自然科学版)，41(2)：81-86.

徐田军，董志强，兰宏亮，等，2012. 低温胁迫下聚糠萘合剂对玉米幼苗光合作用和抗氧化酶活性的影响[J]. 作物学报，38(2)：352-359.

徐田军，吕天放，陈传永，等，2019. 种植密度和植物生长调节剂对玉米茎秆性状的影响及调控[J]. 中国农业科学(4)：10.

许高平，刘秀峰，袁文娅，等，2018. 赤霉素浸种对玉米低温出苗率的影响[J]. 华北农学报，33(4)：147-152.

薛金涛，张保明，董志强，等，2009. 化学调控对玉米抗倒性及产量的影响[J]. 玉米科学，17(2)：91-94，98.

薛志伟，杨春玲，董军红，等，2018. 植物生长调节剂对小麦群体性状和产量的影响[J]. 山西农业科学，46(10)：1634-1636，1684.

闫慧萍，彭云玲，赵小强，等，2016. 外源 24-表油菜素内酯对逆境胁迫下玉米种子萌发和幼苗生长的影响[J]. 核农学报，30(5)：988-996.

闫明明，陈秋骏，唐敏，等，2018. 不同浓度的激素组合和有机物组合对甘薯脱毒苗快繁的影响[J]. 作物杂志(2)：68-72.

闫秋洁，刘再婕，杨欣，2013. 乙烯利浸种对聚乙二醇胁迫下玉米种子萌发的影响[J]. 中国农学通报，29(3)：53-58.

颜宏，赵伟，胡晓悦，等，2012. NaCl 胁迫下激素预浸种对向日葵种子萌发的影响[J]. 东北师范大学学报(自然科学版)，44(1)：136-139.

杨成勋，张旺锋，徐守振，等，2016. 喷施化学打顶剂对棉花冠层结构及群体光合生产的影响[J]. 中国农业科学，49(09)：1672-1684.

杨东清，王振林，倪英丽，等，2014. 高温和外源 ABA 对不同持绿型小麦品种籽粒发育及内源激素含量的影响[J]. 中国农业科学，47(11)：2109-2125.

杨粉团，姜晓莉，曹庆军，等，2016. 不同玉米品种根冠特性对化控剂处理种子的响应[J]. 玉米科学，24(2)：85-90.

杨卫兵，王振林，尹燕枰，等，2011. 外源激素 ABA 和 GA 对小麦籽粒内源激素含量及其灌浆进程的影响[J]. 中国农业科学，44(13)：2673-2682.

杨雪,彭静,张明明,等,2019. 叶面喷施6-BA对玉米生殖期碳水化合物转运和分配的影响[J]. 西北农林科技大学学报(自然科学版),47(7):62-70.

杨振芳,顾万荣,魏湜,等,2015. 化控对不同种植密度下东北春玉米光合特性及产量的影响[J]. 玉米科学,23(5):66-74.

姚晨涛,张风文,李刚,等,2020. S-诱抗素拌种对干旱胁迫下玉米生长调控作用[J]. 玉米科学,28(4):67-73.

姚海坡,董志强,吕丽华,等,2015. 不同植物生长调节剂对冬小麦茎秆特性和产量的影响[J]. 华北农学报,30(增刊):152-156.

叶德练,管大海,张钰石,等,2016. 雨养条件下植物生长调节剂对冬小麦根系生长和产量形成的调控研究[J]. 华北农学报,31(2):125-130.

雍晓宇,张奥深,韩巧霞,等,2021. 外源施用脯氨酸缓解拔节期冬小麦冻害效应分析[J]. 分子植物育种,19(18):1-9.

于佩锋,潘业兴,武军,2004. 几种植物生长调节剂在玉米上应用效果[J]. 耕作与栽培(3):44-45.

于晓东,郭新送,洪丕征,等,2019. 不同配方腐植酸型土壤调理剂对滨海盐碱地土壤性质及小麦产量的影响[J]. 腐植酸(5):52-57.

袁帅,苏雨婷,王晓玉,等,2021. 氮肥运筹与化学调控对湘南超级杂交早稻茎蘖利用特征和产量的影响[J]. 杂交水稻,36(5):79-88.

曾卫东,蒲俊蓉,李红梅,等,2016. 施地佳土壤调理剂在盐碱地小麦上的应用效果研究[J]. 现代农业科技(12):230.

曾旭,张怀琼,罗培高,等,2007. 多效唑对小麦叶片衰老及产量的影响[J]. 华北农学报,22(2):136-140.

张红,2012. 硝普钠、24-表油菜素内酯\水杨酸浸种对盐胁迫下玉米种子萌发及幼苗生长的影响[J]. 核农学报,26(1):164-169,181.

张华,2021. 褪黑素诱导小麦低温抗性形成的跨代效应机制[D]. 长春:吉林农业大学.

张军,邵梦丽,杜雪梅,等,2020. 矮壮素浸种对不同小麦品种萌发特性的影响[J]. 陕西农业科学,66(11):8-10.

张立明,王庆美,何钟佩,2007. 脱毒和生长调节剂对甘薯内源激素含量及块根产量的影响[J]. 中国农业科学(1):70-77.

张平平,马鸿翔,姚金保,等,2011. 生理调节剂劲丰对小麦抗倒性和产量结构的影响[J]. 麦类作物学报,31(2):337-341.

张倩,周繁,赵威,等,2014. 新型膦酸盐类化合物(DHEAP)对春玉米植株性状及产量的影响[J]. 农药学学报,16(3):287-292.

张倩,贺明荣,陈为峰,等,2018. 外源一氧化氮与水杨酸对盐胁迫下小麦幼苗生理特性的影响[J]. 土壤学报,55(5):1254-1263.

张盛楠,黄亦玟,陈世宝,等,2020. 不同外源物质对镉砷复合污染胁迫下油菜生理指标和镉砷积累的影响[J]. 生态学杂志,39(7):2214-2222.

张帅,宁芳芳,黄收兵,等,2020. 化控处理时期对玉米植株—根系形态及产量的影响[J]. 中国农业大学学报,25(2):1-11.

张甜,戴常青,王铭伦,等,2018. 干旱胁迫下冠菌素对花生幼苗叶片光合特性及内源激素含量的影响[J]. 青岛农业大学学报(自然科学版),35(3):207-212.

张同祯,李永生,李玥,等,2016. 多胺氧化酶(PAO)调控光诱导玉米中胚轴伸长的生理机制[J]. 作物学报,42(5):734-742.

张伟杨,徐云姬,钱希旸,等,2016. 小麦籽粒游离多胺对土壤干旱的响应及其与籽粒灌浆的关系[J]. 作物学报,42(6):860-872.

张晓勇,杨友联,李树江,等,2018. 外源激素对低温胁迫下脱毒马铃薯扦插苗早衰的影响[J]. 作物杂志(4):95-101.

张笑，赵纯钦，黄静，等，2014. 外源脱落酸、水杨酸对小麦种子萌发及生理特性的影响[J]. 应用与环境生物学报，20(1)：139-143.
张雪峰，胡滨，金丹，2011. 不同外源药剂预处理对低温胁迫下玉米种子萌发的影响[J]. 黑龙江农业科学(4)：69-73.
张巽，2016. 低温胁迫对玉米出苗和灌浆的影响及其化学调控[D]. 晋中：山西农业大学.
张艳萍，裴怀弟，石有太，等，2013. 不同外源激素对彩色马铃薯试管薯诱导的影响[J]. 种子，32(12)：21-23.
张益萌，2020. 外源茉莉酸增强小麦幼苗抗盐性的分子机制研究[D]. 新乡：河南师范大学.
张永清，庞春花，裴红宾，等，2007. 水分胁迫条件下化控物质浸种对小麦根苗生长的影响[J]. 农业系统科学与综合研究(02)：201-204+211.
赵黎明，顾春梅，王士强，等，2019. 低温下水稻SPAD值与产量构成变化及化防效果分析[J]. 北方水稻，49(5)：1-4.
赵丽娟，王秀珍，焦天奇，等，2015. 不同浓度烯效唑与胺鲜酯复配剂浸种对玉米幼苗抗旱性的影响[J]. 西北农业学报，24(10)：49-55.
赵小强，任续伟，张金乾，等，2021. 外源2,4-表油菜素内酯对干旱胁迫下青贮玉米幼苗生长和光合特性的影响[J]. 分子植物育种(8)：525-546.
郑林林，原向阳，邵冬红，等，2014. 灌浆期喷施赤霉素对谷子农艺性状及产量的影响[J]. 山西农业科学，42(5)：455-457.
郑莎莎，孙传范，孙红春，等，2009. 不同外源激素对花铃期棉花主茎叶生理特性的影响[J]. 中国农业科学，42(12)：4383-4389.
郑舒文，徐其隆，邹华文，2015. 脱落酸对涝渍胁迫下小麦产量的影响[J]. 江苏农业学报，31(5)：967-970.
钟瑞春，陈元，唐秀梅，等，2013. 3种植物生长调节剂对花生的光合生理及产量品质的影响[J]. 中国农学通报，29(15)：112-116.
钟妍婷，原向阳，刘哲，等，2015. 油菜素内酯处理对谷子农艺性状和生理特性的影响[J]. 作物杂志(2)：124-128.
周红艳，曾晓春，林文雄，等，2007. 不同磷、钾和多效唑用量对越冬期沟叶结缕草生理特性的影响[J]. 中国草地学报，29(3)：61-66.
周秋峰，王建宾，张果果，等，2015. 化学调控对小麦产量和品质的影响[J]. 农业科技通讯(8)：155-157.
周星，陈洁，陈许兵，等，2022. 3种抗倒剂对小麦生长与产量的影响[J]. 大麦与谷类科学，39(01)：45-49.
周宇飞，闫彤，张姣，等，2017. 外源IAA对高粱幼苗内源激素含量及分蘖发生的影响[J]. 生态学杂志，36(8)：2191-2197.
朱元浩，杨培岭，廖人宽，等，2016. 化学联合调控对玉米光合特性及产量的影响[J]. 干旱地区农业研究，34(1)：193-200.
朱云林，顾大路，王伟中，等，2019. 壳聚糖浸种对小麦出苗及活性物质的影响[J]. 江苏农业科学，47(17)：85-88.
左月桃，王子沐，焦健，等，2021. GA_3浸种对低温下玉米种胚抗氧化酶及内源激素的影响[J]. 生态学杂志，40(5)：1340-1346.

第三章
代表性植物生长调节剂的研制与应用

植物生长调节剂是人们在了解天然植物激素的结构和作用机制后，通过人工合成或从微生物中提取的与植物激素具有类似生理和生物学效应的一类化学物质，它能调节植物的各种生理机能，控制作物的生长发育。在农业生产上使用，植物生长调节剂能有效调节作物的生育过程，达到稳产增产、改善品质、增强作物抗逆性等目的。可以说，它在植物体内的量虽然很小，但所起的作用却很大。

近些年来，植物生长调节剂已在农林与经济作物生产中得到广泛应用。随着研究的深入，植物生长调节剂产品的种类也逐渐增多，产品性能也各式各异。植物生长调节剂是一个泛称，根据对植物生长的影响不同通常又可分为三大类，即包括有生长素、细胞分裂素、赤霉素和油菜素甾醇等的植物生长促进剂；以肉桂酸、香豆素、脱落酸和水杨酸等为代表的植物生长抑制剂；含矮壮素、多效唑（PP_{333}）和烯效唑在内的植物生长延缓剂。本书总结了市面上常见的植物生长调节剂产品，并根据其效果按照上述三大类型分别进行介绍。

第一节　植物生长促进剂的研制与应用

植物生长促进剂能够促进植物细胞分裂、分化和伸长，增强植物营养器官和生殖器官的生长和发育，是植物生长调节剂中种类最多、应用最为广泛的一类。

一、ABT 生根粉

研制单位和人员：中国林业科学院，王涛院士。

成分：吲哚丁酸钾和萘乙酸钠。

开始应用年代：1981 年开始推广应用。

应用的作物范围：在林木、农作物、果树、花卉、特种经济和药用植物中广泛应用，均有很好的效果。

施用方法：ABT1 号生根粉，主要用于难生根植物及珍贵植物的扦插育苗。扦插时一般用

100 ppm 浸条 2～8 h。1 g 生根粉可处理插条 3000～5000 株，每克 20 元。

ABT2 号生根粉，主要用于较容易生根植物的扦插育苗。扦插时，一般用 50 ppm 浸条 2～4 h，1 g 生根粉可处理插条 3000～5000 株，每克 15 元。

ABT3 号生根粉，主要用于苗木移植、播种育苗和飞机播种等，促进根系发育，提高成活率，增加抗逆能力。使用时一般用 25 ppm 浸根、浸种 0.5～2.0 h 或拌种，大苗用 50 ppm 浸根 1～2 h，带土苗用 10 ppm 灌根。1 g 生根粉可处理 100～1000 株，每克 10 元。

ABT6 号生根粉，主要用于扦插育苗、播种育苗、造林等，在农业上广泛用于小麦、玉米等农作物和蔬菜、牧草及经济作物，其特点是可直接溶于水，每克 20 元。

ABT1-3 号生根粉需用酒精或助溶剂溶解，将 1 g 生根粉用酒精 0.5 kg 溶解，再加 0.5 kg 蒸馏水（或凉开水）即配成 1 kg 的 1000 ppm 原液，使用时稀释至所需浓度。

施用效果：通过强化、调控植物内源激素的含量、重要酶的活性，促进生物分子的合成，诱导植物不定根或不定芽的形态建成，调节植物代谢作用强度，达到提高育苗造林成活率及林木生长量的目的。

开发利用价值：在林木、农作物、果树、花卉、特种经济和药用植物中广泛应用，效果显著。

二、芸乐收

研制单位和人员：上海绿泽生物科技有限责任公司。

成分：芸苔素内酯，吡唑醚菌酯，聚谷氨酸，增产助剂。

开始应用年代：2010 年以后。

应用的作物范围：水稻、花生、榨菜、棉花、玉米、小麦等。

施用方法：玉米在抽雄前以 0.01 mg/kg 的芸苔素内酯药液喷雾玉米整株，可增产 20%；小麦用 0.05～0.50 mg/kg 芸苔素内酯药液浸种 24 h，对根系和株高有明显的促进作用，分蘖期以此浓度进行叶面处理，能增加分蘖数；也可以用在油菜蕾期、幼荚期；水果花期、幼果期；蔬菜苗期和旺长期等。

施用效果：芸乐收的配方主要为芸苔素内酯、吡唑醚菌酯以及一种含磷、钾、锌、氮及壳聚糖等元素的助剂。芸苔素内酯是一种新型绿色环保的植物生长调节剂，其主要作用是抗病、壮苗、抗逆、增花保果、提高产量、改善品质，还能使色泽艳丽、叶片更厚实。吡唑醚菌酯是新型的广谱杀菌剂，具有治疗、保护及叶片渗透传导作用。

开发利用价值：芸乐收能促进小麦生根，调节生长，增强植株诱导抗性机制，提高小麦抗旱抗寒及抗病虫能力，尤其对缓解施肥施药不当或冻害影响等有良好效果，同时小麦后期使用能促进植株叶片变厚变绿、增强光合作用、提高灌浆速率、增强抗干热风能力等，提高小麦品质和产量。

三、玉米健壮素

研制单位和人员：江苏徐淮地区淮阴农业科学研究所，王伟中研究员。

成分：以乙烯利为主剂并与多种植物生长营养物质组成的复合制剂。

开始应用年代：20 世纪 90 年代。

应用的作物范围：玉米。

施用时期方法：玉米健壮素的最佳使用方法是在玉米雌穗的小花分化末期，从群体看60%左右的植株还有7～8片余叶未展开，喷药后的5～7 d抽雄；剥茎观察雄穗再长7～10 cm露尖；1%～3%的植株已见雄穗，这时为用药最适期。每亩用药1支(25 mL)，兑水15～20 kg，均匀喷施于玉米植株的上部叶片，做到不重、不漏，可使玉米增产12%以上。

施用效果：玉米健壮素应用后能提高玉米种植密度，每亩较常规的密度增加500～1000株；紧凑型的品种，每亩可增加1000～1500株，为产量的增加奠定了基础。玉米健壮素还能增加叶面积，延长绿叶功能期，提高单株光合速率。加上种植密度的提高，使群体叶面积指数达5～6，提高了群体光能利用率。此外，应用玉米健壮素较对照株高降低47.5～61.0 cm，穗位降低10.9～16.4 cm。穗长、穗粗、穗粒数都比对照增加，而秃尖长则比对照减少。所以从外形看，玉米果穗形状近似于圆筒形，而未处理的果穗近似于圆锥形。应用玉米健壮素的玉米气生根层数和条数都多于对照。

开发利用价值：玉米健壮素可使玉米叶片增厚、叶色加深，叶形直立、短而宽，株形矮健、节间短，根系发达，气生根增多，从而增强抗倒伏、抗逆能力，可使玉米增产15%～30%。对于存在倒伏危险的玉米地块效果明显，不仅能够降低玉米植株及穗位的高度，使植株生长更加健壮，增强抗倒伏性，还能改善玉米根系状况，根系发达，气生根较多，增强抗倒性。

四、胺鲜酯(DA-6)

研制单位和人员：孟州广农汇泽生物科技有限公司。

成分：含量为98%胺鲜酯(DA-6)原药。

开始应用年代：20世纪90年代。

应用的作物范围：水稻、小麦、大豆、棉花、水果和蔬菜均可使用。

施用方法：直接使用。DA-6原粉可直接做成各种液剂和粉剂，浓度根据需要调配。操作方便，不需要特殊助剂、操作工艺和特殊设备。与肥料混用。DA-6可直接与N、P、K、Zn、B、Cu、Mn、Fe、Mo等混合使用，非常稳定，可长期贮存。与杀菌剂复配使用。DA-6与杀菌剂复配具有明显的增效作用，可以增效30%以上，减少用药量10%～30%，且试验证明DA-6对真菌、细菌、病毒等引起的多种植物病害具有抑制和防治作用。与杀虫剂复配。可增加植物长势，增强植物抗虫性，且DA-6本身对软体虫具有驱避作用，既杀虫又增产。可作为除草剂的解毒剂，试验证明DA-6对大多数除草剂具有解毒功效。与除草剂复配。DA-6和除草剂复配可在不降低除草剂效果的情况下有效防止农作物中毒，使除草剂能够安全使用。针对具体的某个作物要因材施药，每个作物所需浓度是不同的，使用时间也不同，得到的效果也不一样。

施用效果：胺鲜酯能提高植物过氧化物酶和硝酸还原酶的活性，提高叶绿素的含量，加快光合速度，促进植物细胞的分裂和伸长，促进根系的发育，调节体内养分的平衡。

开发利用价值：DA-6适用于所有植物及整个生育期，施用2～3 d后叶片明显长大变厚，长势旺盛，植株粗壮，抗病虫害等抗逆能力大幅度提高。其使用浓度范围大，从1～100 ppm均对植物有很好的调节作用，至今未发现有药害现象。DA-6具有缓释作用，能被植物快速吸收和储存，一部分快速起作用，另外一部分缓慢持续地起作用，其持效期达30～40 d。在低温下，只要植物具有生长现象，就具有调节作用，可以广泛应用于塑料大棚和冬季作物。植物吸收DA-6后，可以调节体内内源激素平衡。在前期使用，植物会加快营养生长；中后期使用，会增加开花坐果，加快植物果实饱满、成熟。

五、吲熟酯

研制单位和人员：日本日产化学公司研制开发。

成分：吲熟酯是与吲哚乙酸(IAA)相似的一种化合物。

开始应用年代：1981 年由日本日产化学公司研制开发。1986 年化工部沈阳化工研究院开发，名为富果乐。现为湖北沙隆达股份有限公司生产。

应用的作物范围：蔬菜、水果等作物。

施用时期方法：在柑橘盛花后 35～45 d，果径 20～25 mm 时，喷洒吲熟酯 100～200 mg/L 药液，可使部分幼果脱落，提高果品均匀度。在盛花后 50～60 d 和盛花后 70～80 d，各喷 1 次 50～100 mg/L 的吲熟酯，可使柑橘提早成熟 7～10 d，改善柑橘品质。

施用效果：吲熟酯经植物的茎、叶吸收，可阻止生长素转运，促进生根，增加根系对水分和矿质元素的吸收，控制营养生长、促进生殖生长，使光合产物尽可能多地输送到果实部位，有早熟增糖作用。吲熟酯对温州蜜柑的疏果效果与萘乙酸(NAA)相近，但用 NAA 疏果往往会产生极大果，而喷用吲熟酯后果实大小较均匀，并可提早着色，使糖分增加，果实浮皮现象也减轻。日本已将其作为取代 NAA 的一种疏果剂推广应用。

开发利用价值：吲熟酯具生长素活性。叶面喷洒效果最好。在植物体内输送较快，即使局部处理也能输送到周身。在植物体内降解较快。能诱导产生内源乙烯，促进离层形成。主要用于柑橘疏果，促进柑橘果实成熟，并有改善果实品质的作用。

第二节　植物生长延缓剂的研制与应用

植物生长延缓剂是植物生长调节剂中的一类，常见的有多效唑、矮壮素、缩节胺等，农业生产中已经广泛用于矮化植株、抗倒伏、提高作物产量、促进禾谷类作物分蘖、增强作物抗病性等领域。

一、劲丰

研制单位和人员：江苏徐淮地区淮阴农业科学研究所，王伟中研究员。

成分：微量元素、乙烯利等复配剂。

开始应用年代：1997 年。

应用的作物范围：小麦。

施用方法：在小麦上应用以始穗期至扬花期为最佳使用时期。在小麦上的最佳使用量为 100 mL/亩，兑水 30 kg，搅匀后进行叶面喷雾(均匀喷洒在小麦叶片上)即可。

施用效果：① 延长小麦功能叶的功能期，增强光合作用。加快光合产物的积累和转化，增加穗粒数与千粒重，提高小麦产量，一般可使小麦增产 8%左右(对照田块未发生倒伏现象的情况下)，如果对照田块发生倒伏，则劲丰处理后的小麦产量增幅会更大。② 防止小麦发生倒伏。可显著缩短小麦穗下节间长度，使小麦株高下降，一般可使株高降低 5～8 cm，从而使小麦植株重心下移，增强小麦的抗倒伏性。由于极大地提高了小麦中后期的光合效率，使小麦光合产物能很好地满足小麦籽粒灌浆需求，从而减少了基部内容物向穗部的调运，增强了基部节间的充实度，改善小麦基部茎秆的组织结构，使壁厚增加 10%以上，膨压增强 20%以上，极大地提高了小麦茎秆的抗倒伏能力。③ 提高小麦抗干热风能力。一方面，协调小麦植株体内激素平衡，激发小麦植株体内一些酶系统活性，增强小麦抵御干热风等逆境的能力；另一方面，提高小麦后期的根系活力，一般可使小麦后期根系活力增加 30%以上，增加小麦对水分等养分的吸收，从而增强小麦对干热风等逆境的抵御能力。④ 防止小麦发生早衰。增加小麦叶片叶绿素的含量，延长小麦功能叶片的功能期，产生大量的光合产物，满足小麦生长发育对光合产物的需求；增强小麦后期根系活性，提高小麦对土壤中养分的吸收能力，满足小麦生长发育对养分的需求。⑤ 提高小麦后期对土壤肥料养分的利用率，可减少小麦后期肥料使用量。一方面，通过提高小麦后期根系活力，提高根系对养分的吸收利用；另一方面，通过延长小麦功能叶的功能期，增强了功能叶的光合作用，提高光合效率，从而提高肥料的使用效率。

开发利用价值：劲丰能提高小麦功能叶的光合效率，增加粒重和结实率，达到稳产高产的目的；降低株高 5～10 cm，提高小麦抗倒伏能力；增强小麦后期根系活力，防早衰；改善小麦基部茎秆的组织结构，茎秆粗壮，茎壁增厚，增大膨压，提高小麦的抗折力。劲丰使用技术简单、方便，在小麦始穗期使用，易被广大农户掌握；且产品无公害、无风险，既增产又抗倒，且改善品质。

二、果丰灵

研制单位和人员：广西大学农学院化控课题组。

成分：主要成分为乙烯利，还含有富镧稀土、大量和微量元素 Fe、Mn、B、Zn 等。

开始应用年代：2000 年左右。

应用的作物范围：多种果树，如苹果等。

施用方法：该制剂为 3.5%的可湿性粉剂。使用时稀释 100 倍，喷施。

施用效果：调节果树营养分配和内源激素的动态平衡，增加细胞分裂素和乙烯含量，降低生长素和赤霉素含量，提高(CTK＋Eth)/(IAA＋GA_3)的比值，从而为枝梢的生长发育、花芽分化、开花坐果及果实发育等一系列器官的形态建成奠定物质基础。

开发利用价值：果丰灵主要生理功能是延缓枝梢生长，促进成花，增强花器官的受精，提高坐果率，增加叶绿素含量，提高光合效率，促进果实细胞分裂，诱导树体养分向果实积累，促进果实增大和内含物提高，增强树体抗寒和抗旱能力，从而使幼龄果树早果早丰和成年果树优质高产获得保障。

三、壮丰安

研制单位和人员：中国农业大学，段留生教授。

成分：由多效唑和缩节胺配制而成的含 20%有效成分的乳油。

开始应用年代：2000 年左右。

应用的作物范围：小麦、水稻等。

施用方法：① 小麦。播前用 15%溶液浸种 4～6 h，在小麦返青和起身期，每公顷用 75～450 mg 壮丰安，兑水 375～450 kg，进行叶面喷施，可增强小麦抗倒伏能力。② 水稻。用 300 mg/kg 壮丰安溶液浸种 24 h,可培育壮苗。

施用效果:小麦浸种后,根系活力显著增强,冬前壮苗显著增多,对逆境的抗性显著提高。晚播麦喷施后,可提高叶片叶绿素含量和根系活力,保障安全越冬。在小麦起身期使用,可增强小麦抗倒伏能力,提高分蘖成穗率,增强灌浆强度,并增加穗粒数和千粒重。水稻浸种后,秧苗根系活力显著增加,移栽后基本无缓苗期,分蘖多,抗逆性增强,并能减轻水稻立枯病。

开发利用价值:壮丰安是一种新型植物生长调节剂,它具有低毒、低残留的特点,能缩短小麦基部节间,具有壮苗、促根、抗逆、防倒伏、增产等多种效果,可促进根系发育,提高根系活力,防止后期早衰和根倒。施用该制剂小麦成熟落黄正常,没有贪青迟熟现象,不影响下茬作物种植。

四、多效唑

研制单位和人员:江苏苏滨生物农化有限公司。

成分:15%多效唑可湿性粉剂。

开始应用年代:20 世纪 80 年代。

应用的作物范围:水稻、麦类、花生、果树、烟草、油菜、大豆、花卉、草坪等作物。

施用方法:①水稻在长秧龄的秧田,于秧苗 1 叶 1 心期,用 10%可湿性粉剂 300 g/亩,兑水 50L 喷雾,可控制秧苗高度,培育分蘖多、发根力强的壮秧。在插秧后,于穗分化期,用 10%可湿性粉剂 180 g/亩,兑水 50～60L 喷雾,可改进株型,使之矮化,减轻倒伏。②苹果、梨、桃、樱桃树上应用效果显著,可用于土壤处理、涂树干和叶面喷雾。以土壤处理效果最好。土壤处理以每立方米树冠用 10%可湿性粉剂 10～15 g,以类似环状施肥沟形式,宽 30 cm,深 20 cm,以露根而不伤根为原则,将药撒入沟内,覆土。施药前和施药后浇水,保持土壤湿度。用 15%可湿性粉剂 150～300 倍液涂干。用 15%可湿性粉剂 75～150 倍液叶面喷雾,用于幼树,可使树冠矮化、紧凑,早开花结果;用于成年树,能抑制新梢生长,增加产量,提高质量。③在大豆始花期整株喷洒 10%可湿性粉剂 500 倍液,有矮化大豆株高,促进分枝和增产作用。在油菜苗 2 叶 1 心至 3 叶 1 心时喷洒 10%可湿性粉剂 500～1000 倍液,有防止高脚苗和防冻作用。在棉花育苗上应用可防止高脚苗和冻害的发生。在花卉上应用,可使株型挺拔、姿势优美。在小麦上应用,能增加分蘖,抗倒伏。

施用效果:具有延缓植物生长、抑制茎秆伸长、缩短节间、促进植物分蘖、增加植物抗逆性能、提高产量等效果。

开发利用价值:多效唑的农业应用价值在于它对作物生长的控制效应。具有延缓植物生长,抑制茎秆伸长、缩短节间、促进植物分蘖、促进花芽分化,增加植物抗逆性能,提高产量等效果。

五、复硝酚钠

研制单位和人员:20 世纪 60 年代日本最先发现的高效植物生长调节剂。

成分:5-硝基愈创木酚钠、邻硝基苯酚钠、对硝基苯酚钠。

开始应用年代:20 世纪 60 年代。

应用的作物范围:小麦、水稻、棉花等。

施用方法:小麦和水稻播前可用 3000 倍液浸种,幼穗形成期和齐穗期可用 3000 倍液喷施;棉花 2 叶期、8～10 片叶期、棉桃开裂时可用 2000 倍液进行喷施。

施用效果:复硝酚钠能促使植物同时吸收多种营养成分,解除肥料间的拮抗作用;增强植株的活力,促进植物需肥欲求,抵御植株衰败;化解 pH 壁垒效应,改变酸碱度,使植物在适宜的酸碱条件下变无机肥料为有机肥料,克服厌无机肥症,使植物便于吸收;增加肥料的渗透、黏着、展着力,打破植物自身限制,增强肥料进入植物体内的能力;增加植物对肥料的利用速度,刺激植物不再搁肥。

开发利用价值:复硝酚钠能加快植物生长速度,打破休眠,促进生长发育,防止落花落果、裂果、缩果,改善产品品质,提高产量,提高作物的抗病、抗虫、抗旱、抗涝、抗寒、抗盐碱、抗倒伏等抗逆能力。它广泛适用于粮食作物、经济作物、瓜果、蔬菜、果树、油料作物及花卉等。可在植物播种到收获期间的任何时期使用,可用于种子浸渍、苗床灌注、叶面喷洒和花蕾撒布等。由于它具有高效、低毒、无残留、适用范围广、无副作用、使用浓度范围宽等优点,已在世界上多个国家和地区推广应用。

第三节 植物生长抑制剂的研究与应用

植物生长抑制剂主要生理作用是抑制或延缓植株生长、矮化植株,促进休眠、抑制发芽等。产品种类很多,作用也是多方面的,往往还有增强植物的抗逆性,促进分枝、侧芽发生,促进成熟等作用,应用也非常广泛。

一、吨田宝

研制单位和人员:中国农业科学院作物科学研究所,董志强博士。

成分:主要含有植物化控剂及多聚氨基酸盐、有机酸、植物激素类似物、矿质微量元素等多种物质。

开始应用年代:2007 年。

应用的作物范围:玉米、小麦、水稻、大豆。

施用方法:① 玉米可见叶 7～8 片叶和 11～12 片叶时各喷施 1 次;或玉米可见叶 9～10 片叶时喷施 1 次。每亩每次用量 30 mL,兑水 15～20 kg,喷施 2 h 之内降雨减半量喷施,喷施 4 h 之后降雨对效果无影响。② 小麦每次用量 30 mL/亩,兑水 15～20 kg 均匀喷施(喷施 2 h 内降雨减半量补喷,喷施 4 h 后降雨效果无影响)。③ 水稻每亩每次用量 30 mL,兑水 15～20 kg,选晴天无风下午 3 时后喷施。喷施 2 h 之内降雨半量补喷,喷施 4 h 后降雨对效果无影响。水稻一生喷施 3 次,第 1 次秧苗移栽前 2～3 d 苗床(直播田在 3 叶 1 心)喷施第 1 次;拔节期喷施第 2 次;灌浆期喷施第 3 次。④ 大豆分枝到初花期每亩用量 30 mL 兑水 15～20 kg 均匀喷施 1 次,选晴天无风下午 3 时后叶面均匀喷施。喷施 2 h 之内降雨半量补喷,喷施 4 h 后降雨对效果无影响。

施用效果:针对玉米、小麦、水稻和大豆生长发育与产量形成过程中的限制因素,从改善 C、N 代谢水平,提高逆境保护酶活性(SOD、POD、CAT)和提高氮肥利用率的角度出发,利用特异蛋白与植物生长物质的复合物,通过调节不同生育时期和不同器官内源激素水平,改善了玉米生长发育进程和产量形成过程，从而实现了对玉米形态特征、生理特征和产量形成的优化调控，达到稳产、高产的效果。

开发利用价值：吨田宝具有提高作物抗逆性和高产性的双重功效。它主要含有植物化控剂及多聚氨基酸盐、有机酸、植物激素类似物、矿质微量元素等多种物质，能激活植物的磷酸二酯酶(PDE)，并充当钙调蛋白质调节钙代谢，间接影响细胞的功能，抑制钙化作用。在小麦、玉米、水稻等多种作物上应用结果表明，叶面喷施吨田宝能有效提高作物功能叶片中超氧化物歧化酶、过氧化物酶和过氧化氢酶的活性，降低丙二醛的含量，提高叶绿素含量，提高功能叶片的净光合速率，提高作物抵御逆境胁迫的能力，提高穗粒数和千粒重，从而大幅度增产。吨田宝能够使水稻、玉米、小麦等作物增产 10%以上，同时提高作物的抗冷性和抗倒伏能力。

二、玉米壮丰灵

研制单位和人员：吉林市农业科学院。

成分：乙烯利、芸苔素内酯，有效成分总含量 30%。

开始应用年代：20 世纪 90 年代。

应用的作物范围：玉米专用型促控结合的植物生长调节剂。

施用方法：在玉米生育中期施用。在玉米抽雄前 7～10 d(玉米大喇叭口后期)，约 12～13 叶龄，亩用 25 mL 兑水 850 mL(超低容喷雾器)，或兑水 20～30 kg(背负式喷雾器)，均匀施于玉米顶部叶片，不可全株喷施。喷施过早会使玉米营养生长不够，导致叶片功能生理失调，造成减产。喷施过晚会使玉米营养器官得不到及时控制，达不到增产目的。

施用效果：玉米壮丰灵在高肥、密植、晚熟作物品种上应用可充分发挥该产品的增产潜力。试验显示，喷施该产品可使玉米平均株高比对照降低 45～50 cm，穗位降低 15～20 cm；茎粗比对照增加 0.2～0.3 cm，节间缩短 3～6 cm；穗长比对照增加 2～3 cm，秃尖缩短 2 cm 左右。秃尖率比对照减少 25%～30%，生育期比对照提早成熟 5～7 d，产量较对照增加 20%～30%。

开发利用价值：玉米壮丰灵是一种酸性植物生长抑制剂。喷施该药后，可有效控制玉米的营养生长，促进生殖生长，使玉米节间缩短，由纵向生长转为横向生长。上部叶片变宽收敛，中下部叶片平展变长，明显改善作物间通风透光条件，提高玉米光合作用强度，加速光合作用产物向穗部运输。同时促进地下根系发育，增加根量，使土壤中营养物质源源不断地向生殖器官输送，为玉米早熟高产奠定基础。

三、劲杆

研制单位和人员：扬州春泉科技有限公司。

成分：Cu＋Mn＋Zn＋B≥10.0%，抗倒活性剂、叶面分散剂、根部促进剂。

开始应用年代：2010 年左右。

应用的作物范围：小麦、水稻等作物。

施用方法：① 小麦、大麦在返青拔节期亩用 40～50 g 兑水 30 kg 进行叶面喷施；② 水稻秧田 3～5 叶期 30 g 兑水 15 kg，进行叶面喷施；移栽后或直播田 5 叶以后，用 45 g 兑水 30 kg，进行叶面喷施；③ 花生盛花期、大豆开花前和结荚期兑水 40～50 kg 进行叶面喷施，亩用 35～50 g 叶面喷施。

施用效果:在前期喷施能促进根系生长,缩短基部茎秆高度,提高抗逆性;中后期能提高作物茎秆的柔韧性,增强茎秆强度。防衰抗倒伏。

开发利用价值:劲杆是春泉公司的新型抗倒伏产品,可用于水稻、小麦的防倒和防病。使用本品后,水稻、小麦茎秆增粗、茎壁加厚,植株不易倒伏;叶片增绿,光合作用显著提高,具有防早衰、增粒增产的功效。同时还能有效提高抗纹枯病等病虫害的能力。

四、春泉矮壮丰

研制单位和人员:扬州春泉科技有限公司。

成分:含腐植酸水溶肥料。

开始应用年代:2015 年左右。

应用的作物范围:小麦、水稻等作物。

施用方法:① 小麦、大麦在返青拔节期亩用 40～50 g 兑水 30 kg 进行叶面喷施;② 水稻秧田 3～5 叶期用 30 g 兑水 15 kg 进行叶面喷施;移栽后或直播田 5 叶以后,用 45 g 兑水 30 kg,进行叶面喷施;③ 花生盛花期、大豆开花前和结荚鼓期兑水 40～50 kg 进行叶面喷施,每亩用 35～50 g。

施用效果:春泉矮壮丰新型植物生长调节剂应用在大麦、小麦、水稻、花生、大豆等作物上,可控制旺长,促进分蘖,培育壮苗,增加叶色,增厚叶片,防冻防倒伏,增粒增重,有明显的增产效果。大麦、小麦、水稻使用后基部间节缩短、变粗,茎秆变硬,抗倒伏能力增强;花生使用后单株荚角数、饱果数、单果重增加;大豆使用后,根系生长加快、苗株变壮、叶片功能期延长,光合产物积累增加、结荚饱满、产量提高。

开发利用价值:使用在小麦、水稻上,在前期喷施能促进生长,壮苗防僵,提高农作物抗逆性。在农作物中后期使用能提高作物茎秆的柔韧性,增强茎秆强度,增产增收,是发展高效农业的好帮手。

参考文献

邓少春,田易萍,陈林波,等,2021. ABT 生根粉对大叶茶树内源激素水平及扦插生根的影响[J]. 江西农业学报,33(10):43-48.

丁伟,李如意,孔祥男,2020. 水稻三种化控剂复配及壮秧机理研究[J]. 东北农业大学学报,51(8):9-16.

董世界,2021. 小麦田施用芸乐收技术效果研究[J]. 种子科技,39(20):19-20.

范凌云,石磊,徐建陶,2021. 芸乐收在水稻上应用效果初探[J]. 上海农业科技(5):91-92,118.

方秋香,2022. 芸乐收在水稻上的使用效果[J]. 基层农技推广,10(2):52-54.

龚林,李志滨,曾娥,等,2019. 液体肥料添加植物生长调节剂对甜玉米养分吸收及肥料利用率的影响[J]. 广东农业科学,46(11):54-61.

顾大路,杨秀梅,杜小凤,等,2021. 不同耕作方式下施用劲丰谷德对小麦抗倒伏性状与产量的影响[J]. 江苏农业科学,49(20):103-107.

郭利军,范鸿雁,邓会栋,等,2016. 氯吡苯脲和吲熟酯对台农 1 号芒果果实发育及品质的影响[J]. 江苏农业科学,44(6):266-268.

韩凤英,2013. 高效植物生长调节剂——吲熟酯[J]. 农业知识(25):38.

胡宏友,李雄,2009. 植物生长调节剂和肥料混施对沟叶结缕草越冬期生长和抗性生理的影响[J]. 中国生态农业学报,17(6):1099-1105.

科成,1993. 推广新成果丰灵增产素[J]. 江苏蚕业(4):60.
李小丽,李中勤,2017. 玉米健壮素使用效果试验初报[J]. 农业科技与信息(2):97,99.
南华,2013. 麦巨金在小麦上的防倒试验[J]. 农民致富之友(2):75.
裴书忠,2016. 不同时期喷施玉米健壮素对大麦植株性状和产量的影响[J]. 现代农业科技(4):138+143.
彭浩,苏江顺,谭程友,等 .2020. 烯效唑与胺鲜酯互作对花生农艺性状与产量的影响[J]. 农业科技通讯(12):165-167.
瞿空名,张小平,陆桂清,2015. 春泉健壮素在水稻上的肥效试验小结[J]. 农民致富之友(16):147.
田凌鸿,贾起翔,朱丹,等,2021. ABT 生根粉一号促进枇杷果插穗生根效果良好[J]. 甘肃林业科技,46(3):14-16.
王华,王海林,何胜华,等,2021. 喷施生长调节剂"芸乐收"对糯玉米生长及产量的影响[J]. 南方农业,15(7):16-19.
王卫,2021. 8%胺鲜酯芸苔素内酯水剂不同时期用药对产量影响试验[J]. 现代农业(2):26-28.
王学军,2001. 果丰灵在婆枣树上的应用试验[J]. 河北果树(3):49.
王正,孙兆军,Mohamed S,等,2020. 胺鲜酯与螯合剂 GLDA 联合强化柳枝稷吸收积累镉效果[J]. 环境科学,41(12):5589-5599.
文廷刚,陈昱利,杜小凤,等,2014. 不同植物生长调节剂对小麦籽粒灌浆特性及粒重的影响[J]. 麦类作物学报,34(1):84-90.
吴德宜,方金强,张爱加,等,2004. 喷施吲熟酯和钼酸铵对解放钟枇杷增糖降酸的效果[J]. 中国南方果树(6):66-67.
杨文飞,文廷刚,孙爱侠,等,2019. 新型增产抗倒营养剂"劲丰谷德"对小麦抗倒性和产量的影响[J]. 金陵科技学院学报,35(1):65-68.
衣政伟,朱海鹏,徐颂伟,等,2021. "劲丰谷德"对小麦抗倒性和产量的影响[J]. 大麦与谷类科学,38(5):41-47.
张子威,王贞红,2021. 不同浓度 ABT 生根粉对 3 个茶树品种扦插生根的影响[J]. 分子植物育种,19(19):6574-6580.
赵加涛,杨向红,付正波,等,2021. 植物生长调节剂芸乐收对大麦主要农艺性状及产量的影响[J]. 安徽农业科学,49(13):150-152.
赵霞,夏丽娟,胡陈秀,等,2021. 30%乙烯利・胺鲜酯水剂促进核桃脱皮效果初探[J]. 中国南方果树,50(1):100-102.
周文生,吴志利,刘振桥,等,1993. 玉米专用型矮化剂——达尔丰[J]. 河北农业科技(7):5.
周学明,周纯,唐积康,2008. 新型果树促花增产剂"果丰灵"在苹果树上的应用试验[J]. 山西果树(6):3-5.

附录
作物栽培化学调控剂一览表

（按调控剂名称汉语拼音排序）

调控剂中文名称	英文简称	适用作物	施用方式
矮壮丰		小麦、水稻	小麦：在返青期到拔节期，亩用 30 g 稀释 500～600 倍液叶面喷施。水稻：在秧苗期，20～25 g 稀释 15 kg 水可喷 2 分秧田；分蘖前后、拔节孕穗期、灌浆结实期，亩用 90 g 兑水 30 kg 叶面喷施
矮壮素	CCC	小麦、花生	小麦：使用 0.3%～0.5%的矮壮素药剂浸泡小麦种子 6～8 h；分蘖末至拔节初期喷施 50%矮壮素水剂 160～350 倍液，每亩喷施 100 kg。花生：建议用量为 50%矮壮素水剂 10 mL/亩，兑水 50 kg 常规叶面喷施，使用时间以花生播种后 50～60 d 为宜
胺鲜酯	DA-6	水稻、小麦、玉米、大豆、棉花、水果和蔬菜均可使用	于玉米 6 叶期，在叶面喷施 8%胺鲜酯（每公顷取 300 mL 胺鲜酯，用 450 kg 水稀释，均匀喷施于叶面）
丁酰肼	B9	马铃薯	浓度为 20 mg/L 的丁酰肼最适宜保存离体的马铃薯
吨田宝		玉米、小麦、水稻、大豆	玉米：可见叶 7～8 叶和 11～12 叶时，各喷施 1 次；或玉米可见叶 9～10 叶时，喷施 1 次。每亩每次用量 30 mL，兑水 15～20 kg，喷施 2 h 之内降雨减半量喷施，喷施 4 h 之后降雨对效果无影响。小麦：每次用量 30 mL/亩，兑水 15～20 kg 均匀喷施（喷施 2 h 内降雨减半量补喷，喷施 4 h 后降雨效果无影响）。水稻：每亩每次用量 30 mL，兑水 15～20 kg，选晴天无风下午 3 时后喷施。喷施 2 h 之内降雨半量补喷，喷施 4 h 后降雨对效果无影响。水稻一生喷施 3 次，第 1 次秧苗移栽前 2～3 d 苗床（直播田在 3 叶 1 心）喷施第 1 次；拔节期喷施第 2 次；灌浆期喷施第 3 次。大豆：分枝到初花期每亩用量 30 mL，兑水 15～20 kg 均匀喷施 1 次，选晴天无风下午 3 时后叶面均匀喷施。喷施 2 h 之内降雨半量补喷，喷施 4 h 后降雨对效果无影响

续表

调控剂中文名称	英文简称	适用作物	施用方式
多效唑	PP_{333}	小麦、水稻、花生、甘薯、果树、烟草、油菜、大豆、花卉、草坪等作物	小麦:在麦苗1叶1心期、起身至拔节前期每亩用15%的多效唑可湿性粉剂40 g,兑水50 kg喷施。花生:盛花末期施药1次,用药浓度40～60 g/亩为最佳施用剂量。水稻:最佳施用时期是水稻最高苗期,最佳施用量为每公顷3 kg可湿性粉剂(含多效唑15%)。甘薯:喷施多效唑150 mg/kg对甘薯的增产效果最好。水稻在长秧龄的秧田,于秧苗1叶1心期,用10%可湿性粉剂300 g/亩,兑水50 L喷雾,可控制秧苗高度,培育分蘖多、发根力强的壮秧。在插秧后,于穗分化期,用10%可湿性粉剂180 g/亩,兑水50～60 L喷雾,可改进株型,使之矮化,减轻倒伏。苹果、梨、桃、樱桃树上应用效果显著,可用于土壤处理、涂树干和叶面喷雾。以土壤处理效果最好。土壤处理以每立方米树冠用10%可湿性粉剂10～15 g,以类似环状施肥沟形式,宽30 cm,深20 cm,以露根而不伤根为原则,将药撒入沟内,覆土。施药前和施药后浇水,保持土壤湿度。用15%可湿性粉剂150～300倍液涂干。用15%可湿性粉剂75～150倍液叶面喷雾,用于幼树,可使树冠矮化、紧凑,早开花结果;用于成年树,能抑制新梢生长,增加产量,提高质量。大豆:在始花期 整株喷洒10%可湿性粉剂500倍液,有矮化大豆株高、促进分枝和增产作用。油菜:在苗期2叶1心至3叶1心时喷洒10%可湿性粉剂500～1000倍液,有防止高脚苗和防冻作用。棉花:育苗上应用可防止高脚苗和冻害的发生。花卉:在花卉上应用,可使株型挺拔、姿势优美。小麦:小麦上应用,能增加分蘖,抗倒伏。玉米:在拔节期(7～9片叶)喷施,每次每公顷喷施药液675 L(浓度300 mg/L和600 mg/L)
2,4表油菜素内酯	EBR	玉米	萌发和早期幼苗,用浓度10 μmol/L的EBR处理
复硝酚钠		小麦、水稻、棉花等	小麦和水稻播前可用3000倍液浸种,幼穗形成期和齐穗期可用3000倍液喷施;棉花2叶期、8～10叶期、棉桃开裂时可用2000倍液进行喷施
果丰灵		多种果树,如苹果等	该制剂为3.5%的可湿性粉剂。使用时稀释100倍,喷施
激动素	KT	玉米	7叶期进行叶面喷施调节剂,喷施20 mg/L的KT,每亩用量450 L
劲丰		小麦、水稻	小麦:在麦类(包含大麦)上的使用量为80～100 mL/亩,兑水20～30 kg后,叶面喷雾。水稻:用100～120 mL/亩,兑水20～30 kg搅匀后进行叶面喷雾即可
劲杆		小麦、水稻、花生、大豆等作物	小麦、大麦:在返青拔节期亩用40～50 g兑水30 kg进行叶面喷施。水稻:秧田3～5叶期30 g兑水15 kg,进行叶面喷施;移栽后或直播田5叶以后,用45 g兑水30 kg进行叶面喷施。花生和大豆:盛花期、大豆开花前和结荚期兑水40～50 kg进行叶面喷施,亩用35～50 g叶面喷施

续表

调控剂中文名称	英文简称	适用作物	施用方式
6-苄氨基嘌呤	6-BA	小麦、棉花	小麦：播种前用6-BA 100倍液浸种16～24 h后捞出，晾至半干即可播种，可显著提高种子发芽率；结合苗期叶面喷施，促进分蘖，增加有效穗数、穗粒数和千粒重，提高产量。棉花：分别于棉花现蕾后15d、初花后1d及15d叶面喷施6-BA 20～30 mg/L，有利于上下部外围果节增加
麦健		小麦、蔬菜、大豆、油菜等作物	小麦：返青期、灌浆期施用，尤以扬花后一周内使用效果最佳，每亩用量50 mL原液兑水30～40 kg，全株均匀喷洒，以麦穗和上部叶片为重点
麦巨金		小麦	在小麦返青期、起身期或拔节初期使用，每亩用30 mL兑水30 kg均匀喷雾
麦业丰		小麦	小麦播种前用20%麦业丰乳油2～4 g兑水0.5 kg后拌种10 kg，晾干后播种，可使小麦幼苗鲜重增加10%～25%；冬前分蘖始期，每亩用20%麦业丰乳油25～30 g兑水30 kg，于叶面均匀喷施，旺长田麦业丰量可增加至40 g，能有效防止麦苗旺长；小麦起身期，每亩用20%麦业丰乳油35～50 g兑水30 kg，于叶面均匀喷施，旺长田麦业丰量可增加至60 g
萘乙酸	NAA	水稻、马铃薯	水稻：在分蘖期喷施200 mg/L的NAA，均匀喷施叶片表面。马铃薯：于马铃薯始花期喷施至花和花蕾，最适处理浓度为0.6～0.8 g/L，促进马铃薯坐果。马铃薯在贮藏期间用10 mmol/L萘乙酸或40 mg/kg α-萘乙酸甲酯可以有效抑制马铃薯在贮藏过程中的发芽变质，药效期可维持3～6个月
三十烷醇	TRIA	小麦、水稻	小麦：播种前用0.2～0.5 mg/kg的三十烷醇溶液浸种4～12 h，一般每15 kg麦种喷三十烷醇1 L，喷后堆起，闷种2～4 h后晾干，即可播种。水稻：在水稻幼穗分化初期和孕穗期各喷施三十烷醇1～2 mg/L，均匀喷施，若喷后6 h遇雨则需重喷
生根粉	ABT	林木、农作物、果树、花卉、特种经济和药用植物	扦插时一般用100 ppm ABT1号浸条2～8 h。1 g生根粉可处理插条3000～5000株
缩节胺	Pix	小麦、棉花、玉米	小麦：生产上推荐使用3～6 mL/10 kg种子进行拌种；拔节始期，施用200 mg/kg的缩节胺稀释液于叶面均匀喷施；返青拔节前(3～4叶期)，每亩用25～30 mL、20.8%的缩节胺和烯效唑微乳剂进行叶片喷施处理。棉花：出蕾期、初花期和盛花期各喷施15 g/hm^2、30 g/hm^2、45 g/hm^2 缩节胺有利于提高光合速率、单株结铃数、铃重和皮棉产量。玉米：小喇叭口期时，每亩喷10 g缩节胺
调环酸钙	EA	小麦、大麦	在小麦、大麦拔节前5～10 d，每亩用调环酸钙有效成分3 g叶面喷施
脱落酸	ABA	水稻	齐穗后，叶面喷施外源ABA溶液 5×10^{-5} mol/L

续表

调控剂中文名称	英文简称	适用作物	施用方式
烯效唑		小麦、甘薯	小麦：用5%的烯效唑可湿性粉剂4.5 g，兑水22.5 L，拌种堆闷3 h后播种；也可在小麦拔节前10～15 d或者抽穗前10～15 d每公顷用5%烯效唑可湿性粉剂400～600g，兑水400～600 L均匀喷施。甘薯：在甘薯块根形成及膨大期，每亩用5%烯效唑可湿性粉剂40 g兑水30 kg喷洒叶片
细胞分裂素	CTK	水稻	于始穗期喷施1次，喷施浓度为每公顷750 g细胞分裂素加750 kg清水(1000倍液)，均匀喷施于稻穗及叶片上
亚精胺	Spd	玉米	当幼苗2叶1心时，对叶片喷施0.4 mmol/L亚精胺
叶面宝		玉米	拔节期，每亩喷施叶面宝10000倍液用量50 kg，效果最佳
乙矮合剂	ECK	玉米	拔节期喷施900 mL/hm^{2}乙烯利和矮壮素螯合生长调节剂，调节剂与水的浓度比例为1∶500
乙烯利	ETH	水稻、玉米	水稻：于乳熟后期(已满仁，用力手压能喷出白色乳浆)时喷施40%乙烯利，用量在1.50～2.25 kg/hm^2。玉米：在拔节期，每亩用乙烯利450 mL进行叶面混合喷施处理
易丰收		花生	拌种一般每0.1mL易丰收加200 mL水，拌花生种8 kg；喷雾浓度为每1 mL易丰收加30 L水，喷施1亩花生地
吲哚丁酸	IBA	马铃薯	马铃薯扦插时，用IBA 100 mg/kg处理，可促进苗多生根，成活率最高达95%
吲哚乙酸	IAA	甘薯	甘薯播种前用10 mg/L的吲哚乙酸浸泡甘薯种苗16 h，显著增加大中薯率，降低其单株结薯数
吲熟酯		蔬菜、水果等作物	在柑橘盛花后35～45 d，果径20～25 mm时，喷洒吲熟酯100～200 mg/L药液，可使部分幼果脱落，提高果品均匀度。在盛花后50～60 d和盛花后70～80 d，各喷1次50～100 mg/L的吲熟酯，可使柑橘提早成熟7～10 d，改善柑橘品质
玉黄金		玉米	在玉米拔节初期，当玉米长到8～10叶期时，喷施玉黄金效果最佳。可喷施两次，第二次在穗分化之前喷施，此次用量为第一次喷施量的2/3
玉米健壮素		玉米	在1%玉米抽雄时，每亩用玉米健壮素25 mL，兑水15～20 kg，均匀叶面喷施
芸乐收		水稻、花生、榨菜、棉花、玉米、小麦等	玉米在抽雄前以0.01 mg/kg的芸苔素内酯(芸乐收的主要成分)药液喷雾玉米整株，可增产20%；小麦用0.05～0.50 mg/kg芸苔素内酯药液浸种24 h，对根系和株高有明显的促进作用，分蘖期以此浓度进行叶面处理，能增加分蘖数；也可以用在油菜蕾期、幼荚期，水果花期、幼果期，蔬菜苗期和旺长期等
增产灵		水稻	在孕穗期或抽穗期施用增产灵，施用剂量为187.5 mL(mg)/hm^2

续表

调控剂中文名称	英文简称	适用作物	施用方式
壮丰安		小麦、水稻	小麦：播前用15%壮丰安溶液浸种6 h；返青和起身期，每公顷用75～450 mg兑水375～450 kg，进行叶面喷施，可增强小麦抗倒伏能力；拔节期使用时，壮丰安乳油30～40 g兑水15 kg喷施。水稻：用300 mg/kg壮丰安溶液浸种24 h，可培育壮苗
壮丰灵		玉米	在玉米生育中期施用。在玉米抽雄前7～10 d（玉米大喇叭口后期），约12～13叶龄，亩用25 mL壮丰灵兑水850 mL（超低容喷雾器），或兑水20～30 kg（背负式喷雾器），均匀施于玉米顶部叶片，不可全株喷施